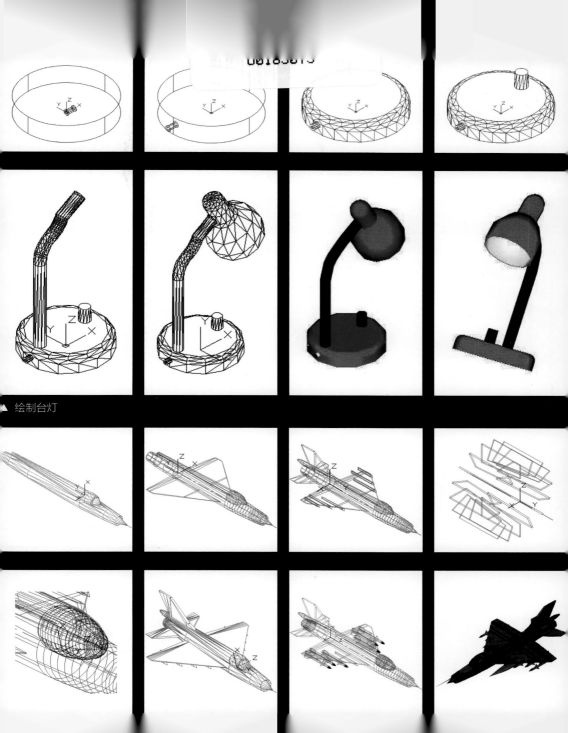

绘制台灯

▲ 绘制脚踏座　　▲ 绘制六角形拱顶　　▲ 绘制球阀阀体　　▲ 绘制球阀密封圈

▲ 绘制三通管　　▲ 绘制深沟球轴　　▲ 绘制太阳伞　　▲ 绘制足球

▲ 绘制三环旗　　▲ 绘制田间花园　　▲ 绘制石桌　　▲ 绘制锁

CAD/CAM/CAE 微视频讲解大系

AutoCAD 辅助设计 200 例

（微课视频版）

2178 分钟同步微视频讲解　200 个实例案例分析

☑疑难问题集　☑应用技巧集　☑典型练习题　☑认证考题　☑常用图块集　☑大型图纸案例及视频

天工在线　编著

中国水利水电出版社
www.waterpub.com.cn

内 容 提 要

《AutoCAD 辅助设计 200 例（微课视频版）》以 AutoCAD 2020 软件为操作平台，通过精选的 200 个工程设计的经典实例，详细且系统地介绍了各种工程图的绘制过程和应用到的相关设计知识。全书共 12 章，包括简单二维图形绘制、基本绘图设置、简单二维图形编辑、复杂二维图形绘制、复杂二维图形编辑、文本与表格、尺寸标注、辅助绘图工具、三维曲面造型绘制、三维实体造型绘制、三维特征编辑和三维实体编辑等内容。

全书严格按照一个完全讲解实例搭配一个相关知识点的练习提高实例的写作模式展开，让读者通过完全讲解实例掌握 AutoCAD 制图软件的强大工程制图功能，通过练习提高实例巩固知识要点，提高实际操作技能。

《AutoCAD 辅助设计 200 例（微课视频版）》配有极为丰富的学习资源，其中配套资源包括：① 200 集同步微视频讲解，扫描二维码，可以随时随地看视频，超方便；② 全书实例的源文件和初始文件，可以直接调用、查看和对比学习，效率更高。附赠资源包括：① AutoCAD 疑难问题集、AutoCAD 应用技巧集、AutoCAD 常用图块集、AutoCAD 常用填充图案集、AutoCAD 快捷命令速查手册、AutoCAD 快捷键速查手册、AutoCAD 常用工具按钮速查手册等；② 9 套 AutoCAD 大型设计图纸源文件及同步视频讲解；③ AutoCAD 认证考试大纲和认证考试样题库。

《AutoCAD 辅助设计 200 例（微课视频版）》基本涵盖了工程设计中的常用的标准件和非标准件，是广大工程技术人员的学习参考用书，也是广大 CAD 辅助设计初学者的学习用书。

图书在版编目（CIP）数据

AutoCAD 辅助设计 200 例：微课视频版 / 天工在线编著. -- 北京：中国水利水电出版社, 2021.12
ISBN 978-7-5170-9823-2

Ⅰ. ①A... Ⅱ. ①天... Ⅲ. ①计算机辅助设计－应用
软件－案例 Ⅳ. ①TP391.72

中国版本图书馆 CIP 数据核字(2021)第 163249 号

书　　名	AutoCAD 辅助设计 200 例（微课视频版） AutoCAD FUZHU SHEJI 200 LI
作　　者	天工在线　编著
出版发行	中国水利水电出版社 （北京市海淀区玉渊潭南路 1 号 D 座　100038） 网址：www.waterpub.com.cn E-mail：zhiboshangshu@163.com 电话：（010）62572966-2205/2266/2201（营销中心）
经　　售	北京科水图书销售中心（零售） 电话：（010）88383994、63202643、68545874 全国各地新华书店和相关出版物销售网点
排　　版	北京智博尚书文化传媒有限公司
印　　刷	涿州市新华印刷有限公司
规　　格	190mm×235mm　16 开本　25.5 印张　632 千字　1 插页
版　　次	2021 年 12 月第 1 版　2021 年 12 月第 1 次印刷
印　　数	0001—3000 册
定　　价	89.80 元

凡购买我社图书，如有缺页、倒页、脱页的，本社营销中心负责调换

前 言

Preface

　　AutoCAD 是美国 Autodesk 公司推出的集二维绘图、三维设计、渲染及通用数据库管理和互联网通信功能于一体的计算机辅助绘图软件包。自 1982 年推出以来，AutoCAD 从初期的 1.0 版本，经过多次版本更新和性能完善，不仅在机械、电子和建筑等工程设计领域得到了大规模的应用，而且在地理、气象和航海等特殊图形的绘制领域，以及乐谱、灯光和广告等领域也得到了广泛的应用。目前 AutoCAD 已经成为计算机 CAD 系统中应用最为广泛的图形软件。

　　本书以 AutoCAD 2020 为软件平台，通过精选的 200 个经典实例，详细且系统地介绍了各种工程图形的绘制过程。全书共 12 章，包括简单二维图形绘制、基本绘图设置、简单二维图形编辑、复杂二维图形绘制、复杂二维图形编辑、文本与表格、尺寸标注、辅助绘图工具、三维曲面造型绘制、三维实体造型绘制、三维特征编辑和三维实体编辑等内容。由于不同讲解内容会基于同一文件，为了讲解的流畅性，有些步骤的图作了必要的重复处理，免去了向前查找造成的中断困扰。

本书特点

➥ 内容合理，适合自学

　　本书定位以初学者为主，并充分考虑到初学者的特点，内容讲解由浅入深，循序渐进，引领读者快速入门。在知识点上不求面面俱到，但求够用。学好本书，能够掌握工程设计工作中所需要的重点技术。

➥ 内容全面，针对性强

　　本书围绕 AutoCAD 软件功能应用和工程设计知识覆盖两条主线交错展开，内容上包含了 AutoCAD 所有的功能应用，并重点突出新功能的实例应用讲解；同时全书实例覆盖了 AutoCAD 工程设计应用的各个方面，包括工程设计中所有类型工程图，如机械设计零件图、机械设计装配图、建筑设计工程图、电气设计工程图等。通过学习本书，读者既可以全面掌握 AutoCAD 的全部绘图功能，又可以全景式地掌握工程设计中各种基本方法和技巧。

➥ 实例设置，别具一格

　　本书采用纯实例的写作方式，通过实例带动读者掌握 AutoCAD 功能。全书共有 200 个实例，两两分组，严格按照每一个完全讲解实例配一个相同知识点的练习提高实例的写作模式展开。让读者通过完全讲解实例牢固掌握 AutoCAD 制图软件的强大制图功能，通过练习提高实例快速巩固知识要点，做到融会贯通。

⬎ 视频讲解，通俗易懂

为了提高学习效率，本书中的所有实例都录制了教学视频。视频录制时采用模仿实际授课的形式，在各知识点的关键处给出解释、提醒和注意事项，专业知识和经验的提炼，让读者高效学习的同时，更多地体会绘图的乐趣。

本书显著特色

⬎ 体验好，随时随地学习

二维码扫一扫，随时随地看视频。书中所有实例都提供了二维码，读者朋友可以通过手机微信扫一扫，随时随地观看相关的教学视频（若个别手机不能播放，请参考前言中的"本书学习资源列表及获取方式"，下载后在计算机上观看）。

⬎ 资源多，全方位辅助学习

从配套到拓展，资源库一应俱全。本书提供了所有实例的配套视频和源文件。此外，还提供了应用技巧精选、疑难问题精选、常用图块集、全套工程图纸案例、各种快捷命令速查手册、认证考试练习题等，学习资源一应俱全！

⬎ 实例多，用实例学习更高效

案例丰富详尽，边做边学更快捷。跟着大量实例去学习，边学边做，从做中学，可以使学习更深入、更高效。

⬎ 入门易，全力为初学者着想

遵循学习规律，入门实战相结合。编写模式采用纯实例的形式，通过实例带动软件功能讲解，由浅入深，循序渐进，入门与实战相结合。

⬎ 服务快，让你学习无后顾之忧

提供 QQ 群在线服务，可随时随地交流。提供公众号资源下载、QQ 群交流学习等多渠道贴心服务。

本书学习资源列表及获取方式

为让读者在最短时间学会并精通 AutoCAD 辅助工程绘图技术，本书提供了极为丰富的学习配套资源，具体如下：

⬎ 配套资源

（1）为方便读者学习，本书所有实例均录制了讲解视频，共 200 集（可扫描二维码直接观看或通过后面的方法下载后观看）。

（2）用实例学习更专业，本书包含中小实例共 200 个（素材和源文件可通过后面的方法下载后参考和使用）。

⬎ 拓展学习资源

（1）AutoCAD 应用技巧精选（99 条）。

（2）AutoCAD 疑难问题精选（180 问）。

（3）AutoCAD 认证考试练习题（256 道）。

（4）AutoCAD 常用图块集（600 个）。

（5）AutoCAD 常用填充图案集（671 个）。

（6）AutoCAD 大型设计图纸视频及源文件（6 套）。

（7）AutoCAD 常用快捷命令速查手册（1 部）。

（8）AutoCAD 快捷键速查手册（1 部）。

（9）AutoCAD 常用工具按钮速查手册（1 部）。

（10）AutoCAD 2020 工程师认证考试大纲（2 部）。

以上资源的获取及联系方式（注意：本书不配带光盘，以上提到的所有资源需通过下面的方法下载后使用）

（1）读者使用手机微信"扫一扫"功能扫描下面的二维码，或在微信公众号中搜索"设计指北"，关注后输入 CAD09823 并发送到公众号后台，获取本书资源下载链接。将该链接复制到计算机浏览器的地址栏中，根据提示下载即可。

（2）读者可加入 QQ 群 652736596，与其他读者交流学习，作者不定时在线答疑。

（3）如果您对本书在写作上有好的建议或者意见，可将您的建议或意见发送至邮箱 zhiboshangshu@163.com，我们将在后续图书中酌情进行调整，以方便读者更好地学习。

特别说明（新手必读）

在学习本书或按照书中的实例进行操作之前，请先在计算机中安装 AutoCAD 2020 中文版软件。您可以在 Autodesk 官方网站下载该软件试用版（或购买正版），也可在当地电脑城、软件经销商处购买安装软件。

关于作者

本书由天工在线组织编写。天工在线是一个 CAD/CAM/CAE 技术研讨、工程开发、培训咨询和图书创作的工程技术人员协作联盟，拥有 40 多位专职和众多兼职 CAD/CAM/CAE 工程技术专家。

天工在线负责人由 Autodesk 中国认证考试中心首席专家（全面负责 Autodesk 中国官方认证考试大纲制定、题库建设、技术咨询和师资力量培训工作）担任，成员精通 Autodesk 系列软件。

其创作的很多教材成为国内具有引导性的旗帜作品，在国内相关专业方向图书创作领域具有举足轻重的地位。

本书具体编写人员有张亭、井晓翠、解江坤、毛瑢、王玮、王艳池、王培合、王义发、王玉秋、张红松、张俊生、王敏等，在此对他们的付出表示真诚的感谢。

致谢

本书能够顺利出版，是作者、编辑和所有审校人员共同努力的结果，在此深表谢意。同时，祝福所有读者在通往优秀设计师的道路上一帆风顺。

编　　者

目　录

Contents

第 1 章　简单二维图形绘制 ·············· 1

　　📹 视频讲解：105 分钟

1.1　直线命令 ··················· 1

完全讲解　实例 001　绘制五角星 ······· 1

练习提高　实例 002　绘制阀 ········· 4

1.2　圆命令 ··················· 5

完全讲解　实例 003　绘制哈哈猪造型 ····· 5

练习提高　实例 004　绘制连环圆 ······· 7

1.3　圆弧命令 ·················· 7

完全讲解　实例 005　绘制花瓶 ········ 7

练习提高　实例 006　绘制梅花 ········ 9

1.4　椭圆命令 ·················· 10

完全讲解　实例 007　绘制洗脸盆 ······· 10

练习提高　实例 008　绘制椭圆茶几 ······ 11

1.5　圆环命令 ·················· 11

完全讲解　实例 009　绘制感应式仪表符号 ··· 12

练习提高　实例 010　绘制汽车徽标 ······ 13

1.6　点命令 ··················· 13

完全讲解　实例 011　绘制棘轮 ········ 13

练习提高　实例 012　绘制柜子 ········ 15

1.7　矩形命令 ·················· 15

完全讲解　实例 013　绘制花坛 ········ 15

练习提高　实例 014　绘制镜前壁灯 ······ 17

1.8　正多边形命令 ················ 18

完全讲解　实例 015　绘制雨伞 ········ 18

练习提高　实例 016　绘制八角凳 ······· 20

第 2 章　基本绘图设置 ·············· 21

　　📹 视频讲解：101 分钟

2.1　单位和范围设置 ··············· 21

完全讲解　实例 017　设置 A3 样板图 ····· 21

练习提高　实例 018　设置 A4 样板图 ····· 23

2.2　图层设置 ·················· 23

完全讲解　实例 019　绘制轴承座 ······· 24

练习提高　实例 020　绘制螺母 ········ 26

2.3　对象捕捉设置 ················ 27

完全讲解　实例 021　绘制铆钉 ········ 27

练习提高　实例 022　绘制开槽盘头螺钉 ···· 30

2.4　对象追踪 ·················· 30

完全讲解　实例 023　绘制方头平键 ······ 30

练习提高　实例 024　绘制手动操作开关 ···· 33

2.5　参数化绘图 ················· 33

完全讲解　实例 025　绘制泵轴 ········ 33

练习提高　实例 026　修改方头平键尺寸 ···· 39

第 3 章　简单二维图形编辑 ·········· 40

　　📹 视频讲解：75 分钟

3.1　复制命令 ·················· 40

完全讲解　实例 027　绘制洗手台 ······· 40

练习提高　实例 028　绘制办公桌（一）···· 41

3.2　镜像命令 ·················· 42

完全讲解　实例 029　绘制整流桥电路 ····· 42

练习提高　实例 030　绘制办公桌（二）···· 43

3.3　偏移命令 ·················· 44

完全讲解　实例 031　绘制挡圈 ········ 44

练习提高　实例 032　绘制门 ········· 45

3.4　阵列命令 ································ 46

　　完全讲解　实例 033　绘制齿圈 ········· 46

　　练习提高　实例 034　绘制木格窗 ······· 48

3.5　移动命令 ································ 49

　　完全讲解　实例 035　绘制耦合器 ······· 49

　　练习提高　实例 036　绘制组合电视柜 ··· 50

3.6　旋转命令 ································ 50

　　完全讲解　实例 037　绘制熔断式隔离开关 ··· 50

　　练习提高　实例 038　绘制书柜 ········· 51

3.7　缩放命令 ································ 52

　　完全讲解　实例 039　绘制装饰盘 ······· 52

　　练习提高　实例 040　绘制门联窗 ······· 53

第 4 章　复杂二维图形绘制 ············ 54

　　📹 视频讲解：91 分钟

4.1　多段线命令 ···························· 54

　　完全讲解　实例 041　绘制紫荆花 ······· 54

　　练习提高　实例 042　绘制三环旗 ······· 55

4.2　样条曲线命令 ·························· 56

　　完全讲解　实例 043　绘制螺丝刀 ······· 56

　　练习提高　实例 044　绘制局部视图 ····· 58

4.3　多线命令 ······························ 58

　　完全讲解　实例 045　绘制别墅墙体 ····· 59

　　练习提高　实例 046　绘制住宅墙体 ····· 63

4.4　图案填充命令 ·························· 64

　　完全讲解　实例 047　绘制尖顶小屋 ····· 64

　　练习提高　实例 048　绘制平顶小屋 ····· 69

4.5　面域命令 ······························ 70

　　完全讲解　实例 049　绘制法兰盘 ······· 70

　　练习提高　实例 050　绘制垫片 ········· 72

第 5 章　复杂二维图形编辑 ············ 73

　　📹 视频讲解：446 分钟

5.1　修剪命令 ······························ 73

　　完全讲解　实例 051　绘制足球 ········· 73

　　练习提高　实例 052　绘制榆叶梅 ······· 74

5.2　延伸命令 ······························ 75

　　完全讲解　实例 053　绘制镜子 ········· 75

　　练习提高　实例 054　绘制力矩式自整角

　　　　　　　　　　　　发送机 ··········· 77

5.3　拉伸命令 ······························ 77

　　完全讲解　实例 055　绘制手柄 ········· 78

　　练习提高　实例 056　绘制管式混合器 ··· 80

5.4　拉长命令 ······························ 80

　　完全讲解　实例 057　绘制手表 ········· 80

　　练习提高　实例 058　绘制挂钟 ········· 82

5.5　倒角命令 ······························ 82

　　完全讲解　实例 059　绘制传动轴 ······· 83

　　练习提高　实例 060　绘制挡圈 ········· 85

5.6　圆角命令 ······························ 85

　　完全讲解　实例 061　绘制微波炉 ······· 85

　　练习提高　实例 062　绘制坐便器 ······· 87

5.7　打断命令 ······························ 87

　　完全讲解　实例 063　绘制弯灯 ········· 87

　　练习提高　实例 064　绘制热继电器 ····· 88

5.8　分解命令 ······························ 89

　　完全讲解　实例 065　绘制继电器线圈符号 ··· 89

　　练习提高　实例 066　绘制圆头平键 ····· 90

5.9　对象编辑 ······························ 90

　　完全讲解　实例 067　绘制彩色蜡烛 ····· 91

　　练习提高　实例 068　绘制花朵 ········· 92

5.10　综合实例——手压阀零件 ··········· 92

　　完全讲解　实例 069　绘制手压阀胶木球 ··· 92

　　练习提高　实例 070　绘制球阀阀芯 ····· 94

　　完全讲解　实例 071　绘制手压阀手把 ··· 94

　　练习提高　实例 072　绘制球阀扳手 ···· 100

　　完全讲解　实例 073　绘制手压阀销轴 ·· 100

　　练习提高　实例 074　绘制螺栓 ········ 102

　　完全讲解　实例 075　绘制手压阀胶垫 ·· 102

　　练习提高　实例 076　绘制螺母 ········ 104

　　完全讲解　实例 077　绘制手压阀密封垫 ·· 104

　　练习提高　实例 078　绘制球阀密封圈 ·· 106

完全讲解　实例 079　绘制手压阀压紧
　　　　　　　　　螺母 ·················· 107

练习提高　实例 080　绘制球阀压紧套 ····· 110

完全讲解　实例 081　绘制手压阀弹簧 ····· 110

练习提高　实例 082　绘制压紧垫片 ········· 113

完全讲解　实例 083　绘制手压阀阀杆 ······ 113

练习提高　实例 084　绘制球阀阀杆 ········· 115

完全讲解　实例 085　绘制手压阀底座 ······ 116

练习提高　实例 086　绘制球阀阀盖 ········· 119

完全讲解　实例 087　绘制手压阀阀体 ······ 120

练习提高　实例 088　绘制球阀阀体 ········· 132

第 6 章　文本和表格 ·················· 133

视频讲解：37 分钟

6.1　文本绘制与编辑 ···············133

完全讲解　实例 089　绘制导线符号 ········· 133

练习提高　实例 090　在文本中插入
　　　　　　　　　"±"号 ··············· 134

6.2　表格绘制与编辑 ···············135

完全讲解　实例 091　绘制公园设计植物
　　　　　　　　　明细表 ············· 135

练习提高　实例 092　绘制零件明细表 ····· 137

6.3　综合实例 ·····················138

完全讲解　实例 093　完善 A3 样板图 ····· 138

练习提高　实例 094　完善 A4 样板图 ····· 144

第 7 章　尺寸标注 ·················· 146

视频讲解：211 分钟

7.1　标注样式 ·····················146

完全讲解　实例 095　设置垫片尺寸标注
　　　　　　　　　样式 ··············· 146

练习提高　实例 096　设置止动垫圈尺寸
　　　　　　　　　标注样式 ············· 148

7.2　普通尺寸标注 ···············148

完全讲解　实例 097　标注垫片尺寸 ········· 148

练习提高　实例 098　标注螺栓尺寸 ········· 149

完全讲解　实例 099　标注胶木球尺寸 ······· 150

练习提高　实例 100　标注内六角螺钉
　　　　　　　　　尺寸 ··············· 150

完全讲解　实例 101　标注压紧螺母尺寸 ····· 151

练习提高　实例 102　标注卡槽尺寸 ········· 153

完全讲解　实例 103　标注阀杆尺寸 ········· 153

练习提高　实例 104　标注挂轮架尺寸 ······· 154

完全讲解　实例 105　标注手把尺寸 ········· 155

练习提高　实例 106　标注扳手尺寸 ········· 159

7.3　引线标注 ·····················159

完全讲解　实例 107　标注销轴尺寸 ········· 160

练习提高　实例 108　标注止动垫圈尺寸 ····· 162

完全讲解　实例 109　标注底座尺寸 ········· 162

练习提高　实例 110　标注齿轮轴套尺寸 ····· 165

7.4　公差标注 ·····················165

完全讲解　实例 111　标注手压阀阀体尺寸 ·· 166

练习提高　实例 112　标注球阀阀盖尺寸 ····· 172

完全讲解　实例 113　标注出油阀座尺寸 ····· 172

练习提高　实例 114　标注泵轴尺寸 ········· 175

第 8 章　辅助绘图工具 ·················· 177

视频讲解：351 分钟

8.1　对象查询 ·····················177

完全讲解　实例 115　查询垫片属性 ········· 177

练习提高　实例 116　查询挡圈属性 ········· 178

8.2　图块 ·························179

完全讲解　实例 117　绘制挂钟 ············· 179

练习提高　实例 118　定义并保存螺栓
　　　　　　　　　图块 ··············· 183

完全讲解　实例 119　绘制田间花园 ········· 183

练习提高　实例 120　绘制多极开关符号 ····· 186

完全讲解　实例 121　标注手压阀阀体
　　　　　　　　　表面粗糙度 ············· 186

练习提高　实例 122　标注球阀阀盖表面
　　　　　　　　　粗糙度 ············· 187

完全讲解　实例 123　动态块功能标注

手压阀阀体表面粗糙度 ………… 187

练习提高 实例 124 动态块功能标注球阀
阀盖表面粗糙度 ………… 189

8.3 图块属性 ………………………… 190
完全讲解 实例 125 属性功能标注手压阀
阀体表面粗糙度 ………… 190
练习提高 实例 126 属性功能标注球阀
阀盖表面粗糙度 ………… 191

8.4 外部参照 ………………………… 192
完全讲解 实例 127 外部参照方式绘制
田间花园 …………………… 193
练习提高 实例 128 外部参照方式绘制
多极开关符号 …………… 194

8.5 光栅图像 ………………………… 194
完全讲解 实例 129 睡莲满池 …………… 195
练习提高 实例 130 装饰画 ……………… 196

8.6 CAD 标准 ……………………… 197
完全讲解 实例 131 创建手压阀阀体与
标准文件关联 ………… 197
练习提高 实例 132 创建球阀阀盖与标准
文件关联 ………………… 200
完全讲解 实例 133 对齿轮轴套进行 CAD
标准检验 ………………… 200
练习提高 实例 134 检查传动轴与标准
文件是否冲突 ………… 203

8.7 图纸集 …………………………… 204
完全讲解 实例 135 创建别墅结构施工图
图纸集 …………………… 204
练习提高 实例 136 创建体育馆建筑结构
施工图图纸集 ………… 207
完全讲解 实例 137 在别墅结构施工图
图纸集中放置图形 …… 208
练习提高 实例 138 在体育馆建筑结构施工
图图纸集中放置图形 … 210

8.8 综合实例 ………………………… 210
完全讲解 实例 139 绘制手压阀阀体

零件图 …………………… 210
练习提高 实例 140 绘制球阀阀盖
零件图 …………………… 228
完全讲解 实例 141 绘制手压阀装配图 … 228
练习提高 实例 142 绘制球阀装配图 …… 249

第 9 章 三维曲面造型绘制 ……………… 250

📹 视频讲解：101 分钟

9.1 绘制基本三维网格 ……………… 250
完全讲解 实例 143 绘制壁灯立体图 …… 250
练习提高 实例 144 绘制公园桌椅
立体图 …………………… 251

9.2 绘制三维网格 …………………… 252
完全讲解 实例 145 绘制圆柱滚子轴承
立体图 …………………… 252
练习提高 实例 146 绘制弹簧立体图 …… 254

9.3 绘制三维曲面 …………………… 255
完全讲解 实例 147 绘制高跟鞋立体图 … 255
练习提高 实例 148 绘制灯罩立体图 …… 263

9.4 综合实例 ………………………… 264
完全讲解 实例 149 绘制茶壶立体图 …… 264
练习提高 实例 150 绘制足球门立体图 … 269

第 10 章 三维实体造型绘制 …………… 270

📹 视频讲解：89 分钟

10.1 绘制基本三维实体 ……………… 270
完全讲解 实例 151 绘制凸形平块 ……… 270
练习提高 实例 152 绘制簸箕立体图 …… 271

10.2 布尔运算 ………………………… 272
完全讲解 实例 153 绘制球阀密封圈
立体图 …………………… 272
练习提高 实例 154 绘制深沟球轴承
立体图 …………………… 273

10.3 拉伸 ……………………………… 274
完全讲解 实例 155 绘制胶垫立体图 …… 274
练习提高 实例 156 绘制六角形拱顶

立体图 ·············· 275
10.4 旋转 ···········276
完全讲解 实例 157 绘制手压阀阀杆
立体图 ·············· 276
练习提高 实例 158 绘制弯管立体图 ······ 277
10.5 扫掠 ···········277
完全讲解 实例 159 绘制压紧螺母
立体图 ·············· 278
练习提高 实例 160 绘制锁立体图 ······ 281
10.6 放样 ···········282
完全讲解 实例 161 绘制显示器立体图 ······ 282
练习提高 实例 162 绘制太阳伞立体图 ······ 284

第 11 章 三维特征编辑 ············286

视频讲解：178 分钟

11.1 倒角边 ···········286
完全讲解 实例 163 绘制销轴立体图 ······ 286
练习提高 实例 164 绘制平键立体图 ······ 289
11.2 圆角边 ···········290
完全讲解 实例 165 绘制手把立体图 ······ 290
练习提高 实例 166 绘制棘轮立体图 ······ 295
11.3 剖切视图 ···········296
完全讲解 实例 167 绘制胶木球立体图 ······ 296
练习提高 实例 168 绘制连接轴环
立体图 ·············· 298
11.4 三维阵列 ···········299
完全讲解 实例 169 绘制压紧套立体图 ······ 299
练习提高 实例 170 绘制法兰盘立体图 ······ 301
11.5 三维镜像 ···········302
完全讲解 实例 171 绘制手压阀阀体
立体图 ·············· 302
练习提高 实例 172 绘制阀芯立体图 ······ 317
11.6 三维旋转 ···········318
完全讲解 实例 173 绘制球阀阀杆
立体图 ·············· 318
练习提高 实例 174 绘制三通管立体图 ····· 320

11.7 三维移动 ···········321
完全讲解 实例 175 绘制阀盖立体图 ······ 321
练习提高 实例 176 绘制压板立体图 ······ 324
11.8 综合实例 ···········324
完全讲解 实例 177 绘制球阀阀体
立体图 ·············· 324
练习提高 实例 178 绘制脚踏座立体图 ····· 328

第 12 章 三维实体编辑 ············330

视频讲解：387 分钟

12.1 复制边 ···········330
完全讲解 实例 179 绘制扳手立体图 ······ 330
练习提高 实例 180 绘制支架立体图 ······ 333
12.2 抽壳 ···········333
完全讲解 实例 181 绘制台灯立体图 ······ 333
练习提高 实例 182 绘制闪盘立体图 ······ 338
12.3 拉伸面 ···········339
完全讲解 实例 183 绘制顶针立体图 ······ 339
练习提高 实例 184 绘制六角螺母
立体图 ·············· 341
12.4 倾斜面 ···········342
完全讲解 实例 185 绘制回形窗立体图 ······ 342
练习提高 实例 186 绘制小水桶立体图 ······ 344
12.5 旋转面 ···········345
完全讲解 实例 187 绘制箱体吊板
立体图 ·············· 345
练习提高 实例 188 绘制斜轴支架
立体图 ·············· 347
12.6 复制面 ···········348
完全讲解 实例 189 绘制圆平榫立体图 ····· 348
练习提高 实例 190 绘制转椅立体图 ······ 351
12.7 删除面 ···········352
完全讲解 实例 191 绘制圆顶凸台双孔块
立体图 ·············· 353
练习提高 实例 192 绘制镶块立体图 ······ 355
12.8 移动面 ···········355

完全讲解　实例 193　绘制梯槽孔座
　　　　　立体图 ································· 355

练习提高　实例 194　绘制哑铃立体图 ······· 357

12.9　渲染 ································· 357

完全讲解　实例 195　绘制凉亭立体图 ······· 358

练习提高　实例 196　绘制石桌立体图 ······· 366

12.10　综合实例 ·······················367

完全讲解　实例 197　绘制战斗机立体图 ···· 367

练习提高　实例 198　绘制饮水机立体图 ···· 385

12.11　三维装配 ·······················385

完全讲解　实例 199　绘制手压阀三维
　　　　　装配图 ································· 386

练习提高　实例 200　绘制减速器总装配
　　　　　立体图 ································· 396

第 1 章　简单二维图形绘制

内容简介

本章介绍简单二维绘图的基本知识。了解直线类、圆类、点类、平面图形命令，通过一些典型实例，将读者带入绘图知识的殿堂。

1.1　直　线　命　令

直线是 AutoCAD 2020 绘图软件中最简单、最基本的一种图形单元。连续的直线可以组成折线，直线与圆弧的组合又可以组成多段线。直线在机械制图中常用于表达物体棱边或平面的投影，在建筑制图中常用于建筑平面投影。本节通过两个实例介绍一下直线命令的使用方法，其执行方式如下。

- 命令行：LINE（快捷命令：L）。
- 菜单栏：选择菜单栏中的"绘图"→"直线"命令。
- 工具栏：单击"绘图"工具栏中的"直线"按钮 /。
- 功能区：单击"默认"选项卡"绘图"面板中的"直线"按钮 /。

完全讲解　实例 001 绘制五角星

本实例主要练习执行"直线"命令，这里通过两种方法绘制五角星。

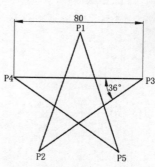

1. 命令行坐标输入法

命令行坐标输入法是最简单最基础的图形绘制方法，本实例绘制的五角星如图 1-1 所示。

单击状态栏中的"动态输入"按钮 ，关闭动态输入。单击"默认"选项卡"绘图"面板中的"直线"按钮 /，命令行提示与操作如下：

图 1-1　绘制五角星

```
命令：_line✓
指定第一个点：120,120✓（在命令行中输入 120,120（即顶点 P1 的位置）后按 Enter 键，系统继续提示，
用相似方法输入五角星的各个顶点）
指定下一点或 [放弃(U)]：@80<252✓（P2 点）
指定下一点或 [退出(E)/放弃(U)]：159.091,90.870✓（P3 点，也可以输入相对坐标@80<36）
指定下一点或 [关闭(C)/退出(X)/放弃(U)]：@80,0✓（错位的 P4 点）
指定下一点或 [关闭(C)/退出(X)/放弃(U)]：U✓（取消对 P4 点的输入）
指定下一点或 [关闭(C)/退出(X)/放弃(U)]：@-80,0✓（P4 点）
```

指定下一点或 [关闭(C)/退出(X)/放弃(U)]：144.721,43.916✓（P5 点，也可以输入相对坐标@80<-36）
指定下一点或 [关闭(C)/退出(X)/放弃(U)]：C✓

📢 **注意：**

　　（1）一般每个命令有 4 种执行方式，这里只给出了命令行执行方式，其他 3 种执行方式的操作方法与命令行执行方式相同。
　　（2）命令前加一个下划线表示是采用非命令行输入方式执行命令，其效果与命令行输入方式一样。
　　（3）坐标中的逗号必须在英文状态下输入，否则会出错。

☞ **知识详解——数据的输入方法**

　　在 AutoCAD 中，点的坐标可以用直角坐标、极坐标、球面坐标和柱面坐标表示。每一种坐标又分别具有两种坐标输入方式：绝对坐标和相对坐标。其中，直角坐标和极坐标最为常用，下面主要介绍它们的输入方法。

　　（1）直角坐标法：用 X、Y 坐标值表示点的坐标。

　　例如，在命令行中输入点的坐标提示下，输入 15,18，则表示输入一个 X、Y 的坐标值分别为 15、18 的点。此为绝对坐标输入方式，表示该点的坐标是相对于当前坐标原点的坐标值，如图 1-2（a）所示。如果输入@10,20，则为相对坐标输入方式，表示该点的坐标是相对于前一点的坐标值，如图 1-2（b）所示。

　　（2）极坐标法：用长度和角度表示的坐标只能用来表示二维点的坐标。

　　在绝对坐标输入方式下，表示为"长度<角度"，如 25<50，其中长度为该点到坐标原点的距离，角度为该点至原点的连线与 X 轴正向的夹角，如图 1-2（c）所示。

　　在相对坐标输入方式下，表示为"@长度<角度"，如@25<45，其中长度为该点到前一点的距离，角度为该点至前一点的连线与 X 轴正向的夹角，如图 1-2（d）所示。

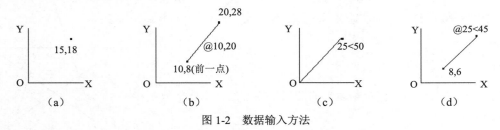

图 1-2　数据输入方法

2. 动态输入法

　　下面介绍在动态输入功能下绘制五角星。

　　（1）系统默认打开动态输入，如果动态输入没有打开，单击状态栏中的"动态输入"按钮，打开动态输入。单击"默认"选项卡"绘图"面板中的"直线"按钮，在动态输入框中输入第一点坐标为（120,120），如图 1-3 所示。按 Enter 键确认 P1 点。

　　（2）拖动鼠标，然后在动态输入框中输入长度为 80，按 Tab 键切换到角度输入框，输入角度为 108，如图 1-4 所示。按 Enter 键确认 P2 点。

扫一扫，看视频

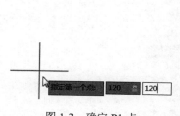

图 1-3　确定 P1 点

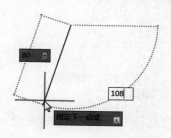

图 1-4　确定 P2 点

（3）拖动鼠标，然后在动态输入框中输入长度为 80，按 Tab 键切换到角度输入框，输入角度为 36，如图 1-5 所示。按 Enter 键确认 P3 点，也可以输入绝对坐标（#159.091，90.87），如图 1-6 所示。按 Enter 键确认 P3 点。

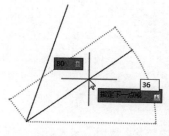

图 1-5　确定 P3 点

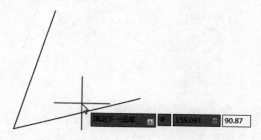

图 1-6　确定 P3 点（绝对坐标方式）

（4）拖动鼠标，然后在动态输入框中输入长度为 80，按 Tab 键切换到角度输入框，输入角度为 180，如图 1-7 所示。按 Enter 键确认 P4 点。

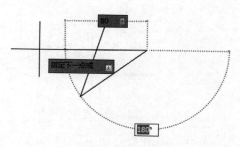

图 1-7　确定 P4 点

（5）拖动鼠标，然后在动态输入框中输入长度为 80，按 Tab 键切换到角度输入框，输入角度为 36，如图 1-8 所示。按 Enter 键确认 P5 点，也可以输入绝对坐标（#144.721,43.916），如图 1-9 所示。按 Enter 键确认 P5 点。

（6）拖动鼠标，直接捕捉 P1 点，如图 1-10 所示。也可以输入长度为 80，按 Tab 键切换到角度输入框，输入角度为 108，则完成绘制。

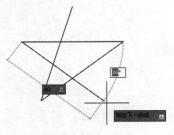

图 1-8   确定 P5 点

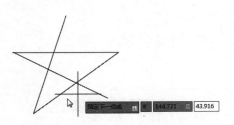

图 1-9   确定 P5 点（绝对坐标方式）

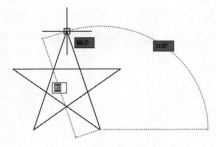

图 1-10   完成绘制

📢 提示：

> 后面实例，如果没有特别提示，均表示在非动态输入模式下输入数据。

练习提高   实例 002 绘制阀

阀的绘制方法有以下两种。

（1）坐标输入法绘制阀，其绘制流程如图 1-11 所示。

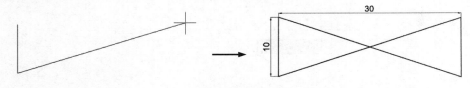

图 1-11   阀绘制流程 1

（2）动态输入法绘制阀，其绘制流程如图 1-12 所示。

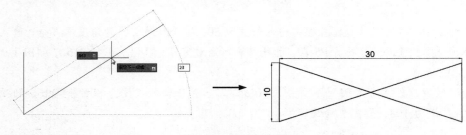

图 1-12   阀绘制流程 2

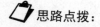思路点拨：

> **源文件**：源文件\第 1 章\阀.dwg
>
> 首先选择"直线"命令，然后在关闭动态输入和打开动态输入两种模式下，分别在命令行或动态输入框输入坐标来绘制阀。

1.2 圆 命 令

圆是最简单的封闭曲线，也是绘制工程图形时经常用到的图形单元，其执行方式如下。

- 命令行：CIRCLE（快捷命令：C）。
- 菜单栏：选择菜单栏中的"绘图"→"圆"命令。
- 工具栏：单击"绘图"工具栏中的"圆"按钮⊙。
- 功能区：在"默认"选项卡"绘图"面板中打开"圆"下拉菜单，从中选择一种创建圆的方式。

完全讲解 实例 003 绘制哈哈猪造型

本实例利用圆的各种绘制方法来共同完成哈哈猪造型的绘制。首先绘制哈哈猪的耳朵、嘴巴和头，然后利用"直线"命令绘制上、下颌分界线，最后绘制鼻孔，如图 1-13 所示。

（1）绘制哈哈猪的两个眼睛。单击"默认"选项卡"绘图"面板中的"圆"按钮⊙，绘制圆，命令行提示与操作如下：

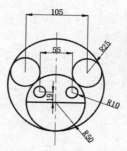

扫一扫，看视频

图 1-13 绘制哈哈猪

```
命令：_circle
指定圆的圆心或 [三点(3P)/两点(2P)/切点、切点、半径(T)]：200,200↙（输入左边小圆的圆心坐标）
指定圆的半径或 [直径(D)] <75.3197>：25↙（输入圆的半径）
命令：C↙（输入"圆"命令的缩写名）
指定圆的圆心或 [三点(3P)/两点(2P)/切点、切点、半径(T)]：2P↙（使用两点方式绘制右边小圆）
指定圆直径的第一个端点：280,200↙（输入圆直径的左端点坐标）
指定圆直径的第二个端点：330,200↙（输入圆直径的右端点坐标）
```

结果如图 1-14 所示。

（2）绘制哈哈猪的嘴巴。单击"默认"选项卡"绘图"面板中的"圆"按钮⊙，以"切点、切点、半径"方式捕捉两只眼睛的切点，绘制半径为 50 的圆，命令行提示与操作如下：

```
命令：↙（直接按 Enter 键表示执行上次的命令）
指定圆的圆心或 [三点(3P)/两点(2P)/切点、切点、半径(T)]：T↙（使用"切点、切点、半径"方式绘制）
指定对象与圆的第一个切点：（指定左边圆的右下方）
指定对象与圆的第二个切点：（指定右边圆的左下方）
指定圆的半径：50↙
```

结果如图 1-15 所示。

图 1-14 哈哈猪的眼睛

图 1-15 哈哈猪的嘴巴

 注意：

> 在这里满足与绘制的两个圆相切且半径为 50 的圆有 4 个，分别与两个圆在上下方内外切，所以要指定切点的大致位置。系统会自动在大致指定的位置附近捕捉切点，这样所确定的圆才是读者想要的圆。

（3）绘制哈哈猪的头部。单击"默认"选项卡"绘图"面板上的"圆"下拉菜单中的"相切、相切、相切"按钮○，命令行提示与操作如下：

```
命令：_circle
指定圆的圆心或 [三点(3P)/两点(2P)/切点、切点、半径(T)]：_3p
指定圆上的第一个点：_tan 到：（指定 3 个圆中第一个圆的适当位置）
指定圆上的第二个点：_tan 到：（指定 3 个圆中第二个圆的适当位置）
指定圆上的第三个点：_tan 到：（指定 3 个圆中第三个圆的适当位置）
```

结果如图 1-16 所示。

 提示：

> 在这里指定的 3 个圆顺序可以任意选择，但大体位置要指定正确。因为满足和 3 个圆相切的圆有两个，切点的大体位置不同，绘制出的圆也不同。

（4）绘制哈哈猪的上、下颌分界线。单击"默认"选项卡"绘图"面板中的"直线"按钮╱，以嘴巴的两个象限点为端点绘制直线，结果如图 1-17 所示。

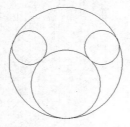

图 1-16 哈哈猪的头部

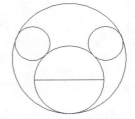

图 1-17 哈哈猪的上、下颌分界线

（5）绘制哈哈猪的鼻子。单击"默认"选项卡"绘图"面板中的"圆"按钮⊙，分别以（225,165）和（280,165）为圆心，绘制直径为 20 的圆，命令行提示与操作如下：

```
命令：_circle
指定圆的圆心或 [三点(3P)/两点(2P)/切点、切点、半径(T)]：225,165↙（输入左边鼻孔圆的圆心坐标）
指定圆的半径或 [直径(D)]：D↙
指定圆的直径：20↙
```

用同样的方法绘制右边的小鼻孔，最终结果如图 1-13 所示。

练习提高　实例 004 绘制连环圆

利用"圆"命令绘制连环圆，其绘制流程如图 1-18 所示。

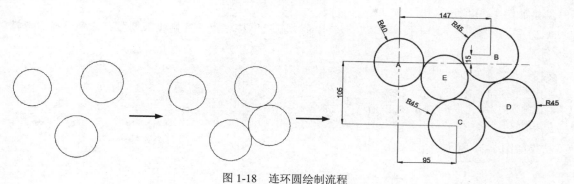

图 1-18　连环圆绘制流程

思路点拨：

> 源文件：源文件\第 1 章\连环圆.dwg
>
> 根据由 A~E 的顺序绘制圆。首先利用"圆心、半径"的方法绘制 A 圆，然后利用"三点"方法绘制 B 圆，接下来利用"两点"方法绘制 C 圆，利用"切点、切点、半径"方法绘制 D 圆，利用"相切、相切、相切"方法绘制 E 圆，最终完成连环圆绘制。

1.3　圆 弧 命 令

圆弧是圆的一部分。在工程造型中，圆弧的使用比圆更普遍，其执行方式如下。

- 命令行：ARC（快捷命令：A）。
- 菜单栏：选择菜单栏中的"绘图"→"圆弧"命令。
- 工具栏：单击"绘图"工具栏中的"圆弧"按钮 。
- 功能区：在"默认"选项卡"绘图"面板中打开"圆弧"下拉菜单，从中选择一种创建圆弧的方式。

完全讲解　实例 005 绘制花瓶

本实例利用"直线"与"圆弧"命令绘制花瓶，如图 1-19 所示。

（1）单击"默认"选项卡"绘图"面板中的"直线"按钮 ，绘制长度为 40 和长度为 50 的水平直线，命令行提示与操作如下：

```
命令：LINE✓（在命令行输入"直线"命令 LINE，不区分大小写）
指定第一个点：0,0✓
指定下一点或 [放弃(U)]：40, 0✓
```

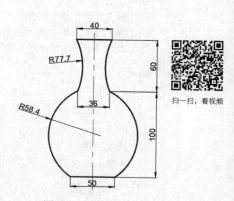

图 1-19　绘制花瓶

命令：✓（直接按 Enter 键表示执行上一次执行的命令）
指定第一个点：-5,-160✓
指定下一点或 [放弃(U)]：@50<0✓（使用了相对极坐标数值输入方法，此方法便于控制线段长度和倾斜角度）

结果如图 1-20 所示。

（2）单击"默认"选项卡"绘图"面板中的"圆弧"按钮╱，绘制上部圆弧，命令行提示与操作如下：

命令：_arc
指定圆弧的起点或 [圆心(C)]:0,0✓
指定圆弧的第二个点或 [圆心(C)/端点(E)]：7,-29✓
指定圆弧的端点:2,-60✓

结果如图 1-21 所示。

图 1-20　绘制直线 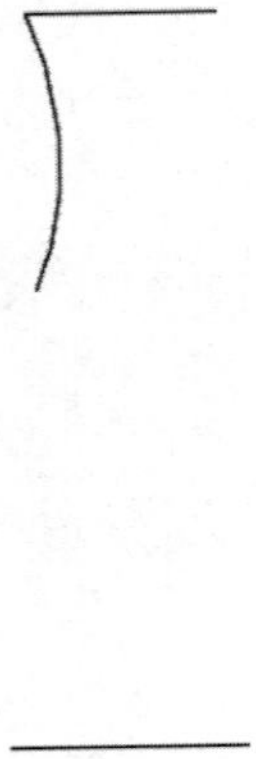　　　　　　　　　　图 1-21　绘制圆弧

（3）单击"默认"选项卡"绘图"面板中的"圆弧"按钮╱，绘制下部圆弧，命令行提示与操作如下：

命令：_arc
指定圆弧的起点或 [圆心(C)]:2,-60✓
指定圆弧的第二个点或 [圆心(C)/端点(E)]：-30,-110✓
指定圆弧的端点:-5,-160✓

结果如图 1-22 所示。

（4）单击"默认"选项卡"绘图"面板中的"圆弧"按钮╱，绘制圆弧，命令行提示与操作如下：

命令：_arc
指定圆弧的起点或 [圆心(C)]：40,0✓
指定圆弧的第二个点或 [圆心(C)/端点(E)]：33,-29✓
指定圆弧的端点:38,-60✓

结果如图 1-23 所示。

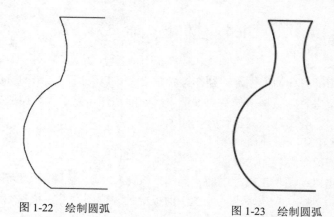

图 1-22　绘制圆弧　　　　　图 1-23　绘制圆弧

（5）单击"默认"选项卡"绘图"面板中的"圆弧"按钮 ，绘制圆弧，命令行提示与操作如下：

```
命令: _arc
指定圆弧的起点或 [圆心(C)]:38,-60↙
指定圆弧的第二个点或 [圆心(C)/端点(E)]:70,-110↙
指定圆弧的端点:45,-160↙
```

最终完成花瓶的绘制。

练习提高　实例 006　绘制梅花

利用"圆弧"命令的几种绘制方式创建梅花，绘制流程如图 1-24 所示。

扫一扫，看视频

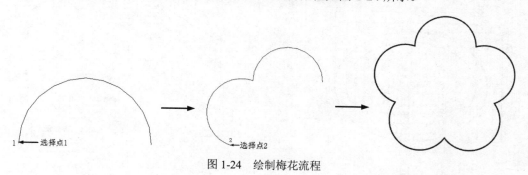

图 1-24　绘制梅花流程

📋 **思路点拨：**

> **源文件**：源文件\第 1 章\梅花.dwg
>
> 　　本例首先通过"起点、端点、半径"方式绘制第一段圆弧，然后利用"起点、端点、角度"方式绘制第二段圆弧（角度为 180°），接下来利用"起点、圆心、角度"方式绘制第三段圆弧（角度为 180°），最后用"起点、圆心、弦长""起点、端点、方向"两种方式绘制剩下的两段圆弧。

1.4　椭 圆 命 令

椭圆也是一种典型的封闭曲线图形，圆在某种意义上可以看成是椭圆的特例。椭圆在工程图形中的应用不多，只在某些特殊造型，如室内设计单元中的浴盆、桌子等造型或机械造型中的杆状结构的截面形状等图形中才会出现，其执行方式如下。

- 命令行：ELLIPSE（快捷命令：EL）。
- 菜单栏：选择菜单栏中的"绘图"→"椭圆"→"圆弧"命令。
- 工具栏：单击"绘图"工具栏中的"椭圆"按钮 ⬭ 或"椭圆弧"按钮 ⬭ 。
- 功能区：单击"默认"选项卡"绘图"面板中的"椭圆"下拉菜单，从中选择一种创建椭圆的方式。

扫一扫，看视频

完全讲解　实例 007　绘制洗脸盆

本实例主要介绍椭圆和椭圆弧绘制方法的具体应用。首先利用前面学到的知识绘制水龙头和旋钮，然后利用椭圆和椭圆弧绘制洗脸盆内沿和外沿，大体尺寸如图 1-25 所示。其他尺寸可以适当选取。

（1）绘制水龙头。单击"默认"选项卡"绘图"面板中的"直线"按钮 ╱ ，绘制直线，绘制结果如图 1-26 所示。

（2）绘制水龙头旋钮。单击"默认"选项卡"绘图"面板中的"圆"按钮 ⊙ ，绘制圆，绘制结果如图 1-27 所示。

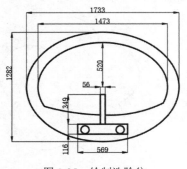
图 1-25　绘制洗脸盆

图 1-26　绘制水龙头

图 1-27　绘制旋钮

（3）绘制脸盆外沿。单击"默认"选项卡"绘图"面板中的"椭圆"按钮 ⬭ ，绘制椭圆，命令行提示与操作如下：

```
命令: _ELLIPSE
指定椭圆的轴端点或 [圆弧(A)/中心点(C)]: (指定椭圆轴端点)
指定轴的另一个端点: (指定另一端点)
指定另一条半轴长度或 [旋转(R)]: (在绘图区拉出另一半轴长度)
```

绘制结果如图 1-28 所示。

（4）绘制脸盆部分内沿。单击"默认"选项卡"绘图"面板中的"椭圆弧"按钮，绘制椭圆弧，命令行提示与操作如下：

```
命令：_ELLIPSE
指定椭圆的轴端点或 [圆弧(A)/中心点(C)]：A↙
指定椭圆弧的轴端点或 [中心点(C)]：C↙
指定椭圆弧的中心点：（单击状态栏中的"对象捕捉"按钮□，捕捉绘制的椭圆中心点）
指定轴的端点：（适当指定一点）
指定另一条半轴长度或 [旋转(R)]：R↙
指定绕长轴旋转的角度：（在绘图区指定椭圆轴端点）
指定起点角度或 [参数(P)]：（在绘图区拉出起始角度）
指定终点角度或 [参数(P)/夹角(I)]：（在绘图区拉出终止角度）
```

绘制结果如图 1-29 所示。

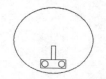

图 1-28　绘制脸盆外沿

图 1-29　绘制脸盆部分内沿

（5）绘制内沿其他部分。单击"绘图"工具栏中的"圆弧"按钮，绘制圆弧，从而完成绘制。

练习提高　实例 008　绘制椭圆茶几

利用"椭圆"命令绘制茶几，绘制流程如图 1-30 所示。

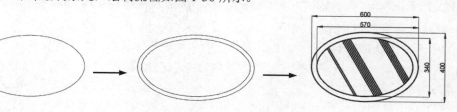

图 1-30　绘制茶几

 思路点拨：

源文件：源文件\第 1 章\茶几.dwg

利用"椭圆"命令绘制外轮廓两个椭圆，然后利用"直线"命令绘制茶几面，最终完成茶几绘制。

1.5　圆 环 命 令

圆环可以看作是两个同心圆，利用"圆环"命令可以快速完成同心圆的绘制，其执行方式如下。

● 命令行：DONUT（快捷命令：DO）。

- 菜单栏：选择菜单栏中的"绘图"→"圆环"命令。
- 功能区：单击"默认"选项卡"绘图"面板中的"圆环"按钮◎。

完全讲解 实例 009 绘制感应式仪表符号

扫一扫，看视频

本实例通过使用"椭圆"命令、"圆环"命令以及"直线"命令来实现感应式仪表符号的绘制，如图 1-31 所示。

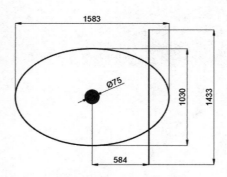

图 1-31 感应式仪表符号

（1）单击"默认"选项卡"绘图"面板中的"轴，端点"按钮，命令行提示与操作如下：

```
命令：_ellipse
指定椭圆的轴端点或 [圆弧(A)/中心点(C)]：（适当指定一点为椭圆的轴端点）
指定轴的另一个端点：（在水平方向指定椭圆的轴的另一个端点）
指定另一条半轴长度或 [旋转(R)]：（适当指定一点，以确定椭圆另一条半轴的长度）
```

绘制结果如图 1-32 所示。

（2）单击"默认"选项卡"绘图"面板中的"圆环"按钮◎，命令行提示与操作如下：

```
命令：_donut
指定圆环的内径 <0.5000>：0↙
指定圆环的外径 <1.0000>：75↙
指定圆环的中心点或 <退出>：（大约指定椭圆的圆心位置）
指定圆环的中心点或 <退出>：↙
```

绘制结果如图 1-33 所示。

（3）单击"默认"选项卡"绘图"面板中的"直线"按钮，在椭圆偏右位置绘制一条竖直直线，最终结果如图 1-31 所示。

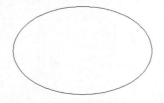

图 1-32 绘制椭圆

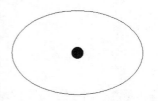

图 1-33 绘制圆环

📢 **注意：**

　　在绘制圆环时，可能无法一次就确定圆环外径大小，为确定圆环与椭圆的相对大小，可以通过多次绘制的方法找到一个相对合适的外径值。

练习提高　实例 010　绘制汽车徽标

利用"圆环"命令绘制汽车徽标，绘制流程如图 1-34 所示。

图 1-34　汽车徽标绘制流程图

📋 **思路点拨：**

　　源文件： 源文件\第 1 章\汽车徽标.dwg
　　依次设置圆环的外径和内径，以不同点为圆心，绘制 4 个圆环。

1.6　点　命　令

通常认为，点是最简单的图形单元。在工程图形中，点通常用来标定某个特殊的坐标位置，或者作为某个绘制步骤的起点和基础。为了使点更显眼，AutoCAD 为点设置各种样式，用户可以根据需要来选择，其执行方式如下。

- 命令行：POINT（快捷命令：PO）。
- 菜单栏：选择菜单栏中的"绘图"→"点"命令。
- 工具栏：单击"绘图"工具栏中的"点"按钮 ⠿。
- 功能区：单击"默认"选项卡"绘图"面板中的"多点"按钮 ⠿。

与"点"命令相关的命令还有"定数等分"与"定距等分"两个命令，其执行方式如下。

- 命令行：DIVIDE（快捷命令：DIV）或者 MEASURE（快捷命令：ME）。
- 菜单栏：选择菜单栏中的"绘图"→"点"→"定数等分"（或"定距等分"）命令。
- 功能区：单击"默认"选项卡"绘图"面板中的"定数等分"按钮 ⚸（或"定距等分"按钮 ⚸）。

完全讲解　实例 011　绘制棘轮

本实例利用"圆弧"命令的几种绘制方式及"定数等分"命令创建棘轮图形，如图 1-35 所示。

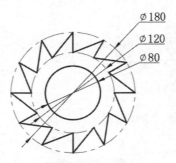

图 1-35　绘制棘轮

（1）绘制同心圆。单击"默认"选项卡"绘图"面板中的"圆"按钮⊙，绘制 3 个半径分别为 90、60、40 的同心圆，如图 1-36 所示。

（2）设置点样式。单击"默认"选项卡"实用工具"面板中的"点样式"按钮，在打开的"点样式"对话框中选择 ▨ 样式，如图 1-37 所示。

（3）等分圆。单击"默认"选项卡"绘图"面板中的"定数等分"按钮，将步骤（1）绘制的 R90 圆进行等分，命令行提示与操作如下：

```
命令：_divide
选择要定数等分的对象：（选择 R90 圆）
输入线段数目或 [块(B)]：12↙
```

选择此样式

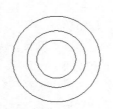

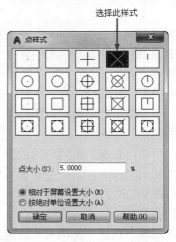

图 1-36　绘制同心圆　　　　　图 1-37　"点样式"对话框

采用同样的方法，等分 R60 圆，等分结果如图 1-38 所示。

（4）绘制棘轮轮齿。单击"默认"选项卡"绘图"面板中的"直线"按钮，连接 3 个等分点，绘制直线，如图 1-39 所示。

（5）绘制其余轮齿。采用相同的方法连接其他点，选择绘制的点和多余的圆及圆弧，按 Delete 键删除，绘制完成。

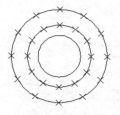

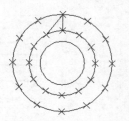

图 1-38　等分圆　　　　　　　图 1-39　绘制棘轮轮齿

练习提高　实例 012　绘制柜子

利用"矩形"命令和"点"命令绘制柜子，其绘制流程如图 1-40 所示。

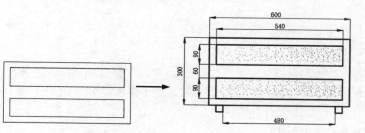

图 1-40　绘制柜子

📋 **思路点拨：**

> 源文件：源文件\第 1 章\柜子.dwg
> 先利用"直线"命令按照上面尺寸绘制一系列矩形，然后利用"多点"命令绘制外面的装饰点，灵活掌握点的绘制方法。

1.7　矩 形 命 令

矩形是最简单的封闭直线图形，在机械制图中常用来表达平行投影平面的面，其执行方式如下。

- 命令行：RECTANG（快捷命令：REC）。
- 菜单栏：选择菜单栏中的"绘图"→"矩形"命令。
- 工具栏：单击"绘图"工具栏中的"矩形"按钮 □。
- 功能区：单击"默认"选项卡"绘图"面板中的"矩形"按钮 □。

完全讲解　实例 013　绘制花坛

本实例主要练习执行"矩形"命令，利用"矩形"命令、"直线"命令、"圆弧"命令绘制花坛，如图 1-41 所示。

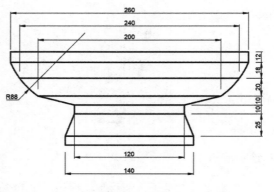

图 1-41　花坛

（1）单击"默认"选项卡"绘图"面板中的"矩形"按钮□，指定矩形的角点坐标，绘制矩形，命令行提示与操作如下：

```
命令：RECTANG↙
指定第一个角点或 [倒角(C)/标高(E)/圆角(F)/厚度(T)/宽度(W)]:-130,0↙
指定另一个角点或 [面积(A)/尺寸(D)/旋转(R)]:130,-12↙
```

结果如图 1-42 所示。

（2）单击"默认"选项卡"绘图"面板中的"矩形"按钮□，指定矩形的角点坐标，继续绘制一系列的矩形，命令行提示与操作如下：

```
命令：RECTANG↙
指定第一个角点或 [倒角(C)/标高(E)/圆角(F)/厚度(T)/宽度(W)]:-60,-60↙
指定另一个角点或 [面积(A)/尺寸(D)/旋转(R)]:60,-70↙
命令：RECTANG↙
指定第一个角点或 [倒角(C)/标高(E)/圆角(F)/厚度(T)/宽度(W)]:-70,- 95↙
指定另一个角点或 [面积(A)/尺寸(D)/旋转(R)]:70,-105↙
```

结果如图 1-43 所示。

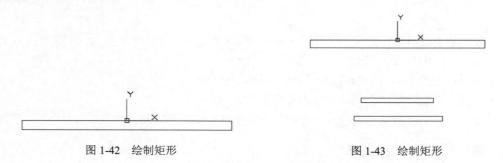

图 1-42　绘制矩形 　　　　　　　 图 1-43　绘制矩形

（3）单击"默认"选项卡"绘图"面板中的"直线"按钮／，指定直线的坐标，绘制两条水平直线，命令行提示与操作如下：

```
命令：LINE↙（在命令行输入"直线"命令 LINE，不区分大小写）
```

```
指定第一个点： -120,-30↙
指定下一点或 [放弃(U)]： 120, -30↙
命令： LINE↙
指定第一个点： -100,-50↙
指定下一点或 [放弃(U)]： 100,-50↙ （指定直线的长度）
```

结果如图 1-44 所示。

（4）单击"默认"选项卡"绘图"面板中的"圆弧"按钮 ，绘制圆弧，命令行的提示与操作如下：

```
命令： ARC↙
指定圆弧的起点或 [圆心(C)]： -130,-12↙
指定圆弧的第二个点或 [圆心(C)/端点(E)]： -120,-30↙
指定圆弧的端点： -100,-50↙
```

结果如图 1-45 所示。

（5）使用相同的方法绘制右侧的圆弧，圆弧的起点坐标为(130,-12)，第二点坐标为(120,-30)，端点坐标为(100,-50)，结果如图 1-46 所示。

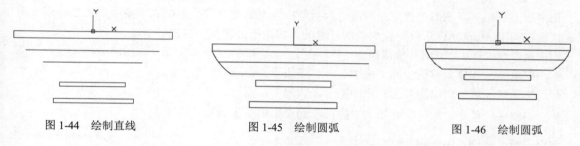

图 1-44　绘制直线　　　　　图 1-45　绘制圆弧　　　　　图 1-46　绘制圆弧

（6）单击"默认"选项卡"绘图"面板中的直线按钮 ，指定直线的坐标，绘制多条斜向的直线，结果如图 1-41 所示。命令行提示与操作如下：

```
命令： _line
指定第一个点： -100,-50↙
指定下一点或 [放弃(U)]： -60,-60↙
命令：LINE↙
指定第一个点： -60,-70↙
指定下一点或 [放弃(U)]： -70,-95↙
命令： _line↙
指定第一个点： 100,-50↙
指定下一点或 [放弃(U)]： 60,-60↙
命令：LINE↙
指定第一个点： 60,-70↙
指定下一点或 [放弃(U)]:70,-95↙
```

练习提高　实例 014　绘制镜前壁灯

利用"矩形"命令绘制镜前壁灯，绘制流程如图 1-47 所示。

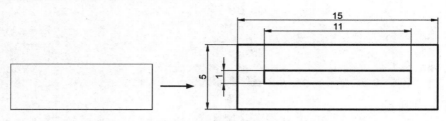

图 1-47　镜前壁灯绘制流程

📋 **思路点拨：**

> **源文件：** 源文件\第 1 章\镜前壁灯.dwg
>
> 指定矩形的角点，绘制两个矩形，灵活掌握矩形的绘制方法。

1.8　正多边形命令

正多边形是相对复杂的一种平面图形，人类曾经为准确地找到手工绘制正多边形的方法而长期求索，现在利用 AutoCAD 可以轻松地绘制任意的正多边形，其执行方式如下。

- 命令行：POLYGON（快捷命令：POL）。
- 菜单栏：选择菜单栏中的"绘图"→"多边形"命令。
- 工具栏：单击"绘图"工具栏中的"多边形"按钮⬡。
- 功能区：单击"默认"选项卡"绘图"面板中的"多边形"按钮⬠。

完全讲解　实例 015　绘制雨伞

本实例利用"圆弧"与"样条曲线"命令绘制伞的外框与底边，再利用"圆弧"命令绘制伞面辐条，最后利用"多段线"命令绘制伞顶与伞把，如图 1-48 所示。

（1）单击"默认"选项卡"绘图"面板中的"圆弧"按钮 ⟋，绘制伞的外框，命令行提示与操作如下：

图 1-48　绘制雨伞

```
命令：ARC↙
指定圆弧的起点或 [圆心(C)]：C↙
指定圆弧的圆心：（在屏幕上指定圆心）
指定圆弧的起点：（在屏幕上圆心位置的右边指定圆弧的起点）
指定圆弧的端点(按住 Ctrl 键以切换方向)或 [角度(A)/弦长(L)]：A↙
指定夹角(按住 Ctrl 键以切换方向)：180↙（注意角度的逆时针转向）
```

（2）单击"默认"选项卡"绘图"面板中的"样条曲线拟合"按钮 ∿，绘制伞的底边，命令行提示与操作如下：

```
命令：SPLINE↙
```

扫一扫，看视频

当前设置：方式=拟合　节点=弦
指定第一个点或 [方式(M)/节点(K)/对象(O)]：（指定样条曲线的第一个点 1，如图 1-49 所示）
输入下一个点或 [起点切向(T)/公差(L)]：指定下一点：（指定样条曲线的下一个点 2）
输入一个点或 [端点相切(T)/公差(L)/放弃(U)]：（指定样条曲线的下一个点 3）
输入下一个点或 [端点相切(T)/公差(L)/放弃(U)/闭合(C)]：（指定样条曲线的下一个点 4）
输入下一个点或 [端点相切(T)/公差(L)/放弃(U)/闭合(C)]：（指定样条曲线的下一个点 5）
输入下一个点或 [端点相切(T)/公差(L)/放弃(U)/闭合(C)]：（指定样条曲线的下一个点 6）
输入下一个点或 [端点相切(T)/公差(L)/放弃(U)/闭合(C)]：（指定样条曲线的下一个点 7）
输入下一个点或 [端点相切(T)/公差(L)/放弃(U)/闭合(C)]：
指定起点切向：（在 1 点左边顺着曲线向外指定一点并右击确认）
指定端点切向：（在 7 点左边顺着曲线向外指定一点并右击确认）

（3）单击"默认"选项卡"绘图"面板中的"圆弧"按钮 ⌒ ，绘制伞面辐条，命令行提示与操作如下：

命令：ARC✓
指定圆弧的起点或 [圆心(C)]：（在圆弧大约正中的点 8 位置指定圆弧的起点，如图 1-50 所示）
指定圆弧的第二个点或 [圆心(C)/端点(E)]：（在点 9 位置指定圆弧的第二个点）
指定圆弧的端点：（在点 2 位置指定圆弧的端点）

重复"圆弧"命令绘制其他伞面辐条，绘制结果如图 1-51 所示。

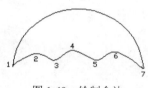

图 1-49　绘制伞边

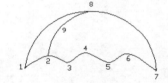

图 1-50　指定圆弧的起点

图 1-51　绘制伞面辐条

（4）单击"默认"选项卡"绘图"面板中的"多段线"按钮 ⟶ ，绘制伞顶和伞把，命令行提示与操作如下：

命令：PLINE✓
指定起点：（在图 1-50 的点 8 位置指定伞顶起点）
当前线宽为 3.0000
指定下一个点或 [圆弧(A)/半宽(H)/长度(L)/放弃(U)/宽度(W)]：W✓
指定起点宽度 <3.0000>：4✓
指定端点宽度 <4.0000>：2✓
指定下一个点或 [圆弧(A)/半宽(H)/长度(L)/放弃(U)/宽度(W)]：（指定伞顶终点）
指定下一点或 [圆弧(A)/闭合(C)/半宽(H)/长度(L)/放弃(U)/宽度(W)]：U✓（位置不合适，取消）
指定下一点或 [圆弧(A)/半宽(H)/长度(L)/放弃(U)/宽度(W)]：（重新在向上适当位置指定伞顶终点）
指定下一点或 [圆弧(A)/闭合(C)/半宽(H)/长度(L)/放弃(U)/宽度(W)]：（右击确认）
命令：PLINE✓
指定起点：（在图 1-50 的点 8 正下方的点 4 位置附近指定伞把起点）
当前线宽为 2.0000
指定下一个点或 [圆弧(A)/半宽(H)/长度(L)/放弃(U)/宽度(W)]：H✓
指定起点半宽 <1.0000>：1.5✓
指定端点半宽 <1.5000>：✓

指定下一个点或［圆弧(A)/半宽(H)/长度(L)/放弃(U)/宽度(W)］：(向下的适当位置指定下一点)
指定下一点或［圆弧(A)/闭合(C)/半宽(H)/长度(L)/放弃(U)/宽度(W)］：A↙
指定圆弧的端点(按住 Ctrl 键以切换方向)或［角度(A)/圆心(CE)/闭合(CL)/方向(D)/半宽(H)/直线(L)/半径(R)/第二个点(S)/放弃(U)/宽度(W)］：(指定圆弧的端点)
指定圆弧的端点(按住 Ctrl 键以切换方向)或［角度(A)/圆心(CE)/闭合(CL)/方向(D)/半宽(H)/直线(L)/半径(R)/第二个点(S)/放弃(U)/宽度(W)］：(右击确认)

最终绘制结果如图 1-48 所示。

练习提高　实例 016　绘制八角凳

利用"多边形"命令绘制八角凳面，绘制流程如图 1-52 所示。

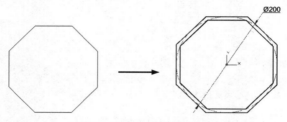

图 1-52　八角凳面绘制流程

思路点拨：

源文件：源文件\第 1 章\八角凳面.dwg
通过"多边形"命令绘制内接于圆以及外切于圆的八角形，从而绘制八角凳面。

第 2 章 基本绘图设置

内容简介

为了快捷准确地绘制图形，AutoCAD 提供了多种必要的辅助绘图工具，如"单位"设置、"图形界限"设置、对象选择工具、对象捕捉工具、栅格、正交模式、缩放和平移等。利用这些工具，可以方便、迅速、准确地实现图形的绘制和编辑。不仅可提高工作效率，而且能更好地保证图形的质量。本章将介绍捕捉、栅格、正交、对象捕捉、对象追踪、极轴、动态输入、缩放和平移等内容。

2.1　单位和范围设置

"单位"设置是 AutoCAD 2020 绘图中最基本的操作。"单位"设置可以控制坐标、距离和角度的精度和显示格式，并且将保存在当前图形中。AutoCAD 2020 在绘图前一般会进行图形界限设置，在绘图区域中设置不可见的矩形边界，该边界可以限制栅格显示同时还可以限制单击或输入点位置。本节通过两个实例介绍"单位""图形界限"命令的使用方法，其中"单位"执行方式如下。

- 命令行：UNITS（快捷命令：UN）。
- 菜单栏：选择菜单栏中的"格式"→"单位"命令。

"图形界限"执行方式如下。

- 命令行：LIMITS（快捷命令：LIM）。
- 菜单栏：选择菜单栏中的"格式"→"图形界限"命令。

完全讲解　实例 017 设置 A3 样板图

本实例主要练习执行"单位"命令、"图形界限"命令。我们通过前面学到的内容绘制部分 A3 样板图，而 A3 样板图的完整绘制会在接下来的章节中得到完善，如图 2-1 所示。

扫一扫，看视频

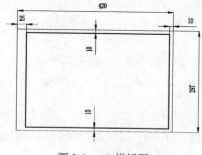

图 2-1　A3 样板图

1．设置单位和图形边界

（1）打开 AutoCAD 程序，系统自动建立新图形文件。

（2）选择菜单栏中的"格式"→"单位"命令，系统打开"图形单位"对话框，如图 2-2 所示。设置"长度"的类型为"小数"，"精度"为 0；"角度"的类型为"十进制度数"，"精度"为 0，系统默认逆时针方向为正，单击"确定"按钮。

（3）设置图形边界。国家标准对图纸的幅面大小作了严格规定，这里按国家标准 A3 图纸幅面设置图形边界。A3 图纸的幅面为 420mm×297mm，选择菜单栏中的"格式"→"图形界限"命令，命令行提示与操作如下：

```
命令：LIMITS✓
重新设置模型空间界限：✓
指定左下角点或 [开(ON)/关(OFF)] <0.0000,0.0000>：✓
指定右上角点 <12.0000,9.0000>：420,297✓
```

2．绘制图框

单击"默认"选项卡"绘图"面板中的"矩形"按钮▢，绘制角点坐标为（25,10）和（410,287）的矩形，如图 2-3 所示。

📢 **说明：**

> 国家标准规定 A3 图纸的幅面大小是 420mm×297mm，这里留出了带装订边的图框到图纸边界的距离。

图 2-2　"图形单位"对话框

图 2-3　绘制矩形

3．绘制外框

单击"默认"选项卡"绘图"面板中的"矩形"按钮▢，在最外侧绘制一个 420mm×297mm 的外框，最终完成样板图的绘制，如图 2-1 所示。

4．保存样板图

单击"快速访问"工具栏中的"另存为"按钮💾，系统打开"图形另存为"对话框，将图形保存为 DWG 格式的文件即可，如图 2-4 所示。

图 2-4 "图形另存为"对话框

练习提高 实例 018 设置 A4 样板图

绘制 A4 样板图，其绘制流程如图 2-5 所示。

扫一扫，看视频

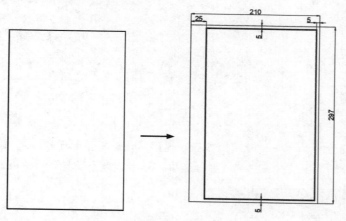

图 2-5 A4 样板图

思路点拨：

> 源文件：源文件\第 2 章\A4 样板图.dwg
> 首先设置单位，然后设置图形边界，接下来利用"矩形"命令绘制样板图的两个边框。

2.2 图 层 设 置

AutoCAD 2020 提供了"图层特性管理器"选项板，用户可以通过对该选项板中的各选项及其二级选项进行设置，从而实现创建新图层、设置图层颜色及线型的各种操作，其执行方式如下。

- 命令行：LAYER。
- 菜单栏：选择菜单栏中的"格式"→"图层"命令。
- 工具栏：单击"图层"工具栏中的"图层特性管理器"按钮 。
- 功能区：单击"默认"选项卡"图层"面板中的"图层特性"按钮 或单击"视图"选项卡"选项板"面板中的"图层特性"按钮 。

完全讲解 实例 019 绘制轴承座

利用"图层"命令绘制如图 2-6 所示的轴承座。

（1）单击"默认"选项卡"图层"面板中的"图层特性"按钮 ，弹出"图层特性管理器"选项板。

（2）单击"新建图层"按钮，创建一个新图层，把该图层的名称由默认的"图层 1"改为"中心线"，如图 2-7 所示。

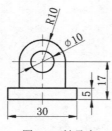

图 2-6 轴承座

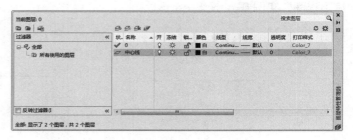

图 2-7 更改图层名

（3）单击"中心线"图层对应的"颜色"选项，弹出"选择颜色"对话框，选择"红色"为该图层的颜色，如图 2-8 所示。单击"确定"按钮，返回"图层特性管理器"选项板。

（4）单击"中心线"图层对应的"线型"选项，弹出"选择线型"对话框，如图 2-9 所示。

图 2-8 "选择颜色"对话框

图 2-9 "选择线型"对话框

（5）在"选择线型"对话框中，单击"加载"按钮，系统打开"加载或重载线型"对话框，选择 CENTER 线型，如图 2-10 所示。单击"确定"按钮退出。

（6）在"选择线型"对话框中选择 CENTER 为该图层线型，单击"确定"按钮，返回"图层特性管理器"选项板。

（7）选择"中心线"图层对应的"线宽"选项，弹出"线宽"对话框，选择 0.09mm 线宽，如图 2-11 所示。单击"确定"按钮退出。

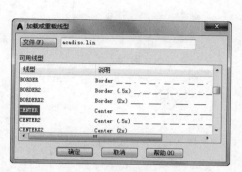

图 2-10 "加载或重载线型"对话框

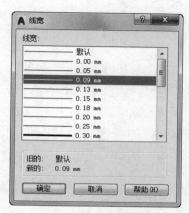

图 2-11 "线宽"对话框

（8）用相同的方法再建立两个新图层，分别命名为"轮廓线"和"尺寸线"。将"轮廓线"图层的颜色设置为白色，线型为 Continuous，线宽为 0.30mm；将"尺寸线"图层的颜色设置为蓝色，线型为 Continuous，线宽为 0.09mm，并且让 3 个图层均处于打开、解冻和解锁状态，各项设置如图 2-12 所示。

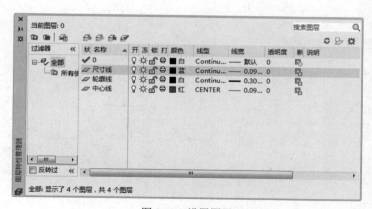

图 2-12 设置图层

（9）选中"中心线"图层，单击"置为当前"按钮，将其设置为当前图层，然后单击"关闭"按钮，关闭"图层特性管理器"选项板。

（10）在"中心线"图层上绘制如图 2-6 所示的两条中心线。

（11）选中绘制的中心线并右击，在弹出的快捷菜单中选择"特性"命令，弹出"特性"选项板，如图 2-13 所示。修改"线型比例"为 0.3。关闭对话框，结果如图 2-14 所示。

（12）在"图层"面板的图层控制下拉列表框中，将"轮廓线"图层设置为当前图层，并在其上绘制如图 2-6 所示的主体图形，结果如图 2-15 所示。

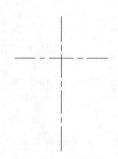

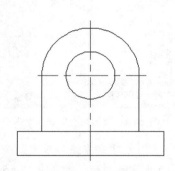

图 2-13　"特性"选项板　　　　图 2-14　绘制中心线　　　　图 2-15　绘制轮廓线

（13）将当前图层设置为"尺寸线"图层，并在"尺寸线"图层上进行尺寸标注（后面讲述），执行结果如图 2-6 所示。

扫一扫，看视频

练习提高　实例 020　绘制螺母

利用"图层设置"命令绘制螺母，其绘制流程如图 2-16 所示。

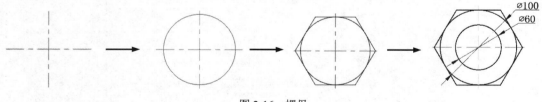

图 2-16　螺母

思路点拨：

> **源文件**：源文件\第 2 章\螺母.dwg
> 设置图层，注意线宽的选择。绘制两条中心线，然后绘制圆、六边形，最后绘制另一个圆。

2.3 对象捕捉设置

在利用 AutoCAD 绘图时经常要用到一些特殊点，如圆心、切点、线段或圆弧的端点、中点等。如果只利用光标在图形上选择，要准确地找到这些点是十分困难的。因此，AutoCAD 提供了一些识别这些点的工具。通过这些工具即可轻松地构造新几何体，精确地绘制图形，其结果比传统手工绘图更精确且更容易维护。在 AutoCAD 中，这种功能称为对象捕捉功能，其执行方式如下。

- 命令行：DDOSNAP。
- 菜单栏：选择菜单栏中的"工具"→"绘图设置"命令。
- 工具栏：单击"对象捕捉"工具栏中的"对象捕捉设置"按钮🔀。
- 状态栏：单击状态栏中的"对象捕捉"按钮▢（仅限于打开与关闭）。
- 快捷键：F3（仅限于打开与关闭）。
- 快捷菜单：按 Shift 键并右击，在弹出的快捷菜单中选择"对象捕捉设置"命令。

完全讲解 实例 021 绘制铆钉

利用"对象捕捉"命令绘制铆钉，如图 2-17 所示。

（1）单击"快速访问"工具栏中的"新建"按钮🗋，新建一个空白图形文件。

（2）单击"默认"选项卡"图层"面板中的"图层特性"按钮🗐，打开"图层特性管理器"选项板，如图 2-18 所示。

扫一扫，看视频

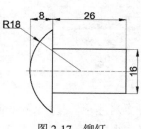

图 2-17 铆钉

图 2-18 "图层特性管理器"选项板

（3）单击"新建"按钮🗐，新建一个图层，将图层的名称设置为"中心线"，如图 2-19 所示。

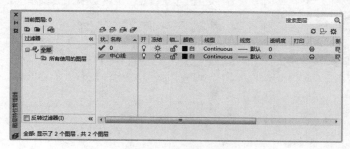

图 2-19 新建图层

（4）单击图层的颜色图标，打开"选择颜色"对话框，将颜色设置为红色，如图 2-20 所示。

（5）单击图层所对应的线型图标，打开"选择线型"对话框，如图 2-21 所示。单击"加载"按钮，打开"加载或重载线型"对话框，可以看到 AutoCAD 提供了许多线型，选择 CENTER 线型，如图 2-22 所示。单击"确定"按钮，即可把该线型加载到"已加载的线型"列表框中。继续单击"确定"按钮，如图 2-23 所示。

图 2-20 "选择颜色"对话框

图 2-21 "选择线型"对话框

图 2-22 "加载或重载线型"对话框

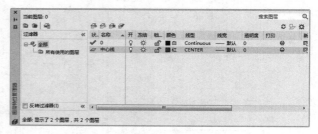

图 2-23 设置图层

（6）继续单击"新建"按钮 ，新建一个新的图层，将图层的名称设置为"轮廓线"。

（7）单击图层所对应的线型图标，打开"选择线型"对话框，如图 2-24 所示。选择 Continuous 线型，单击"确定"按钮，返回到"图层特性管理器"选项板，最后将"中心线"图层设置为当前图层，如图 2-25 所示。

图 2-24 "选择线型"对话框

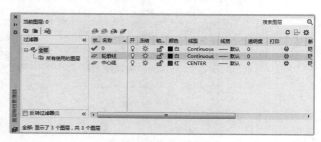

图 2-25 设置图层

（8）将"中心线"图层设置为当前图层，打开状态栏上的"正交模式"按钮，单击"默认"选项卡"绘图"面板中的"直线"按钮，绘制相互垂直的中心线，结果如图 2-26 所示。

（9）选择菜单栏中的"工具"→"绘图设置"命令，打开"草图设置"对话框中的"对象捕捉"选项卡。单击"全部选择"按钮，选择所有的捕捉模式，并选中"启用对象捕捉"复选框，如图 2-27 所示。单击"确定"按钮退出。

图 2-26　绘制中心线

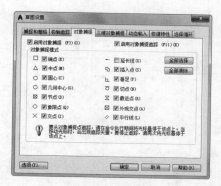

图 2-27　"对象捕捉"设置

（10）将"轮廓线"图层设置为当前图层。单击"默认"选项卡"绘图"面板中的"直线"按钮，绘制直线，捕捉中心线交点为起点，分别绘制长度为 8 的竖直直线和长度为 26 的水平直线，结果如图 2-28 所示。

（11）利用对象捕捉功能，补全图形，绘制出封闭的矩形，结果如图 2-29 所示。

（12）将"轮廓线"图层设置为当前图层。单击"默认"选项卡"绘图"面板中的"直线"按钮，分别以捕捉的矩形左边两个角点为起点，绘制两条竖直直线，长度为 7。继续单击"默认"选项卡"绘图"面板中的"圆弧"按钮，绘制圆弧，命令行提示与操作如下：

```
命令：ARC✓
指定圆弧的起点或 [圆心(C)]：（捕捉左边竖直直线的下端点）
指定圆弧的第二个点或 [圆心(C)/端点(E)]：from ✓（"捕捉自"命令）
基点：（捕捉中心线交点）
<偏移>：@-8,0✓
指定圆弧的端点：（捕捉左边竖直直线的上端点）
```

结果如图 2-30 所示。

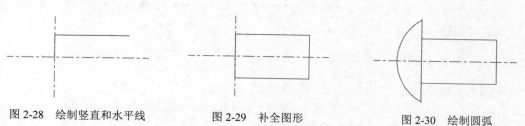

图 2-28　绘制竖直和水平线　　　图 2-29　补全图形　　　图 2-30　绘制圆弧

练习提高　实例 022　绘制开槽盘头螺钉

利用"矩形""直线""圆"及"圆弧"命令绘制开槽盘头螺钉，绘制流程如图 2-31 所示。重点练习对象捕捉设置的应用。

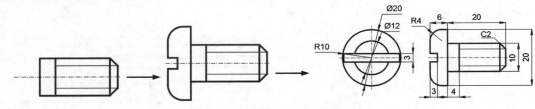

图 2-31　绘制开槽盘头螺钉

思路点拨：

> 源文件：源文件\第 2 章\开槽盘头螺钉.dwg
>
> 　（1）利用"矩形"命令绘制封闭矩形，再利用"直线"命令通过"捕捉自"方式以及"自动捕捉"方式绘制连续线段以完成左视图螺杆的绘制。
>
> 　（2）继续利用"直线"命令、"圆"命令以及"圆弧"命令绘制螺帽。
>
> 　（3）利用"圆弧"命令和"圆"命令绘制主视图。

2.4　对 象 追 踪

自动追踪是指按指定角度或与其他对象建立指定关系来绘制对象。利用自动追踪功能，可以对齐路径，有助于以精确的位置和角度创建对象。自动追踪包括"极轴追踪"和"对象捕捉追踪"两种追踪选项。"极轴追踪"是指按指定的极轴角或极轴角的倍数来对齐要指定点的路径；"对象捕捉追踪"是指以捕捉到的特殊位置点为基点，按指定的极轴角或极轴角的倍数来对齐要指定点的路径，其执行方式如下。

* 命令行：DDOSNAP。
* 菜单栏：选择菜单栏中的"工具"→"绘图设置"命令。
* 工具栏：单击"对象捕捉"工具栏中的"对象捕捉设置"按钮🔓。
* 状态栏：单击状态栏中的"对象捕捉"按钮🔲和"对象捕捉追踪"按钮∠（或"极轴追踪"按钮⟳）。

完全讲解　实例 023　绘制方头平键

本实例利用极轴追踪方法绘制如图 2-32 所示的方头平键。

（1）绘制主视图。单击"默认"选项卡"绘图"面板中的"矩形"按钮▢，绘制矩形。首先在屏幕上适当位置指定一个角点，然后指定第二个角点为（@100,11），结果如图 2-33 所示。

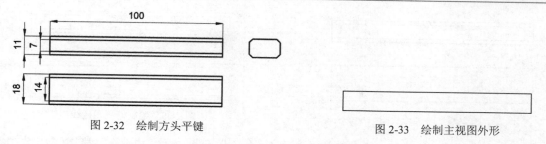

图 2-32 绘制方头平键

图 2-33 绘制主视图外形

（2）绘制主视图棱线。同时打开状态栏上的"对象捕捉"和"对象捕捉追踪"按钮，启动对象捕捉追踪功能。单击"默认"选项卡"绘图"面板中的"直线"按钮 ╱ ，绘制直线，命令行提示与操作如下：

```
命令：_line
指定第一个点：FROM↙
基点：（捕捉矩形左上角点，如图 2-34 所示）
<偏移>：@0,-2↙
指定下一点或[放弃(U)]：（鼠标右移，捕捉矩形右边上的垂足，如图 2-35 所示）
指定下一点或[退出(E)/放弃(U)]：↙
```

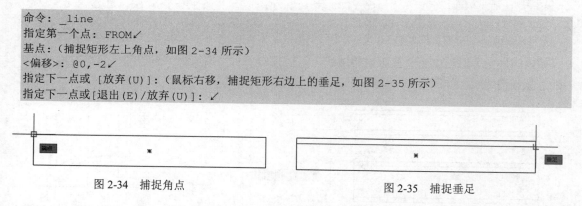

图 2-34 捕捉角点

图 2-35 捕捉垂足

使用相同的方法，以矩形左下角点为基点，向上偏移两个单位，利用基点捕捉绘制下边的另一条棱线，结果如图 2-36 所示。

（3）设置捕捉。打开如图 2-27 所示的"草图设置"对话框的"极轴追踪"选项卡，将增量角设置为 90，将对象捕捉追踪设置为"仅正交追踪"。

（4）绘制俯视图外形。单击"默认"选项卡"绘图"面板中的"矩形"按钮 □ ，捕捉上面绘制矩形的左下角点，系统显示追踪线，沿追踪线向下在适当位置指定一点为矩形角点，如图 2-37 所示。另一角点坐标为（@100,18），结果如图 2-38 所示。

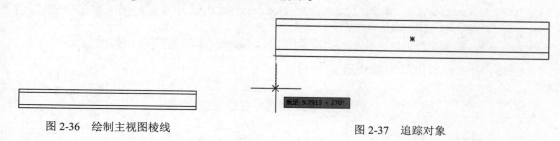

图 2-36 绘制主视图棱线

图 2-37 追踪对象

（5）绘制俯视图棱线。单击"默认"选项卡"绘图"面板中的"直线"按钮 ╱ ，结合基点捕捉功能绘制俯视图棱线，设偏移距离为 2，结果如图 2-39 所示。

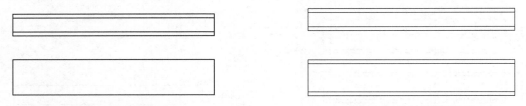

图 2-38　绘制俯视图　　　　　　　　　　图 2-39　绘制俯视图棱线

（6）绘制左视图构造线。单击"默认"选项卡"绘图"面板中的"构造线"按钮，首先指定适当一点绘制-45°的构造线，继续绘制构造线，命令行提示与操作如下：

命令：XLINE↙
指定点或 [水平(H)/垂直(V)/角度(A)/二等分(B)/偏移(O)]：（捕捉俯视图的右上角点，在水平追踪线上指定一点，如图 2-40 所示）
指定通过点：（打开状态栏上的"正交"开关，指定水平方向一点同时指定斜线与第四条水平线的交点）

使用同样的方法绘制另一条水平构造线，再捕捉两条水平构造线与斜构造线交点为指定点，绘制两条竖直构造线，如图 2-41 所示。

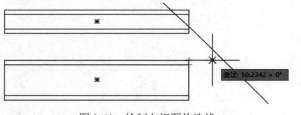 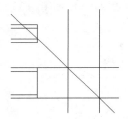

图 2-40　绘制左视图构造线　　　　　　　　图 2-41　完成左视图构造线

（7）绘制左视图。单击"默认"选项卡"绘图"面板中的"矩形"按钮，绘制矩形，命令行提示与操作如下：

命令：_rectang
指定第一个角点或 [倒角(C)/标高(E)/圆角(F)/厚度(T)/宽度(W)]：C↙
指定矩形的第一个倒角距离 <0.0000>：2↙
指定矩形的第一个倒角距离 <2.0000>：2↙
指定第一个角点或 [倒角(C)/标高(E)/圆角(F)/厚度(T)/宽度(W)]：（捕捉主视图矩形上边延长线与第一条竖直构造线的交点，如图 2-42 所示）
指定另一个角点或 [尺寸(D)]：（捕捉主视图矩形下边延长线与第二条竖直构造线的交点）

完成上述操作后结果如图 2-43 所示。

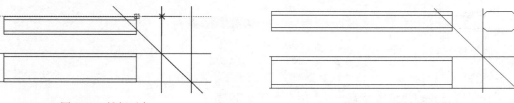

图 2-42　捕捉对象　　　　　　　　　　　图 2-43　绘制左视图

（8）删除辅助线。单击"默认"选项卡"修改"面板中的"删除"按钮 ，删除构造线，最终结果如图 2-32 所示。

练习提高　实例 024　绘制手动操作开关

利用"直线"命令和极轴追踪功能绘制手动操作开关，其绘制流程如图 2-44 所示。

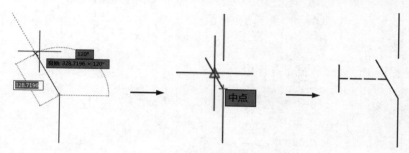

图 2-44　手动操作开关绘制流程

思路点拨：

> 源文件：源文件\第 2 章\手动操作开关.dwg
> （1）打开"极轴追踪"和"对象捕捉追踪"命令，启动对象捕捉追踪功能。
> （2）设置"极轴追踪"增量角为 30°。
> （3）利用"直线"命令绘制图形。没有严格的尺寸要求比例协调即可。

2.5　参数化绘图

通过几何约束和尺寸约束，能够精确地控制和改变图形对象的几何参数和尺寸参数，可以通过对如图 2-45 所示"参数化"功能区面板相关选项进行操作。

图 2-45　"参数化"功能区

完全讲解　实例 025　绘制泵轴

本实例利用"直线""圆弧""多段线"命令绘制如图 2-46 所示的泵轴，利用上面所学的图层设置的相关功能设置标注约束。

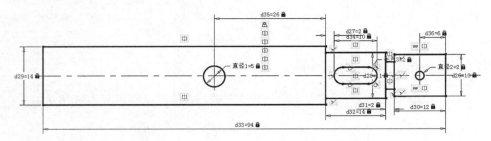

图 2-46　泵轴

（1）设置绘图环境。命令行提示与操作如下：

```
命令：LIMITS↙
重新设置模型空间界限：
指定左下角点或 [开(ON)/关(OFF)] <0.0000,0.0000>: ↙
指定右上角点 <420.0000,297.0000>: 297,210↙
```

（2）图层设置。

① 单击"默认"选项卡"图层"面板中的"图层特性"按钮 ，打开"图层特性管理器"选项板。

② 单击"新建图层"按钮 ，创建一个新图层，将该图层命名为"中心线"。

③ 单击"中心线"图层对应的"颜色"选项，打开"选择颜色"对话框，如图 2-47 所示。选择红色为该图层颜色，单击"确定"按钮，返回"图层特性管理器"选项板。

④ 单击"中心线"图层对应的"线型"选项，打开"选择线型"对话框，如图 2-48 所示。

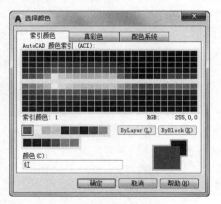

图 2-47　"选择颜色"对话框

图 2-48　"选择线型"对话框

⑤ 在"选择线型"对话框中单击"加载"按钮，系统打开"加载或重载线型"对话框，选择 CENTER 线型，如图 2-49 所示。单击"确定"按钮退出。在"选择线型"对话框中选择 CENTER 为该图层线型，单击"确定"按钮，返回"图层特性管理器"选项板。

⑥ 单击"中心线"图层对应的"线宽"选项，打开"线宽"对话框，如图 2-50 所示。选择 0.09mm 线宽，单击"确定"按钮。

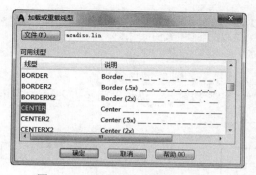

图 2-49　"加载或重载线型"对话框

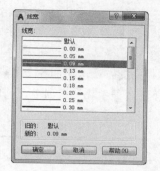

图 2-50　"线宽"对话框

⑦　采用相同的方法再创建两个新图层，分别命名为"轮廓线"和"尺寸线"。"轮廓线"图层的颜色设置为"白"，线型为 Continuous，线宽为 0.30mm。"尺寸线"图层的颜色设置为"蓝"，线型为 Continuous，线宽为 0.09mm。设置完成后，使 3 个图层均处于打开、解冻和解锁状态，各项设置如图 2-51 所示。

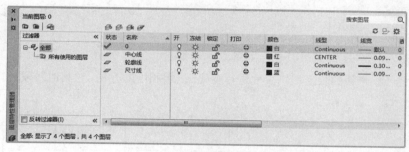

图 2-51　新建图层的各项设置

（3）绘制中心线。将当前图层设置为"中心线"图层。单击"默认"选项卡"绘图"面板中的"直线"按钮╱，绘制泵轴的水平中心线。

（4）绘制泵轴的外轮廓线。将当前图层设置为"轮廓线"图层。单击"默认"选项卡"绘图"面板中的"直线"按钮╱，尺寸无须精确，绘制如图 2-52 所示的泵轴外轮廓线。

（5）添加约束。

①　单击"参数化"选项卡"几何"面板中的"固定"按钮🔒，添加水平中心线的固定约束，结果如图 2-53 所示。

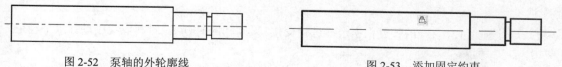

图 2-52　泵轴的外轮廓线　　　　　　　图 2-53　添加固定约束

②　单击"参数化"选项卡"几何"面板中的"重合"按钮╰，选取左端竖直线的上端点和最上端水平直线的左端点添加重合约束，命令行提示与操作如下：

```
命令：_GcCoincident
选择第一个点或 [对象(O)/自动约束(A)] <对象>：(选取左端竖直线的上端点)
选择第二个点或 [对象(O)] <对象>：(选取最上端水平直线的左端点)
```

采用相同的方法，添加各个端点之间的重合约束，结果如图 2-54 所示。

③ 单击"参数化"选项卡"几何"面板中的"共线"按钮，添加轴间竖直之间的共线约束，结果如图 2-55 所示。

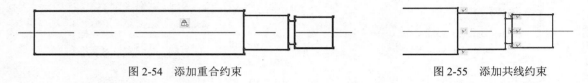

图 2-54　添加重合约束　　　　　　　　　　图 2-55　添加共线约束

④ 单击"参数化"选项卡"标注"面板中的"竖直"按钮，选择左侧第一条竖直线的两端点进行尺寸约束，命令行提示与操作如下：

```
命令：_DcVertical
指定第一个约束点或 [对象(O)] <对象>：(选取竖直线的上端点)
指定第二个约束点：(选取竖直线的下端点)
指定尺寸线位置：(指定尺寸线的位置)
标注文字 = 19
```

更改尺寸值为 14，直线的长度根据尺寸进行变化。采用相同的方法，对其他线段进行竖直约束，结果如图 2-56 所示。

图 2-56　添加竖直尺寸约束

⑤ 单击"参数化"选项卡"几何"面板中的"水平"按钮，对泵轴外轮廓尺寸进行约束设置，命令行提示与操作如下：

```
命令：_DcHorizontal
指定第一个约束点或 [对象(O)] <对象>：(指定第一个约束点)
指定第二个约束点：(指定第二个约束点)
指定尺寸线位置：(指定尺寸线的位置)
标注文字 = 12.56
```

更改尺寸值为 12，直线的长度根据尺寸进行变化。采用相同的方法，对其他线段进行水平约束，结果如图 2-57 所示。

⑥ 单击"参数化"选项卡"几何"面板中的"水平"按钮，添加水平约束，结果如图 2-58 所示。

⑦ 单击"参数化"选项卡"几何"面板中的"对称"按钮，添加上下两条水平直线相对于水平中心线的对称约束关系，命令行提示与操作如下：

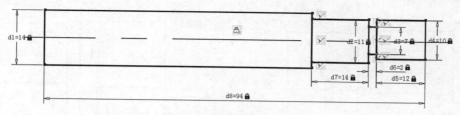

图 2-57　添加水平尺寸约束

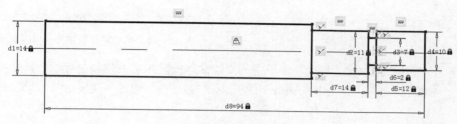

图 2-58　添加水平约束

```
命令: _GcSymmetric
选择第一个对象或 [两点(2P)] <两点>:（选取右侧上端的水平直线）
选择第二个对象:（选取右侧下端的水平直线）
选择对称直线:（选取水平中心线）
```

采用相同的方法，添加其他 3 个轴段相对于水平中心线的对称约束关系，结果如图 2-59 所示。

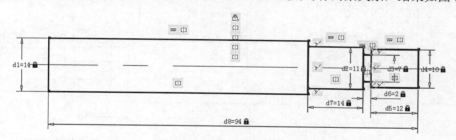

图 2-59　添加竖直尺寸约束

（6）绘制泵轴的键槽。将"轮廓线"图层设置为当前图层。单击"默认"选项卡"绘图"面板中的"直线"按钮 ／，在第二轴段内适当位置绘制两条水平直线。

① 单击"默认"选项卡"绘图"面板中的"圆弧"按钮 ／，在直线的两端绘制圆弧，结果如图 2-60 所示。

② 单击"参数化"选项卡"几何"面板中的"重合"按钮 ∟，分别添加直线端点与圆弧端点的重合约束关系。

③ 单击"参数化"选项卡"几何"面板中的"对称"按钮 中，添加键槽上下两条水平直线相对于水平中心线的对称约束关系。

④ 单击"参数化"选项卡"几何"面板中的"相切"按钮 ♢，添加直线与圆弧之间的相切约束关系，结果如图 2-61 所示。

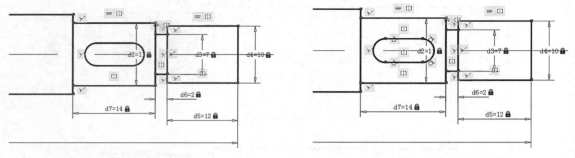

图 2-60　绘制键槽轮廓　　　　　　　　　图 2-61　添加键槽的几何约束

⑤ 单击"参数化"选项卡"标注"面板中的"线性"按钮，对键槽进行线性尺寸约束。

⑥ 单击"参数化"选项卡"标注"面板中的"半径"按钮，更改半径尺寸为2，结果如图2-62所示。

（7）绘制孔。

① 将当前图层设置为"中心线"图层。单击"默认"选项卡"绘图"面板中的"直线"按钮，在第一轴段和最后一轴段适当位置绘制竖直中心线。

② 单击"参数化"选项卡"标注"面板中的"线性"按钮，对竖直中心线进行线性尺寸约束，结果如图 2-63 所示。

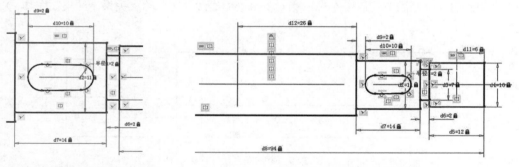

图 2-62　添加键槽的尺寸约束　　　　　　图 2-63　添加尺寸约束

③ 将当前图层设置为"轮廓线"图层。单击"默认"选项卡"绘图"面板中的"圆"按钮，在竖直中心线和水平中心线的交点处绘制圆，结果如图 2-64 所示。

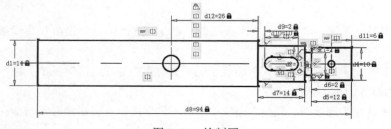

图 2-64　绘制圆

④ 单击"参数化"选项卡"标注"面板中的"直径"按钮，对圆的直径进行尺寸约束，结果如图 2-65 所示。

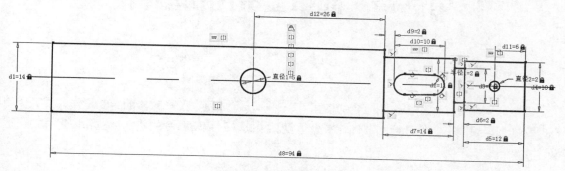

图 2-65 标注直径尺寸

提示：

> 图层的使用技巧：在画图时，所有图元的各种属性都应尽量与层一致。不出现下列情况：这条线是 WA 层的，颜色却是黄色，线型又变成点画线。尽量保持图元的属性和图层属性一致，也就是说，尽可能使图元属性都是 ByLayer。在需要修改某一属性时，可以通过统一修改当前图层属性来完成。这样有助于图面提高清晰度、准确率和效率。

提示：

> 在进行几何约束和尺寸约束时，注意约束顺序，约束出错的话，可以根据需求适当添加几何约束。

练习提高 实例 026 修改方头平键尺寸

本实例主要介绍"尺寸约束"命令的使用方法，利用尺寸驱动更改方头平键的尺寸，其绘制流程如图 2-66 所示。

扫一扫，看视频

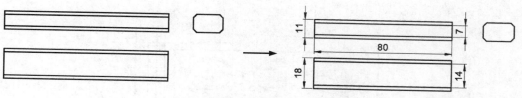

图 2-66 修改方头平键尺寸绘制流程

思路点拨：

> **源文件**：源文件\第 2 章\修改方头平键尺寸.dwg
> （1）打开"方头平键"文件。
> （2）添加"共线""相等"约束，通过"水平"命令修改尺寸。

第3章 简单二维图形编辑

内容简介

二维图形的编辑操作配合绘图命令的使用可以进一步完成复杂图形对象的绘制工作，并可使用户合理安排和组织图形，保证绘图准确，减少重复。因此，对编辑命令的熟练掌握和使用有助于提高设计和绘图的效率。

3.1 复制命令

使用"复制"命令，可以将原对象以指定的角度和方向创建对象副本。其执行方式如下。

- 命令行：COPY。
- 菜单栏：选择菜单栏中的"修改"→"复制"命令。
- 工具栏：单击"修改"工具栏中的"复制"按钮 。
- 功能区：单击"默认"选项卡"修改"面板中的"复制"按钮 。
- 快捷菜单：选择要复制的对象，在绘图区右击，在弹出的快捷菜单中选择"复制选择"命令。

完全讲解 实例 027 绘制洗手台

本实例利用"直线""矩形"命令绘制洗手台架，再利用"直线""圆""圆弧""椭圆弧""复制"命令绘制洗手盆及肥皂盒，如图 3-1 所示。

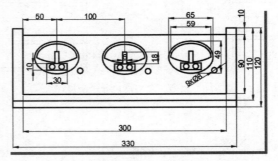

图 3-1 洗手台

（1）单击"默认"选项卡"绘图"面板中的"直线"按钮 ／ 和"矩形"按钮 □，绘制洗手台架，如图 3-2 所示。

（2）单击"默认"选项卡"绘图"面板中的"直线"按钮╱、"圆"按钮⊙、"圆弧"按钮╱和"椭圆弧"按钮◯，绘制一个洗手盆及肥皂盒，如图 3-3 所示。

图 3-2　绘制洗手台架

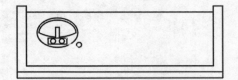

图 3-3　绘制一个洗手盆和肥皂盒

（3）单击"默认"选项卡"修改"面板中的"复制"按钮⅍，复制另外两个洗手盆及肥皂盒，命令行提示与操作如下：

```
命令：_copy↙
选择对象：（框选上面绘制的洗手盆及肥皂盒）
当前设置：复制模式=多个
指定基点或 [位移(D)/模式(O)] <位移>：（指定一点为基点）
指定位移的第二个点或 [阵列(A)] <用第一点作位移>：（打开状态栏上的"正交"开关，指定适当位置一点）
指定位移的第二个点 [阵列(A)]：（指定适当位置一点）
指定位移的第二个点 [阵列(A)]：↙
```

结果如图 3-4 所示。

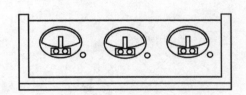

图 3-4　洗手台

练习提高　实例 028　绘制办公桌（一）

扫一扫，看视频

利用"矩形"命令绘制一侧的桌柜，再利用"矩形"命令绘制桌面，最后利用"镜像"命令创建另一侧的桌柜，绘制流程如图 3-5 所示。

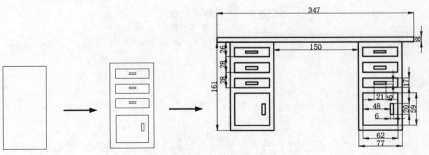

图 3-5　绘制办公桌（一）

思路点拨：

> 源文件：源文件\第 3 章\办公桌（一）.dwg
>
> 利用"矩形"命令绘制桌腿与桌面，然后利用"镜像"命令复制桌腿。绘制过程中没有严格的尺寸要求，只需注意比例协调即可。

3.2 镜 像 命 令

"镜像"命令用于把选择的对象以一条镜像线为轴进行对称复制，其执行方式如下。

- 命令行：MIRROR。
- 菜单栏：选择菜单栏中的"修改"→"镜像"命令。
- 工具栏：单击"修改"工具栏中的"镜像"按钮⚠。
- 功能区：单击"默认"选项卡"修改"面板中的"镜像"按钮⚠。

完全讲解　实例 029 绘制整流桥电路

本实例利用"直线"命令绘制二极管及一侧导线，再利用上面所学的镜像功能绘制如图 3-6 所示的整流桥电路。

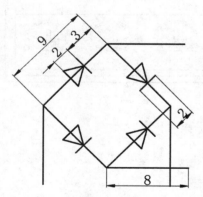

图 3-6　绘制整流桥电路

（1）绘制导线。单击"默认"选项卡"绘图"面板中的"直线"按钮✏，绘制一条 45° 斜线，如图 3-7 所示。

（2）绘制二极管。

① 单击"默认"选项卡"绘图"面板中的"多边形"按钮⬠，绘制一个三角形，捕捉三角形中心为斜直线中点，并指定三角形一个顶点在斜线上，如图 3-8 所示。

② 利用"直线"命令打开状态栏上的"对象捕捉追踪"按钮，捕捉三角形在斜线上的顶点为端点，绘制一条与斜线垂直的短直线，完成二极管符号的绘制，如图 3-9 所示。

图 3-7　绘制直线　　　　图 3-8　绘制三角形　　　　图 3-9　二极管符号

（3）镜像二极管。

① 单击"修改"工具栏中的"镜像"按钮，命令行提示与操作如下：

```
命令：_mirror
选择对象：（选择步骤（2）绘制的对象）
选择对象：↙
指定镜像线的第一点：（捕捉斜线下端点）
指定镜像线的第二点：（指定水平方向任意一点）
要删除源对象吗？[是(Y)/否(N)] <N>：↙
```

结果如图 3-10 所示。

② 单击"默认"选项卡"修改"面板中的"镜像"按钮，以过右上斜线中点并与本斜线垂直的直线为镜像轴，删除源对象，将左上角二极管符号进行镜像操作。使用同样的方法，将左下角二极管符号进行镜像操作，结果如图 3-11 所示。

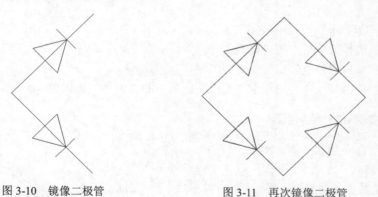

图 3-10　镜像二极管　　　　　　图 3-11　再次镜像二极管

（4）利用"直线"命令绘制 4 条导线，最终结果如图 3-6 所示。

练习提高　实例 030　绘制办公桌（二）

利用"矩形"命令绘制一侧的桌柜，再利用"矩形"命令绘制桌面，最后利用"复制"命令创建另一侧的桌柜，绘制流程如图 3-12 所示。

扫一扫，看视频

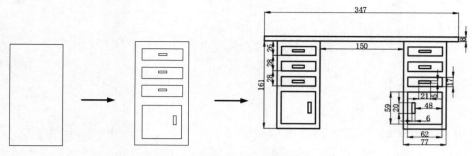

图 3-12 办公桌（二）绘制流程

📋 **思路点拨：**

> **源文件：**源文件\第 3 章\办公桌（二）.dwg
>
> 利用"矩形"命令绘制桌腿与桌面，然后利用"复制"命令复制桌腿，绘制过程中没有严格的尺寸要求，只需注意比例协调即可。

3.3 偏 移 命 令

"偏移"命令用于保持所选择对象的形状，在不同的位置以不同的尺寸大小新建一个对象，其执行方式如下。

- 命令行：OFFSET。
- 菜单栏：选择菜单栏中的"修改"→"偏移"命令。
- 工具栏：单击"修改"工具栏中的"偏移"按钮 ⊆。
- 功能区：单击"默认"选项卡"修改"面板中的"偏移"按钮 ⊆。

扫一扫，看视频

完全讲解 实例 031 绘制挡圈

利用"偏移"命令绘制挡圈，如图 3-13 所示。

（1）单击"默认"选项卡"图层"面板中的"图层特性"按钮 ⧉，打开"图层特性管理器"选项板，单击其中的"新建图层"按钮 ⧉，新建两个图层。

① 粗实线图层：线宽为 0.30mm，其余属性默认。

② 中心线图层：线型为 CENTER，其余属性默认。

（2）设置"中心线"图层为当前层。单击"默认"选项卡"绘图"面板中的"直线"按钮 ╱，绘制中心线。

（3）设置"粗实线"图层为当前层。单击"默认"选项卡"绘图"面板中的"圆"按钮 ⊙，绘制挡圈内孔，半径设为 8，如图 3-13 所示。

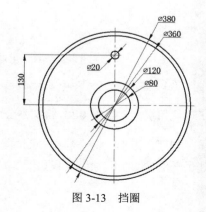

图 3-13 挡圈

（4）单击"默认"选项卡"修改"面板中的"偏移"按钮 ⊆，偏移绘制的内孔圆，命令行提示与操作如下：

```
命令: _offset
当前设置: 删除源=否　图层=源　OFFSETGAPTYPE=0
指定偏移距离或 [通过(T)/删除(E)/图层(L)] <通过>: 6✓
选择要偏移的对象，或 [退出(E)/放弃(U)] <退出>: （选择内孔圆）
指定要偏移的那一侧上的点，或 [退出(E)/多个(M)/放弃(U)] <退出>: （在圆外侧单击）
选择要偏移的对象，或 [退出(E)/放弃(U)] <退出>:✓
```

结果如图 3-14 所示。

采用相同的方法分别指定偏移距离为 38 和 40，以初始绘制的内孔圆为对象，向外偏移复制该圆，绘制结果如图 3-15 所示。

图 3-14　绘制内孔　　　　　　　　　图 3-15　绘制轮廓线

（5）单击"默认"选项卡"绘图"面板中的"圆"按钮 ⊙，绘制小孔，半径设为 4，最终结果如图 3-13 所示。

练习提高　实例 032　绘制门

利用"矩形"命令绘制门框，再利用上面所学的偏移功能绘制门，绘制流程如图 3-16 所示。

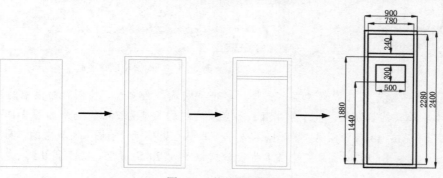

图 3-16　门绘制流程

思路点拨：

源文件：源文件\第 3 章\门.dwg

（1）利用"矩形"命令绘制门框，并向内偏移矩形。

（2）利用"直线"命令绘制门棱，并向下偏移门棱。

（3）继续绘制矩形，完成门的绘制。

3.4　阵列命令

阵列是指多次重复选择对象并把这些副本按矩形或环形排列，其执行方式如下。

● 命令行：ARRAY。

● 菜单栏：选择菜单栏中的"修改"→"阵列"命令。

● 工具栏：单击"修改"工具栏中的"矩形阵列"按钮品/"路径阵列"按钮/"环形阵列"按钮。

● 功能区：单击"默认"选项卡"修改"面板中的"矩形阵列"按钮品/"路径阵列"按钮/"环形阵列"按钮。

完全讲解　实例 033　绘制齿圈

扫一扫，看视频

本实例利用"阵列"命令绘制齿圈，如图 3-17 所示。

（1）单击"默认"选项卡"图层"面板中的"图层特性"按钮，打开"图层特性管理器"选项板，新建两个图层，分别为中心线和粗实线图层，各个图层属性如图 3-18 所示。

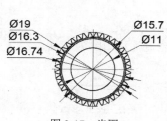

图 3-17　齿圈

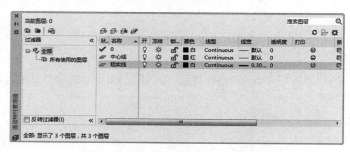

图 3-18　"图层特性管理器"选项板

（2）将"中心线"图层设置为当前图层。单击"默认"选项卡"绘图"面板中的"直线"按钮，绘制十字交叉的辅助线，其中水平直线和竖直直线的长度为 20.5，结果如图 3-19 所示。

（3）将"粗实线"图层设置为当前图层。单击"默认"选项卡"绘图"面板中的"圆"按钮，以交点为圆心，绘制多个同心圆，其中圆的半径分别为 5.5、7.85、8.15、8.37 和 9.5，结果如图 3-20 所示。

（4）单击"默认"选项卡"修改"面板中的"偏移"按钮，将水平中心线向上侧偏移 8.94；竖直中心线向左侧偏移 0.18、0.23 和 0.27，结果如图 3-21 所示。命令行提示与操作如下：

```
命令: _offset
当前设置: 删除源=否  图层=源  OFFSETGAPTYPE=0
指定偏移距离或 [通过(T)/删除(E)/图层(L)] <通过>: 8.94✓
```

选择要偏移的对象，或 [退出(E)/放弃(U)] <退出>：(选择水平中心线)
指定要偏移的那一侧上的点，或 [退出(E)/多个(M)/放弃(U)] <退出>：(指定直线上方一点)
......

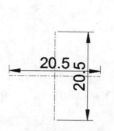

图 3-19　绘制中心线

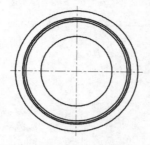

图 3-20　绘制同心圆

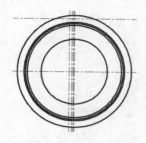

图 3-21　偏移直线

（5）单击"默认"选项卡"绘图"面板中的"圆弧"按钮 ，适当指定圆弧的三点，绘制圆弧，结果如图 3-22 所示。

（6）单击"默认"选项卡"修改"面板中的"删除"按钮 ，将步骤（4）偏移后的辅助直线进行删除，结果如图 3-23 所示。

（7）单击"默认"选项卡"修改"面板中的"镜像"按钮 ，将圆弧进行镜像，其中镜像线为竖直的中心线，结果如图 3-24 所示。

图 3-22　绘制圆弧

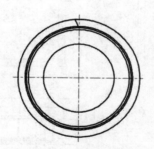

图 3-23　删除辅助线

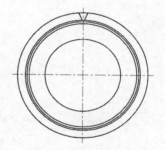

图 3-24　镜像圆弧

（8）单击"默认"选项卡"修改"面板中的"环形阵列"按钮 ，将绘制的圆弧进行环形阵列，其中圆心为阵列的中心点，阵列的项目数为 36，结果如图 3-25 所示。命令行提示与操作如下：

```
命令：_arraypolar
类型 = 极轴　关联 = 是
指定阵列的中心点或 [基点(B)/旋转轴(A)]：(捕捉圆心)
选择夹点以编辑阵列或 [关联(AS)/基点(B)/项目(I)/项目间角度(A)/填充角度(F)/行(ROW)/层(L)/旋
转项目(ROT)/退出(X)] <退出>：I↙
输入阵列中的项目数或 [表达式(E)] <6>：36↙
选择夹点以编辑阵列或 [关联(AS)/基点(B)/项目(I)/项目间角度(A)/填充角度(F)/行(ROW)/层(L)/旋
转项目(ROT)/退出(X)] <退出>：↙
```

（9）单击"默认"选项卡"绘图"面板中的"圆弧"按钮 ，绘制两段圆弧，结果如图 3-26 所示。

（10）单击"默认"选项卡"修改"面板中的"删除"按钮 ，删除最外侧的两个同心圆，结果如图 3-27 所示。

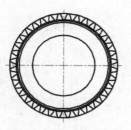

图 3-25　环形阵列圆弧

图 3-26　绘制圆弧

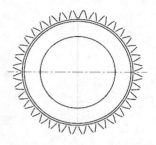

图 3-27　删除同心圆

（11）单击"默认"选项卡"修改"面板中的"环形阵列"按钮 ，将绘制的圆弧进行环形阵列，其中圆心为阵列的中心点，阵列的项目数为 36，结果如图 3-17 所示。

练习提高　实例 034　绘制木格窗

利用"阵列"命令绘制木格窗，绘制流程如图 3-28 所示。

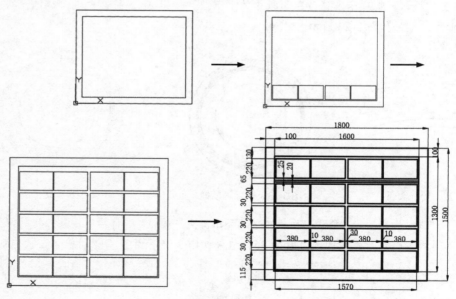

图 3-28　木格窗

思路点拨：

> **源文件：**源文件\第 3 章\木格窗.dwg
> 　　首先利用"矩形"命令以及"偏移"命令绘制图形，然后利用"镜像"以及"阵列"命令编辑图形，完成木格窗绘制。

3.5　移　动　命　令

"移动"命令是按照指定要求改变当前图形或图形某部分的位置，其执行方式如下。

- 命令行：MOVE。
- 菜单栏：选择菜单栏中的"修改"→"移动"命令。
- 快捷菜单：选择要复制的对象，在绘图区右击，在弹出的快捷菜单中选择"移动"命令。
- 工具栏：单击"修改"工具栏中的"移动"按钮✛。
- 功能区：单击"默认"选项卡"修改"面板中的"移动"按钮✛。

扫一扫，看视频

完全讲解　实例 035　绘制耦合器

本实例首先通过绘图面板中的"圆""直线"命令绘制图形，然后通过修改面板中的"移动"命令移动图形，从而实现对"移动"命令的练习，完成耦合器的绘制，如图 3-29 所示。

（1）绘制圆。单击"默认"选项卡"绘图"面板中的"圆"按钮⊙，在适当的位置绘制半径为 5 的圆。

（2）绘制直线。单击"默认"选项卡"绘图"面板中的"直线"按钮╱，在适当的位置指定直线起点，打开正交，将鼠标向上移动，绘制长度为 30 的竖直直线，如图 3-30（a）所示。

（3）移动图形。单击"默认"选项卡"修改"面板中的"移动"

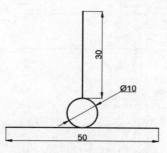
图 3-29　耦合器

按钮✛，打开"对象捕捉"将竖直直线移动到圆上，命令行提示与操作如下：

```
命令：_move
选择对象：找到 1 个（选择竖直直线）
选择对象：↙
指定基点或 [位移(D)] <位移>：（单击竖直直线的下端点）
指定第二个点或 <使用第一个点作为位移>：（单击圆形上方的象限点）
```

结果如图 3-30（b）所示。

（4）绘制直线。单击"默认"选项卡"绘图"面板中的"直线"按钮╱，在适当的位置绘制长度为 50 的水平直线，如图 3-30（c）所示。

（5）利用"移动"命令修改图形。单击"默认"选项卡"修改"面板中的"移动"按钮✛，将水平直线移动到圆下方，命令行提示与操作如下：

```
命令：_move
选择对象：找到 1 个（选择水平直线）
选择对象：↙
指定基点或 [位移(D)] <位移>：（单击水平直线的中点）
指定第二个点或 <使用第一个点作为位移>：（捕捉单击圆形下方的象限点）
```

结果如图 3-29 所示。

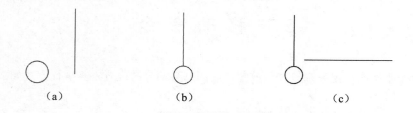

（a）　　　　　　　　（b）　　　　　　　　（c）

图 3-30　完成绘制

练习提高　实例 036　绘制组合电视柜

利用"移动"命令绘制组合电视柜，绘制流程如图 3-31 所示。

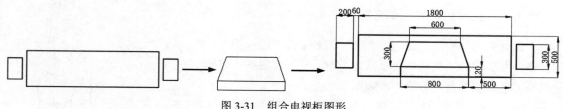

图 3-31　组合电视柜图形

思路点拨：

源文件：源文件\第 3 章\组合电视柜.dwg

（1）打开电视、电视柜文件。

（2）通过"复制""粘贴"命令放置文件。

（3）利用"移动"命令调整电视与电视柜的相对位置。

3.6　旋 转 命 令

"旋转"命令用于在保持原形状不变的情况下以一定点为中心，以一定角度为旋转角度，旋转得到图形，其执行方式如下。

● 命令行：ROTATE。

● 菜单栏：选择菜单栏中的"修改"→"旋转"命令。

● 快捷菜单：选择要旋转的对象，在绘图区右击，在弹出的快捷菜单中选择"旋转"命令。

● 工具栏：单击"修改"工具栏中的"旋转"按钮↻。

● 功能区：单击"默认"选项卡"修改"面板中的"旋转"按钮↻。

完全讲解　实例 037　绘制熔断式隔离开关

本实例利用"旋转"命令绘制熔断式隔离开关符号，如图 3-32 所示。

（1）单击"默认"选项卡"绘图"面板中的"直线"按钮╱，绘制一条水平线段和 3 条首尾相

连的竖直线段，其中上面两条竖直线段以水平线段为分界点，下面两条
竖直线段以图 3-33 所示点 1 为分界点。

📢 **注意：**

> 这里绘制的 3 条首尾相连的竖直线段不能用一条线段代替，否则后面
> 无法操作。

（2）单击"默认"选项卡"绘图"面板中的"矩形"按钮 □，绘

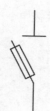

图 3-32　熔断式隔离开关符号

制一个穿过中间竖直线段的矩形，如图 3-34 所示。

（3）单击"默认"选项卡"修改"面板中的"旋转"按钮 ◯，捕捉图 3-35 中的端点，旋转矩
形和中间竖直线段，命令行提示与操作如下：

```
命令：_rotate
UCS 当前的正角方向：ANGDIR=逆时针　ANGBASE=0
选择对象：（选择矩形和中间竖直线段）
选择对象：↙
指定基点：（捕捉图 3-35 中的端点）
指定旋转角度，或 [复制(C)/参照(R)] <0>：（指定合适的角度）
```

最终结果如图 3-32 所示。

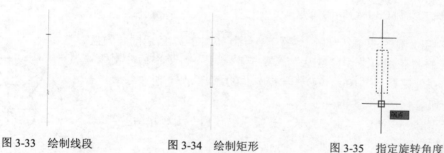

图 3-33　绘制线段　　　　图 3-34　绘制矩形　　　　图 3-35　指定旋转角度

练习提高　实例 038　绘制书柜

利用"旋转"命令绘制书柜，绘制流程如图 3-36 所示。

扫一扫，看视频

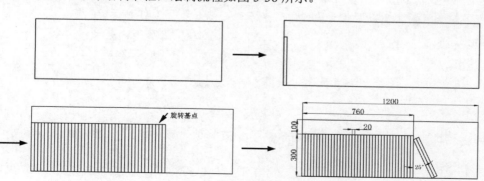

图 3-36　书柜图形绘制流程

思路点拨：

> 源文件：源文件\第 3 章\书柜.dwg
>
> （1）利用"矩形"命令绘制大矩形，并以大矩形的左下角点为矩形的第一角点绘制一个小矩形。
>
> （2）利用"矩形阵列"命令阵列小矩形，行数为 1，列数为 40，列间距为 20。
>
> （3）利用"旋转"命令调整最后两个矩形的角度，角度为 25°。

3.7　缩　放　命　令

缩放动作根据动作所指定的基点缩放所选定的对象，其执行方式如下。

- 命令行：SCALE。
- 菜单栏：选择菜单栏中的"修改"→"缩放"命令。
- 快捷菜单：选择要缩放的对象，在绘图区右击，在弹出的快捷菜单中选择"缩放"命令。
- 工具栏：单击"修改"工具栏中的"缩放"按钮 ⬚。
- 功能区：单击"默认"选项卡"修改"面板中的"缩放"按钮 ⬚。

扫一扫，看视频

完全讲解　实例 039　绘制装饰盘

本实例利用"圆""圆弧""阵列"等命令绘制如图 3-37 所示的装饰盘。

（1）绘制外轮廓。单击"默认"选项卡"绘图"面板中的"圆"按钮 ⊙，绘制一个圆心为（100,100）、半径为 200 的圆作为盘外轮廓线，如图 3-38 所示。

（2）绘制部分花瓣。单击"默认"选项卡"绘图"面板中的"圆弧"按钮 ⌒，绘制花瓣，如图 3-39 所示。

（3）镜像花瓣。单击"默认"选项卡"修改"面板中的"镜像"按钮 ⚎，镜像花瓣，如图 3-40 所示。

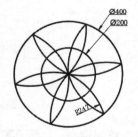

图 3-37　绘制装饰盘

（4）阵列花瓣。单击"默认"选项卡"修改"面板中的"环形阵列"按钮 ⸬，选择花瓣为源对象，以圆心为阵列中心点阵列花瓣，如图 3-41 所示。

　　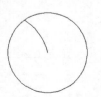　　　　

图 3-38　绘制圆形　　　　图 3-39　绘制花瓣　　　　图 3-40　镜像花瓣　　　　图 3-41　阵列花瓣

（5）缩放装饰盘。单击"默认"选项卡"修改"面板中的"缩放"按钮 ⬚，缩放一个圆作为装饰盘的内装饰圆，命令行提示与操作如下：

```
命令: _scale
选择对象:（选择圆）
选择对象: ✓
指定基点:（指定圆心）
指定比例因子或 [复制(C)/参照(R)]<1.0000>: C✓
指定比例因子或 [复制(C)/参照(R)]<1.0000>: 0.5✓
```

绘制完成，效果如图 3-37 所示。

练习提高　实例 040　绘制门联窗

扫一扫，看视频

利用"缩放"命令绘制门联窗，其绘制流程如图 3-42 所示。

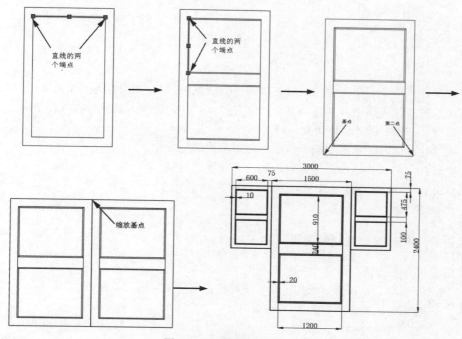

图 3-42　绘制门联窗

📋 **思路点拨：**

源文件：源文件\第 3 章\门联窗.dwg

（1）首先绘制矩形，然后将矩形向内偏移。

（2）绘制直线，直线的两个端点与小矩形的上侧边重合。

（3）偏移直线，向下偏移 5 次。

（4）绘制直线，以偏移得到的矩形的左边的上下两个角点分别为起点，绘制两条竖直线。

（5）偏移直线，将上面的竖直线向右偏移。

（6）绘制斜向直线。

（7）复制门。缩放门，设置比例因子为 0.5，生成窗并镜像窗。

第4章 复杂二维图形绘制

内容简介

本章通过实例学习复杂二维几何元素，包括多段线、样条曲线及多线相关命令和面域、图案填充等功能，熟练掌握用 AutoCAD 绘制复杂图案的方法。

4.1 多段线命令

多段线是作为单个对象创建的相互连接的序列线段。该组合线段作为一个整体，可以由直线段、圆弧或两者的组合线段组成，并且是可以任意开放或封闭的图形，其执行方式如下。

- 命令行：PLINE（快捷命令：PL）。
- 菜单栏：选择菜单栏中的"绘图"→"多段线"命令。
- 工具栏：单击"绘图"工具栏中的"多段线"按钮 。
- 功能区：单击"默认"选项卡"绘图"面板中的"多段线"按钮 。

完全讲解 实例 041 绘制紫荆花

本实例应用"多段线"命令绘制紫荆花瓣，如图 4-1 所示。

（1）单击"默认"选项卡"绘图"面板中的"多段线"按钮 ，绘制花瓣外框。命令行提示与操作如下：

扫一扫，看视频

图 4-1 紫荆花瓣

```
命令：_pline
指定起点：✓（后指定一点）
指定下一个点或［圆弧（A）/半宽（H）/长度（L）/放弃（U）/宽度（W）］：A✓
指定圆弧的端点（按住 Ctrl 键以切换方向）或［角度（A）/圆心（CE）/方向（D）/半宽（H）/直线（L）/
半径（R）/第二个点（S）/放弃（U）/宽度（W）］：S✓
指定圆弧上的第二个点：✓（指定第二个点）
指定圆弧的端点：✓（指定端点）
指定圆弧的端点（按住 Ctrl 键以切换方向）或［角度（A）/圆心（CE）/闭合（CL）/方向（D）/半宽（H）
/直线（L）/半径（R）/第二个点（S）/放弃（U）/宽度（W）］：S✓
指定圆弧上的第二个点：（指定第二个点）
指定圆弧的端点：（指定端点）
指定圆弧的端点（按住 Ctrl 键以切换方向）或［角度（A）/圆心（CE）/闭合（CL）/方向（D）/半宽（H）
/直线（L）/半径（R）/第二个点（S）/放弃（U）/宽度（W）］：D✓
指定圆弧的起点切向：（指定起点切向）
```

指定圆弧的端点（按住 Ctrl 键以切换方向）：（指定端点）
指定圆弧的端点（按住 Ctrl 键以切换方向）或［角度（A）/圆心（CE）/闭合（CL）/方向（D）/半宽（H）
/直线（L）/半径（R）/第二个点（S）/放弃（U）/宽度（W）]：✓（指定端点）
指定圆弧的端点（按住 Ctrl 键以切换方向）或［角度（A）/圆心（CE）/闭合（CL）/方向（D）/半宽（H）
/直线（L）/半径（R）/第二个点（S）/放弃（U）/宽度（W）]：✓

（2）单击"默认"选项卡"绘图"面板中的"圆弧"按钮 ⌒，绘制一段圆弧，命令行提示与操作如下：

指定圆弧的起点或［圆心（C）]：（指定刚绘制的多段线下端点）
指定圆弧的第二个点或［圆心（C）/端点（E）]：（指定第二个点）
指定圆弧的端点：（指定端点）

绘制结果如图 4-2 所示。

（3）单击"默认"选项卡"绘图"面板中的"多边形"按钮 ⬠，在花瓣外框内绘制一个五边形。

（4）单击"默认"选项卡"绘图"面板中的"直线"按钮 ／，连接五边形内的端点，形成一个五角星，如图 4-3 所示。

（5）单击"默认"选项卡"修改"面板中的"删除"按钮 🗑 和"修剪"按钮 ✂，将五边形删除并修剪掉多余的直线，最终完成紫荆花瓣的绘制，如图 4-4 所示。

图 4-2　花瓣外框

图 4-3　绘制五角星

图 4-4　修剪五角星

练习提高　实例 042　绘制三环旗

利用"直线""多段线"命令绘制三环旗，绘制流程如图 4-5 所示。

扫一扫，看视频

图 4-5　三环旗绘制流程

📋 **思路点拨：**

源文件：源文件\第 4 章\三环旗.dwg

首先利用"直线"命令绘制辅助图线，然后利用"多段线"命令绘制旗尖、旗杆、旗面 3 个部分，最后利用"直线"命令封闭旗面。

4.2　样条曲线命令

样条曲线可用于创建形状不规则的曲线，其执行方式如下。

- 命令行：SPLINE。
- 菜单栏：选择菜单栏中的"绘图"→"样条曲线"命令。
- 工具栏：单击"绘图"工具栏中的"样条曲线"按钮 $\sim$。
- 功能区：单击"默认"选项卡"绘图"面板中的"样条曲线拟合"按钮 $\sim$ 或"样条曲线控制点"按钮 $\sim$。

扫一扫，看视频

完全讲解　实例 043　绘制螺丝刀

本实例主要介绍"样条曲线"命令的使用并绘制螺丝刀，如图 4-6 所示。

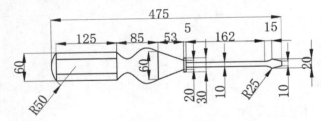

图 4-6　螺丝刀

（1）绘制螺丝刀左部把手。单击"默认"选项卡"绘图"面板中的"矩形"按钮 □，绘制矩形，两个角点的坐标分别为（45,180）和（170,120）；单击"默认"选项卡"绘图"面板中的"直线"按钮 ／，绘制两条线段，坐标分别为{（45,166），（@125<0）}、{（45,134），（@125<0）}；单击"默认"选项卡"绘图"面板中的"圆弧"按钮 ／，绘制圆弧，三点坐标分别为（45,180）、（35,150）、（45,120），绘制的图形如图 4-7 所示。

（2）绘制螺丝刀的中间部分。单击"默认"选项卡"绘图"面板中的"样条曲线拟合"按钮 $\sim$，命令行提示与操作如下：

```
命令：_SPLINE
当前设置：方式=拟合　节点=弦
指定第一个点或 [方式(M)/节点(K)/对象(O)]：_M
输入样条曲线创建方式 [拟合(F)/控制点(CV)] <拟合>：_FIT
当前设置：方式=拟合　节点=弦
```

```
指定第一个点或 [方式(M)/节点(K)/对象(O)]：170,180↙
输入下一个点或 [起点切向(T)/公差(L)]：192,165↙
输入下一个点或 [端点相切(T)/公差(L)/放弃(U)]：225,187↙
输入下一个点或 [端点相切(T)/公差(L)/放弃(U)/闭合(C)]：255,180↙
输入下一个点或 [端点相切(T)/公差(L)/放弃(U)/闭合(C)]：↙
命令：_SPLINE
当前设置：方式=拟合　节点=弦
指定第一个点或 [方式(M)/节点(K)/对象(O)]：_M
输入样条曲线创建方式 [拟合(F)/控制点(CV)] <拟合>：_FIT
当前设置：方式=拟合　节点=弦
指定第一个点或 [方式(M)/节点(K)/对象(O)]：170,120↙
输入下一个点或 [起点切向(T)/公差(L)]：192,135↙
输入下一个点或 [端点相切(T)/公差(L)/放弃(U)]：225,113↙
输入下一个点或 [端点相切(T)/公差(L)/放弃(U)/闭合(C)]：255,120↙
输入下一个点或 [端点相切(T)/公差(L)/放弃(U)/闭合(C)]：↙
```

单击"默认"选项卡"绘图"面板中的"直线"按钮 ／，绘制一条连续线段，坐标分别为 {（255,180），（308,160），（@5<90），（@5<0），（@30<-90），（@5<-180），（@5<90），（255,120），（255,180）}；再单击"默认"选项卡"绘图"面板中的"直线"按钮 ／，绘制一条连续线段，坐标分别为{（308,160），（@20<-90）}，绘制完成后的图形如图 4-8 所示。

图 4-7　绘制螺丝刀左部把手

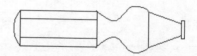

图 4-8　绘制螺丝刀中间部分的图形

（3）绘制螺丝刀的右部。单击"默认"选项卡"绘图"面板中的"多段线"按钮 ，命令行提示与操作如下：

```
命令：_pline
指定起点：313,155↙
当前线宽为 0.0000
指定下一个点或 [圆弧(A)/闭合(C)/半宽(H)/长度(L)/放弃(U)/宽度(W)]：@162<0↙
指定下一点或 [圆弧(A)/闭合(C)/半宽(H)/长度(L)/放弃(U)/宽度(W)]：A↙
指定圆弧的端点(按住 Ctrl 键以切换方向)或 [角度(A)/圆心(CE)/闭合(CL)/方向(D)/半宽(H)/直线
(L)/半径(R)/第二点(S)/放弃(U)/宽度(W)]：490,160↙
指定圆弧的端点(按住 Ctrl 键以切换方向)或 [角度(A)/圆心(CE)/闭合(CL)/方向(D)/半宽(H)/直线
(L)/半径(R)/第二点(S)/放弃(U)/宽度(W)]：↙
命令：_pline
指定起点：313,145↙
当前线宽为 0.0000
指定下一个点或 [圆弧(A)/闭合(C)/半宽(H)/长度(L)/放弃(U)/宽度(W)]：@162<0↙
指定下一点或 [圆弧(A)/闭合(C)/半宽(H)/长度(L)/放弃(U)/宽度(W)]：A↙
指定圆弧的端点(按住 Ctrl 键以切换方向)或 [角度(A)/圆心(CE)/闭合(CL)/方向(D)/半宽(H)/直线
(L)/半径(R)/第二点(S)/放弃(U)/宽度(W)]：490,140↙
指定圆弧的端点(按住 Ctrl 键以切换方向)或 [角度(A)/圆心(CE)/闭合(CL)/方向(D)/半宽(H)/直线
```

```
(L)/半径(R)/第二点(S)/放弃(U)/宽度(W)]: L↙
指定下一点或 [圆弧(A)/闭合(C)/半宽(H)/长度(L)/放弃(U)/宽度(W)]: 510,145↙
指定下一点或 [圆弧(A)/闭合(C)/半宽(H)/长度(L)/放弃(U)/宽度(W)]: @10<90↙
指定下一点或 [圆弧(A)/闭合(C)/半宽(H)/长度(L)/放弃(U)/宽度(W)]: 490,160↙
指定下一点或 [圆弧(A)/闭合(C)/半宽(H)/长度(L)/放弃(U)/宽度(W)]: ↙
```

最终绘制的图形如图 4-6 所示。

扫一扫，看视频

练习提高　实例 044　绘制局部视图

利用"圆""直线""样条曲线拟合"命令绘制局部视图，绘制流程如图 4-9 所示。

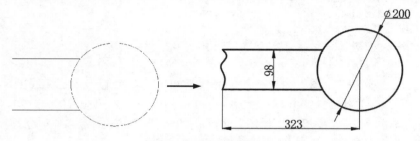

图 4-9　局部视图绘制流程

📋 **思路点拨:**

> **源文件:** 源文件\第 4 章\局部视图.dwg
>
> 　　首先利用"圆"和"直线"命令绘制局部视图的整体图形，然后利用"样条曲线拟合"命令绘制局部视图的断裂边界，此处应注意样条曲线不能超出视图轮廓之外，且不能与视图上其他图线重合。

4.3　多 线 命 令

多线的绘制方法和直线的绘制方法相似，不同的是多线由两条线型相同的平行线组成。绘制的每一条多线都是一个完整的整体，不能对其进行偏移、倒角、延伸和修剪等编辑操作，只能用"分解"命令将其分解成多条直线后再编辑，其执行方式如下。

多线命令。
- 命令行：MLINE。
- 菜单栏：选择菜单栏中的"绘图"→"多线"命令。

编辑多线命令。
- 命令行：MLEDIT。
- 菜单栏：选择菜单栏中的"修改"→"对象"→"多线"命令。

完全讲解　实例 045　绘制别墅墙体

在建筑平面图中，墙体用双线表示，一般采用轴线定位的方式，以轴线为中心，具有很强的对称关系，因此绘制墙线通常有以下 3 种方法：

- 使用"偏移"命令，直接偏移轴线，将轴线向两侧偏移一定距离得到双线，然后将所得双线转移至"墙线"图层。
- 使用"多线"命令直接绘制墙线。
- 当墙体要求填充成实体颜色时，也可以采用"多段线"命令直接绘制，将线宽设置为墙厚即可。

在本实例中，推荐选用第二种方法，即采用"多线"命令绘制墙线，如图 4-10 所示为绘制完成的别墅墙体平面。

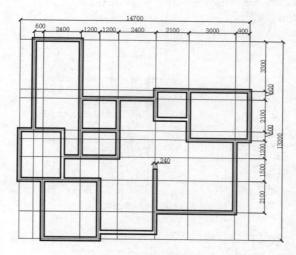

图 4-10　绘制别墅墙体

（1）设置图层。单击"默认"选项卡"图层"面板中的"图层特性"按钮，打开"图层特性管理器"选项板，新建"轴线"和"墙体"图层，将轴线的颜色设置为红色，线型为 CENTER，墙体的线宽设置为 0.30mm，其余属性默认，结果如图 4-11 所示。

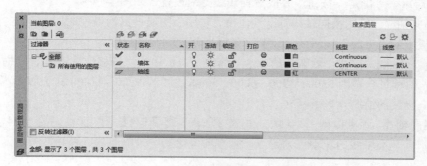

图 4-11　"图层特性管理器"选项板

◁») **注意：**

在使用 AutoCAD 2020 绘图过程中，应经常保存已绘制的图形文件，以避免因软件系统不稳定导致软件闪退而无法及时保存文件，从而丢失大量已绘制的信息。AutoCAD 软件有自动保存图形文件的功能，使用者只需在绘图时将该功能激活即可，设置步骤如下：

选择"工具"→"选项"命令，弹出"选项"对话框。选择"打开和保存"选项卡，在"文件安全措施"选项组中选中"自动保存"复选框，根据个人需要输入"保存间隔分钟数"，然后单击"确定"按钮，设置完成，如图 4-12 所示。

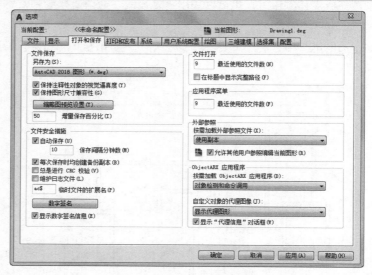

图 4-12　文件自动保存设置

（2）绘制轴线。建筑轴线是在绘制建筑平面图时布置墙体和门窗的依据，同样也是建筑施工定位的重要依据。在轴线的绘制过程中，主要使用"直线"和"偏移"命令，如图 4-13 所示为绘制完成的别墅平面轴线。

① 设置线型比例。选择"格式"→"线型"命令，弹出"线型管理器"对话框。选择线型 CENTER，单击"显示细节"按钮（单击"显示细节"按钮后该按钮变为"隐藏细节"按钮），将全局比例因子设置为 20，然后单击"确定"按钮，完成对轴线线型的设置，如图 4-14 所示。

② 绘制横向轴线。绘制横向轴线基准线。将"轴线"图层设置为当前图层，单击"默认"选项卡"绘图"面板中的"直线"按钮／，绘制一条横向基准轴线，长度为 14700，如图 4-15 所示。

绘制其余横向轴线。单击"默认"选项卡"修改"面板中的"偏移"按钮，将横向基准轴线依次向下偏移，偏移量分别为 3300、3900、6000、6600、7800、9300、11400 和 13200，如图 4-16 所示依次完成横向轴线的绘制。

③ 绘制纵向轴线。绘制纵向基准轴线。单击"默认"选项卡"绘图"面板中的"直线"按钮／，以前面绘制的横向基准轴线的左端点为起点，垂直向下绘制一条纵向基准轴线，长度为 13200，如图 4-17 所示。

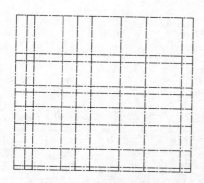

图 4-13　别墅平面轴线

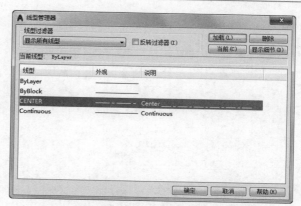

图 4-14　设置线型比例

绘制其余纵向轴线。单击"默认"选项卡"修改"面板中的"偏移"按钮 ⊆，将纵向基准轴线依次向右偏移，偏移量分别为 900、1500、3900、5100、6300、8700、10800、13800 和 14700，依次完成纵向轴线的绘制，如图 4-18 所示。

图 4-15　绘制横向基准轴线

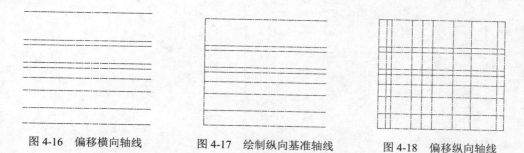

图 4-16　偏移横向轴线　　　　图 4-17　绘制纵向基准轴线　　　　图 4-18　偏移纵向轴线

📢 提示：

在绘制建筑轴线时，一般选择建筑横向、纵向的最大长度为轴线长度，但当建筑物形体过于复杂时，太长的轴线往往会影响图形效果。因此，也可以仅在一些需要轴线定位的建筑局部绘制轴线。

（3）绘制墙体。

① 定义多线样式。在使用"多线"命令绘制墙线前，应首先对多线样式进行设置。

选择菜单栏中的"格式"→"多线样式"命令，弹出"多线样式"对话框，如图 4-19 所示。单击"新建"按钮，在弹出的"创建新的多线样式"对话框中输入新样式名为"240 墙体"，如图 4-20 所示。

单击"继续"按钮，弹出"新建多线样式:240 墙体"对话框，如图 4-21 所示。在该对话框中将直线起点和端点均设置为封口，元素偏移量首行设置为 120，第二行设为-120。

单击"确定"按钮，返回"多线样式"对话框，在"样式"列表框中选择多线样式"240 墙体"，单击"置为当前"按钮，将其置为当前，如图 4-22 所示。

图 4-19 "多线样式"对话框

图 4-20 "创建新的多线样式"对话框

图 4-21 设置多线样式

图 4-22 将所建"多线样式"置为当前

② 绘制墙线。在"图层"下拉列表中选择"墙体"图层，将其设置为当前图层。

选择菜单栏中的"绘图"→"多线"命令（或者在命令行中输入 ml，执行"多线"命令）绘制墙线，绘制结果如图 4-23 所示。命令行提示与操作如下：

```
命令：_mline
当前设置：对正 = 上，比例 = 20.00，样式 = 240 墙体
指定起点或 [对正(J)/比例(S)/样式(ST)]：J✓（输入 J，重新设置多线的对正方式）
输入对正类型 [上(T)/无(Z)/下(B)] <上>：Z✓（输入 Z，选择"无"为当前对正方式）
当前设置：对正 = 无，比例 = 20.00，样式 = 240 墙体
指定起点或 [对正(J)/比例(S)/样式(ST)]：S✓（输入 S，重新设置多线比例）
输入多线比例 <20.00>：1✓（输入 1，作为当前多线比例）
当前设置：对正 = 无，比例 = 1.00，样式 = 240 墙体
指定起点或 [对正(J)/比例(S)/样式(ST)]：（捕捉左上部墙体轴线交点作为起点）
指定下一点：
…（依次捕捉墙体轴线交点，绘制墙线）
```

指定下一点或 [放弃(U)]：✓（绘制完成后，按 Enter 键结束命令）

③ 编辑和修整墙线。选择菜单栏中的"修改"→"对象"→"多线"命令，在弹出的"多线编辑工具"对话框中提供了 12 种多线编辑工具，可根据不同的多线交叉方式选择相应的工具进行编辑，如图 4-24 所示。

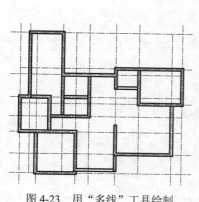

图 4-23 用"多线"工具绘制

图 4-24 "多线编辑工具"对话框

少数较复杂的墙线结合处无法找到相应的多线编辑工具进行编辑，因此可以选择"分解"命令，将多线分解，然后利用"修剪"命令对该结合处的线条进行修整。

另外，一些内部墙体并不在主要轴线上，可以通过添加辅助轴线，并结合"修剪"或"延伸"命令进行绘制和修整，经过编辑和修整后的墙线如图 4-10 所示。

练习提高 实例 046 绘制住宅墙体

利用"多线"命令绘制住宅墙体，绘制流程如图 4-25 所示。

扫一扫，看视频

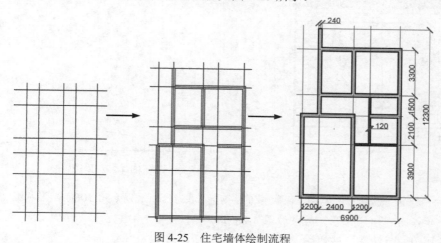

图 4-25 住宅墙体绘制流程

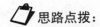　**思路点拨：**

> **源文件：**源文件\第 4 章\住宅墙体.dwg
>
> 首先打开源文件中的"定义住宅墙体样式.dwg"文件，然后利用"多线"命令绘制宽 240 的墙体。

4.4　图案填充命令

当用户需要用一个重复的图案填充一个区域时，可以使用 BHATCH 命令，创建一个相关联的填充阴影对象，即所谓的图案填充，其执行方式如下。

- 命令行：BHATCH（快捷命令：H）。
- 菜单栏：选择菜单栏中的"绘图"→"图案填充"命令。
- 工具栏：单击"绘图"工具栏中的"图案填充"按钮▨。
- 功能区：单击"默认"选项卡"绘图"面板中的"图案填充"按钮▨。

完全讲解　实例 047　绘制尖顶小屋

扫一扫，看视频

本实例利用"直线"命令绘制屋顶和外墙轮廓，再利用"矩形""圆环""多段线""多行文字"命令绘制门、把手、窗、牌匾，最后利用"图案填充"命令填充图案，如图 4-26 所示。

（1）单击"默认"选项卡"绘图"面板中的"直线"按钮╱，以{（0,500），（@600,0）}为端点坐标绘制直线。

重复"直线"命令，单击状态栏中的"对象捕捉"按钮▢，捕捉绘制好的直线中点为起点，以（@0,50）为第二点坐标绘制直线。连接各端点，完成屋顶轮廓的绘制，结果如图 4-27 所示。

图 4-26　尖顶小屋

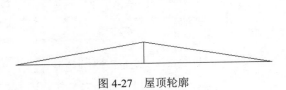

图 4-27　屋顶轮廓

（2）单击"默认"选项卡"绘图"面板中的"矩形"按钮▢，以（50,500）为第一角点，（@500,-350）为第二角点绘制墙体轮廓，结果如图 4-28 所示。

单击状态栏中的"线宽"按钮▤，结果如图 4-29 所示。

（3）绘制门。

① 单击"默认"选项卡"绘图"面板中的"矩形"按钮 ❏，以墙体底面中点作为第一角点，以（@90,200）为第二角点绘制右边的门；重复"矩形"命令，以墙体底面中点作为第一角点，以（@-90,200）为第二角点绘制左边的门，结果如图 4-30 所示。

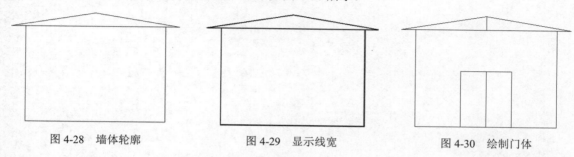

图 4-28 墙体轮廓　　　　　　图 4-29 显示线宽　　　　　　图 4-30 绘制门体

② 单击"默认"选项卡"绘图"面板中的"矩形"按钮 ❏，在适当的位置绘制一个长度为 10、高度为 40、倒圆半径为 5 的矩形作为门把手，命令行提示与操作如下：

```
命令：rectang↙
指定第一个角点或 [倒角(C)/标高(E)/圆角(F)/厚度(T)/宽度(W)]：f↙
指定矩形的圆角半径 <0.0000>：5↙
指定第一个角点或 [倒角(C)/标高(E)/圆角(F)/厚度(T)/宽度(W)]：(在图上选取合适的位置)
指定另一个角点或 [面积(A)/尺寸(D)/旋转(R)]：@10,40↙
```

重复"矩形"命令，绘制另一个门把手，结果如图 4-31 所示。

③ 选择菜单栏中的"绘图"→"圆环"命令，在适当的位置绘制两个内径为 20、外径为 24 的圆环作为门环，命令行提示与操作如下：

```
命令：donut↙
指定圆环的内径 <30.0000>：20↙
指定圆环的外径 <35.0000>：24↙
指定圆环的中心点或 <退出>：(适当指定一点)
指定圆环的中心点或 <退出>：(适当指定一点)
指定圆环的中心点或 <退出>：↙
```

结果如图 4-32 所示。

（4）单击"默认"选项卡"绘图"面板中的"矩形"按钮 ❏，绘制外玻璃窗，指定门的左上角点为第一个角点，指定第二点为（@-120,-100），接着指定门的右上角点为第一个角点，指定第二点为（@120,-100）。

重复"矩形"命令，以（205,345）为第一角点、（@-110,-90）为第二角点绘制左边内玻璃窗，以（505,345）为第一角点、（@-110,-90）为第二角点绘制右边的内玻璃窗，结果如图 4-33 所示。

图 4-31　绘制门把手

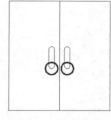

图 4-32　绘制门环

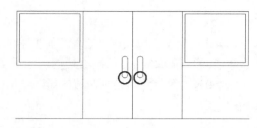

图 4-33　绘制窗户

（5）单击"默认"选项卡"绘图"面板中的"多段线"按钮 ，绘制牌匾，命令行提示与操作如下：

```
命令：_pline↙
指定起点：（用光标拾取一点作为多段线的起点）
当前线宽为 0.0000
指定下一个点或 [圆弧(A)/半宽(H)/长度(L)/放弃(U)/宽度(W)]：@200,0↙
指定下一点或 [圆弧(A)/闭合(C)/半宽(H)/长度(L)/放弃(U)/宽度(W)]：a↙
指定圆弧的端点(按住 Ctrl 键以切换方向)或 [角度(A)/圆心(CE)/闭合(CL)/方向(D)/半宽(H)/直线
(L)/半径(R)/第二个点(S)/放弃(U)/宽度(W)]：a↙
指定夹角：180↙
指定圆弧的端点(按住 Ctrl 键以切换方向)或 [圆心(CE)/半径(R)]：r↙
指定圆弧的半径：40↙
指定圆弧的弦方向(按住 Ctrl 键以切换方向) <291>：90↙
指定圆弧的端点(按住 Ctrl 键以切换方向)或 [角度(A)/圆心(CE)/闭合(CL)/方向(D)/半宽(H)/直线
(L)/半径(R)/第二个点(S)/放弃(U)/宽度(W)]：l↙
指定下一点或 [圆弧(A)/闭合(C)/半宽(H)/长度(L)/放弃(U)/宽度(W)]：@-200,0↙
指定下一点或 [圆弧(A)/闭合(C)/半宽(H)/长度(L)/放弃(U)/宽度(W)]：a↙
指定圆弧的端点(按住 Ctrl 键以切换方向)或 [角度(A)/圆心(CE)/闭合(CL)/方向(D)/半宽(H)/直线
(L)/半径(R)/第二个点(S)/放弃(U)/宽度(W)]：a↙
指定夹角：180↙
指定圆弧的端点(按住 Ctrl 键以切换方向)或 [圆心(CE)/半径(R)]：r↙
指定圆弧的半径：40↙
指定圆弧的弦方向(按住 Ctrl 键以切换方向) <291>：-90↙
指定圆弧的端点(按住 Ctrl 键以切换方向)或 [角度(A)/圆心(CE)/闭合(CL)/方向(D)/半宽(H)/直线
(L)/半径(R)/第二个点(S)/放弃(U)/宽度(W)]：
```

（6）单击"默认"选项卡"修改"面板中的"移动"按钮 ，将绘制好的牌匾移动到适当位置。

（7）单击"默认"选项卡"修改"面板中的"偏移"按钮 ，将绘制好的牌匾向内偏移5，结果如图 4-34 所示。

（8）单击"默认"选项卡"注释"面板中的"多行文字"按钮 **A**，输入牌匾中的文字，命令行提示与操作如下：

```
命令：MTEXT↙
指定第一角点：（用光标拾取第一点后，屏幕上显示出一个矩形文本框）
指定对角点或 [高度(H)/对正(J)/行距(L)/旋转(R)/样式(S)/宽度(W)]：（拾取另外一点作为对角点）
```

此时将打开多行文字编辑器,输入书店的名称,并设置字体的属性,即可完成牌匾的绘制,结果如图 4-35 所示。

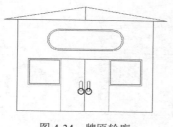

图 4-34 牌匾轮廓

图 4-35 牌匾

(9)图案的填充主要包括 5 部分,分别为对墙面、玻璃窗、门把手、牌匾和屋顶进行填充。单击"默认"选项卡"绘图"面板中的"图案填充"按钮▨,选择适当的图案,即可分别填充完成这 5 部分图形。

① 单击"默认"选项卡"绘图"面板中的"图案填充"按钮▨,打开"图案填充创建"选项卡。单击"选项"面板下的"对话框启动器"按钮◣,打开"图案填充编辑"对话框,单击对话框右下角的◉按钮展开对话框,在"孤岛"选项组中选择"外部"孤岛显示样式,如图 4-36 所示。

在该对话框中设置"类型"为"预定义",单击"图案"下拉列表框后面的▢按钮,打开"填充图案选项板"对话框,选择"其他预定义"选项卡中的 BRICK 图案,如图 4-37 所示。

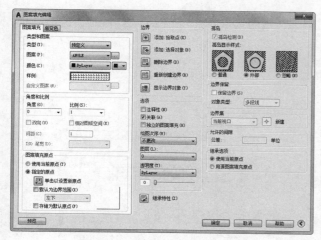

图 4-36 "图案填充编辑"对话框

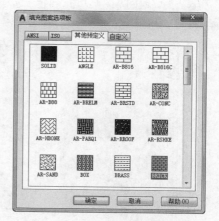

图 4-37 选择适当的图案

确认后,返回"图案填充编辑"对话框,将"比例"设置为 2。单击▦按钮,需要切换到绘图平面,在墙面区域中选取一点,按 Enter 键,返回"图案填充编辑"对话框,单击"确定"按钮,完成墙面的填充,如图 4-38 所示。

② 用同样的方法,选择"其他预定义"选项卡中的 STEEL 图案,将其比例设置为 4,对窗户区域进行填充,结果如图 4-39 所示。

③ 用同样的方法，选择 ANSI 选项卡中的 ANSI33 图案，将其比例设置为 4，对门把手区域进行填充，结果如图 4-40 所示。

图 4-38　完成墙面填充	图 4-39　完成窗户填充	图 4-40　完成门把手填充

④ 单击"默认"选项卡"绘图"面板中的"渐变色"按钮📕，打开"图案填充创建"选项卡，如图 4-41 所示。单击"渐变色 2"按钮🔳，将"渐变色 2"关闭，使其成为单变色，在渐变色 1 下拉列表中单击"更多颜色"按钮●，打开"选择颜色"对话框，如图 4-42 所示。

图 4-41　"图案填充创建"选项卡

确认后，返回"图案填充创建"选项卡，在牌匾区域中选取一点，按 Enter 键，完成牌匾的填充，结果如图 4-43 所示。

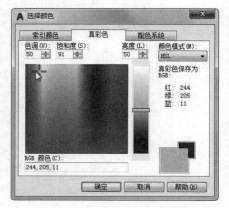

图 4-42　"选择颜色"对话框

图 4-43　完成牌匾填充

完成牌匾的填充后，发现填充金色渐变的效果不好，此时可以对渐变颜色进行修改。方法为：选择菜单栏中的"修改"→"对象"→"图案填充"命令，然后选择渐变填充对象，打开"图案填充和渐变色"对话框，将渐变颜色重新进行设置，如图 4-44 所示。单击"确定"按钮，完成牌匾填充图案的修改，结果如图 4-45 所示。

图 4-44　"图案填充和渐变色"对话框

图 4-45　编辑填充图案

⑤ 采用相同的方法，打开"图案填充创建"选项卡，分别设置"渐变色 1"和"渐变色 2"为红色和绿色，选择一种颜色过渡方式，如图 4-46 所示。确认后，选择屋顶区域进行填充，结果如图 4-47 所示。

图 4-46　设置屋顶填充颜色

图 4-47　尖顶小屋

练习提高　实例 048　绘制平顶小屋

利用二维绘图命令绘制小屋轮廓，然后利用"图案填充以及渐变色"命令装饰小屋，其绘制流程如图 4-48 所示。

扫一扫，看视频

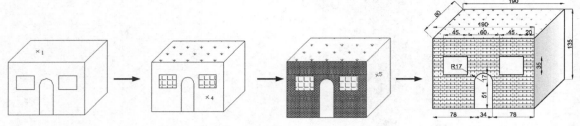

图 4-48 平顶小屋绘制流程

📋 **思路点拨:**

> 源文件: 源文件\第 4 章\平顶小屋.dwg
>
> 首先利用"矩形"命令和"直线"命令绘制房屋外框，然后利用"图案填充以及渐变色"命令填充窗户和砖墙等。

4.5　面域命令

面域是具有边界的平面区域，内部可以包含孔。在 AutoCAD 中，用户可以将某些对象围成的封闭区域转变为面域，这些封闭区域可以是圆、椭圆、封闭二维多段线和封闭的样条曲线等对象，也可以是由圆弧、直线、二维多段线和样条曲线等对象构成的封闭区域。

创建面域执行方式如下。

- 命令行: REGION。
- 菜单栏: 选择菜单栏中的"绘图"→"面域"命令。
- 工具栏: 单击"绘图"工具栏中的"面域"按钮◎。
- 功能区: 单击"默认"选项卡"绘图"面板中的"面域"按钮◎。

布尔运算执行方式如下。

- 命令行: UNION（并集）、INTERSECT（交集）或 SUBTRACT（差集）。
- 菜单栏: 选择菜单栏中的"修改"→"实体编辑"→"并集"（交集、差集）。
- 工具栏: 单击"实体编辑"工具栏中的"并集"按钮◢（交集◢、差集◢）。
- 功能区: 单击"三维工具"选项卡"实体编辑"面板中的"并集"按钮◢（交集◢、差集◢）。

完全讲解　实例 049　绘制法兰盘

本实例利用上面所学的面域相关功能绘制法兰盘。法兰盘需要两个基本图层: 一个为"粗实线"图层，另一个为"中心线"图层。如果只需要单独绘制零件图形，则可以利用一些基本的绘图命令和编辑命令来完成。现需要计算质量特性数据，所以可以考虑采用面域的布尔运算方法来绘制图形并计算质量特性数据，如图 4-49 所示。

（1）设置图层。单击"默认"选项卡"图层"面板中的"图层特性"按钮 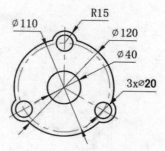，新建两个图层。

① 一个图层命名为"粗实线"，线宽属性为 0.30mm，其余属性默认。

② 二个图层命名为"中心线"，颜色设为红色，线型加载为 CENTER，其余属性默认。

（2）绘制圆。将"粗实线"图层设置为当前图层，单击"默认"选项卡"绘图"面板中的"圆"按钮⊙，绘制圆，指定适当一点为圆心绘制半径为 60 的圆。

图 4-49　绘制法兰盘

同理，捕捉上一圆的圆心为圆心，绘制半径为 20 的圆，结果如图 4-50 所示。

（3）绘制圆。将"中心线"图层设置为当前图层。单击"默认"选项卡"绘图"面板中的"圆"按钮⊙，捕捉上一圆的圆心为圆心，绘制半径为 55 的圆。

（4）绘制中心线。单击"默认"选项卡"绘图"面板中的"直线"按钮╱，以大圆的圆心为起点，终点坐标为（@0,75），结果如图 4-51 所示。

（5）绘制圆。将"粗实线"图层设置为当前图层。单击"默认"选项卡"绘图"面板中的"圆"按钮⊙，以定位圆和中心线的交点为圆心，分别绘制半径为 15 和 10 的圆，结果如图 4-52 所示。

图 4-50　绘制圆后的图形

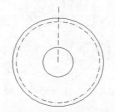

图 4-51　绘制中心线后的图形

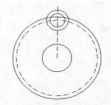

图 4-52　绘制圆后的图形

（6）阵列对象。单击"默认"选项卡"修改"面板中的"环形阵列"按钮 ，将图中边缘的两个圆和中心线进行环形阵列，阵列中心点为大圆的中心点，阵列数目为 3，结果如图 4-53 所示。

（7）面域处理。单击"默认"选项卡"绘图"面板中的"面域"按钮 ，命令行提示与操作如下：

```
命令: _rejion
选择对象:
选择对象: ↙
已提取 4 个环
已创建 4 个面域
```

（8）并集处理。单击"三维工具"选项卡"实体编辑"面板中的"并集"按钮 ，命令行提示与操作如下：

```
命令: _union
选择对象:（依次选择图 4-53 中的圆 A、B、C 和 D）
```

选择对象：✓

结果如图 4-54 所示。

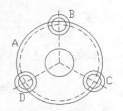

图 4-53　阵列后的图形

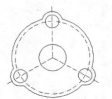

图 4-54　并集后的图形

练习提高　实例 050　绘制垫片

利用"矩形"命令、"圆"命令、布尔运算中的"并集"和"差集"命令绘制垫片，绘制流程如图 4-55 所示。

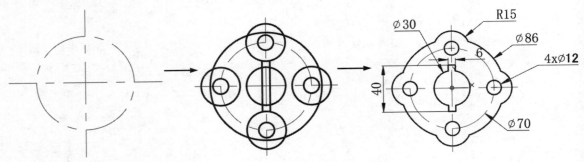

图 4-55　绘制垫片流程

💡 **思路点拨：**

> **源文件**：源文件\第 4 章\垫片.dwg
>
> 　首先设置图层，并利用"中心线"命令绘制定位线，然后利用"圆"命令以及"矩形"命令绘制图形外轮廓，最后利用"面域"命令及"并集""差集"命令完善图形。

第5章　复杂二维图形编辑

内容简介

AutoCAD 2020 有多种二维图形编辑命令，此处我们将其划分为简单和复杂两种形式。其中简单的二维图形编辑命令有镜像、偏移、复制等。复杂的二维图形编辑命令有修剪、延伸、拉伸、拉长、倒角、圆角、打断、分解、对象编辑。本章重点介绍复杂二维图形编辑命令的应用。

5.1　修　剪　命　令

"修剪"命令是将超出边界的多余部分修剪掉，与橡皮擦的功能相似。修剪操作可以修改直线、圆、圆弧、多段线、样条曲线、射线和填充图案，其执行方式如下。

- 命令行：TRIM。
- 菜单栏：选择菜单栏中的"修改"→"修剪"命令。
- 工具栏：单击"修改"工具栏中的"修剪"按钮 ✂。
- 功能区：单击"默认"选项卡"修改"面板中的"修剪"按钮 ✂。

扫一扫，看视频

完全讲解　实例 051　绘制足球

本例讲解一个简单的足球造型。这是一个很有趣味的造型，乍看起来不知道怎样绘制，仔细研究其中图线的规律就可以寻找到一定的方法。本例巧妙地运用"圆""镜像""多边形""阵列""图案填充"等命令来完成造型的绘制，读者在这个简单的实例中要全面理解和掌握基本绘图命令与灵活应用编辑命令。

本例绘制的足球是由相互邻接的正六边形通过圆修剪而形成的。因此，可以利用"多边形"命令绘制一个正六边形，利用"镜像"命令对其进行镜像操作。然后对这个镜像形成的正六边形利用"环形阵列"命令进行阵列操作。接着在适当的位置用"圆"命令绘制一个圆，将所绘制圆外面的线条用"修剪"命令修剪掉，最后将圆中的 3 个区域利用"图案填充"命令进行实体填充，如图 5-1 所示。

图 5-1　绘制足球

（1）绘制正六边形。单击"默认"选项卡"绘图"面板中的"多边形"按钮⬠，绘制中心点坐标为（240,120）、内接圆半径为 20 的正六边形。

（2）镜像操作。单击"默认"选项卡"修改"面板中的"镜像"按钮⧉，将正六边形以其下边为镜像线进行镜像操作，结果如图 5-2 所示。

（3）环形阵列操作。单击"默认"选项卡"修改"面板中的"环形阵列"按钮，将图 5-2 下面的正六边形进行环形阵列完成足球内部花式的绘制，设置阵列中心点坐标为（240,120），阵列项目数为 6，结果如图 5-3 所示。

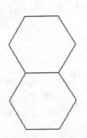

图 5-2　正六边形镜像后的图形

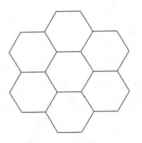

图 5-3　环形阵列后的图形

（4）绘制圆。单击"默认"选项卡"绘图"面板中的"圆"按钮，绘制圆心坐标为（250,115）、半径为 35 的圆，完成足球外轮廓的绘制，结果如图 5-4 所示。

（5）修剪操作。单击"默认"选项卡"修改"面板中的"修剪"按钮，对六边形阵列进行修剪，结果如图 5-5 所示。

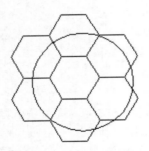

图 5-4　绘制圆后的图形

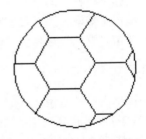

图 5-5　修剪后的图形

（6）填充操作。单击"默认"选项卡"绘图"面板中的"图案填充"按钮，系统打开如图 5-6 所示的"图案填充创建"选项卡，图案设置成 SOLID。用鼠标指定 3 个将要填充的区域，确认后生成如图 5-1 所示的图形。

图 5-6　"图案填充创建"选项卡

练习提高　实例 052　绘制榆叶梅

通过如图 5-7 所示榆叶梅流程图的绘制，熟练掌握"修剪"命令的运用。

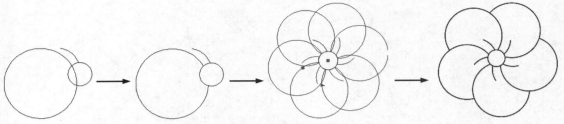

图 5-7　榆叶梅绘制流程

📋 **思路点拨：**

> **源文件：**源文件\第 5 章\榆叶梅.dwg
>
> 利用"圆""圆弧""环形阵列"命令绘制榆叶梅的外形轮廓，然后利用"修剪"命令完善榆叶梅的细节，最终完成榆叶梅的绘制。

5.2　延伸命令

延伸对象是指延伸一个对象直至另一个对象的边界线，其执行方式如下。

- 命令行：EXTEND。
- 菜单栏：选择菜单栏中的"修改"→"延伸"命令。
- 工具栏：单击"修改"工具栏中的"延伸"按钮 ⇥。
- 功能区：单击"默认"选项卡"修改"面板中的"延伸"按钮 ⇥。

完全讲解　实例 053　绘制镜子

本实例主要通过镜子的绘制来练习延伸命令的应用，如图 5-8 所示。

（1）单击"默认"选项卡"绘图"面板中的"椭圆"按钮 ⬭，中心点在坐标原点，通过指定轴的端点和另一条半轴的长度，绘制椭圆，命令行提示与操作如下：

扫一扫，看视频

图 5-8　镜子

```
命令：ELLIPSE✓
指定椭圆的轴端点或 [圆弧(A)/中心点(C)]：C✓
指定椭圆的中心点：0,0✓
指定轴的端点：300✓
指定另一条半轴长度或 [旋转(R)]：520✓
```

结果如图 5-9 所示。

（2）单击"默认"选项卡"修改"面板中的"偏移"按钮 ⊂，向内偏移椭圆，设置偏移的距离为 20，连续偏移 2 次，如图 5-10 所示。

图 5-9　绘制椭圆

图 5-10　偏移椭圆

（3）单击"快速访问"工具栏中的"打开"按钮 📂，将源文件中的镜子雕花图形打开，然后单击"默认"选项卡"修改"面板中的"复制"按钮 🔾，将图形复制到当前的图形中，如图 5-11 所示。

（4）单击"默认"选项卡"修改"面板中的"复制"按钮 🔾，将步骤（3）绘制的样条曲线向右侧复制，复制的间距为 10，如图 5-12 所示。

（5）单击"默认"选项卡"修改"面板中的"镜像"按钮 ⚠，将绘制的样条曲线进行镜像，镜像线为椭圆的中心点和中心点延长线上的一点，结果如图 5-12 所示。

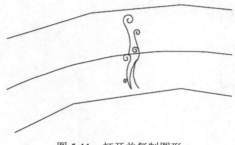

图 5-11　打开并复制图形

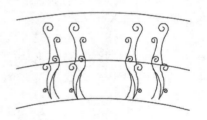

图 5-12　绘制装饰

（6）单击"默认"选项卡"修改"面板中的"延伸"按钮 ⟶，对图形进行细部操作，命令行提示与操作如下：

```
命令：_extend
当前设置：投影=UCS，边=无
选择边界的边...
选择对象或<全部选择>：（选择椭圆）
选择对象：↙
选择要延伸的对象或按住 Shift 键选择要修剪的对象或 ［栏选(F)/窗交(C)/投影(P)/边(E)］：（选择如图
5-12 所示的样条曲线下侧位置，将样条曲线延伸至椭圆的边上）
选择要延伸的对象或按住 Shift 键选择要修剪的对象或 ［栏选(F)/窗交(C)/投影(P)/边(E)］：↙
```

结果如图 5-13 所示。

（7）单击"默认"选项卡"修改"面板中的"复制"按钮 🔾、"旋转"按钮 ↻、"移动"按钮 ✛和"镜像"按钮 ⚠，将绘制的样条曲线进行镜像和复制，如图 5-14 所示。

（8）单击"默认"选项卡"绘图"面板中的"直线"按钮╱，绘制直线（这里长度可以自行指定，不必跟实例完全一样），完善图形，绘制结果如图 5-15 所示。

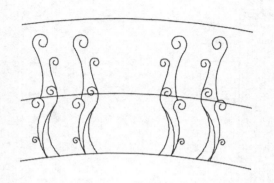

图 5-13　延伸图形

图 5-14　镜像和复制图形

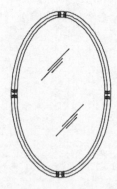

图 5-15　完善图形

练习提高　实例 054　绘制力矩式自整角发送机

绘制力矩式自整角发送机，将重点学习"延伸"命令的使用，在本例中绘制完直线和圆后会使用到"延伸"命令，最后添加注释完成绘图，绘制流程如图 5-16 所示。

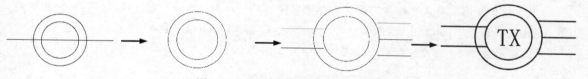

图 5-16　力矩式自整角发送机绘制流程

📋 **思路点拨：**

> 源文件：源文件\第 5 章\力矩式自整角发送机.dwg
> 首先利用"圆"和"直线"命令绘制局部图形，然后利用"偏移""修剪""复制""移动的编辑"命令完成图形轮廓的绘制，最后利用"延伸"命令完善图形，并添加文字注释。

5.3　拉　伸　命　令

使用"拉伸"命令可以拖拉选择的对象，同时使对象的形状发生改变，其执行方式如下。

● 命令行：STRETCH。
● 菜单栏：选择菜单栏中的"修改"→"拉伸"命令。
● 工具栏：单击"修改"工具栏中的"拉伸"按钮▣。
● 功能区：单击"默认"选项卡"修改"面板中的"拉伸"按钮▣。

完全讲解 实例 055 绘制手柄

利用上面所学的"拉伸"功能绘制手柄。本实例绘制矩形可先绘制中心线，再利用"圆"与"直线"命令绘制外轮廓，最后依次修剪图形，如图 5-17 所示。

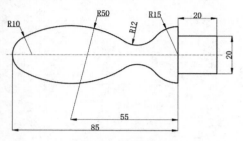

图 5-17 绘制手柄

（1）设置图层。单击"默认"选项卡"图层"面板中的"图层特性"按钮。新建两个图层："轮廓线"图层，线宽属性设置为 0.30mm，其余属性默认；"中心线"图层，颜色设置为红色，线型加载为 CENTER，其余属性默认。

（2）绘制中心线。将"中心线"图层设置为当前图层。单击"默认"选项卡"绘图"面板中的"直线"按钮，绘制直线，直线的两个端点坐标是（150,150）和（@100,0），结果如图 5-18 所示。

（3）绘制外轮廓。将"轮廓线"图层设置为当前图层。单击"默认"选项卡"绘图"面板中的"圆"按钮，以点（160,150）为圆心、半径为 10 绘制圆；以点（235,150）为圆心、半径为 15 绘制圆。再绘制半径为 50 的圆与前两个圆相切，结果如图 5-19 所示。

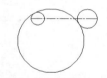

图 5-18 绘制直线

图 5-19 绘制圆

（4）绘制直线。单击"默认"选项卡"绘图"面板中的"直线"按钮，绘制直线，各端点坐标为 {（250,150），（@10<90），（@15<180）}，重复"直线"命令绘制从点（235,165）到点（235,150）的直线，结果如图 5-20 所示。

（5）修剪处理。单击"默认"选项卡"修改"面板中的"修剪"按钮，将图 5-20 修剪成如图 5-21 所示的样式。

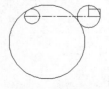

图 5-20 绘制直线

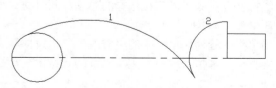

图 5-21 修剪处理

（6）绘制圆。单击"默认"选项卡"绘图"面板中的"圆"按钮⊙，绘制与圆弧 1 和圆弧 2 相切的圆，半径设置为 12，结果如图 5-22 所示。

（7）修剪处理。单击"默认"选项卡"修改"面板中的"修剪"按钮，将多余的圆弧进行修剪，结果如图 5-23 所示。

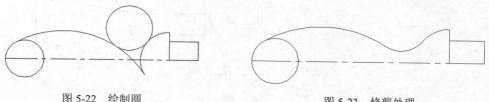

図 5-22　绘制圆　　　　　　　　　　　图 5-23　修剪处理

（8）镜像处理。单击"修改"工具栏中的"镜像"按钮△，以中心线为对称轴，不删除源对象，将绘制的中心线以上的对象进行镜像处理，结果如图 5-24 所示。

（9）修剪处理。单击"修改"工具栏中的"修剪"按钮，进行修剪处理，结果如图 5-25 所示。

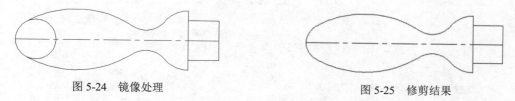

図 5-24　镜像处理　　　　　　　　　　图 5-25　修剪结果

（10）拉长接头。单击"默认"选项卡"修改"面板中的"拉伸"按钮，拉长接头部分，命令行提示与操作如下：

```
命令：_stretch
以交叉窗口或交叉多边形选择要拉伸的对象…
选择对象：C✓
指定第一个角点：(框选手柄接头部分，如图 5-26 所示)
指定对角点：找到 6 个
选择对象：✓
指定基点或 [位移(D)] <位移>：100,100✓
指定位移的第二个点或 <用第一个点作位移>：105,100✓
```

结果如图 5-27 所示。

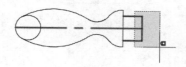

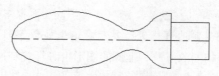

図 5-26　选择对象　　　　　　　　　　图 5-27　拉伸结果

（11）拉长中心线。利用夹点编辑命令调整中心线长度，结果如图 5-17 所示。

练习提高　实例 056　绘制管式混合器

练习"拉伸"命令的应用，并完成管式混合器的绘制，绘制流程如图 5-28 所示。

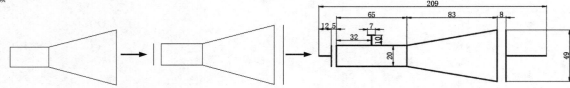

图 5-28　管式混合器绘制流程

思路点拨：

> 源文件：源文件\第 5 章\管式混合器.dwg
> 本实例利用直线和多段线绘制管式混合器的基本轮廓，再利用"拉伸"命令细化图形。

5.4　拉　长　命　令

"拉长"命令可以更改对象的长度和圆弧的包含角，其执行方式如下。

- 命令行：LENGTHEN。
- 菜单栏：选择菜单栏中的"修改"→"拉长"命令。
- 功能区：单击"默认"选项卡"修改"面板中的"拉长"按钮 ╱。

完全讲解　实例 057　绘制手表

本实例绘制手表。首先利用"直线"命令绘制手表包装盒，然后通过"复制"和"直线"命令补全图形完成表盒的绘制，接下来利用"椭圆""直线"等命令绘制表盘，最后通过"拉长"命令完善分针和秒针，删除多余的图形，如图 5-29 所示。

（1）单击"默认"选项卡"绘图"面板中的"直线"按钮 ╱，绘制手表的包装盒，坐标分别为 {（0,0）、（72,0）、（108,42）、（108,70）、（35,70）、（0,29）、（0,0）}，{（108,70）、（119,77）（119,125）、（108,119）}，结果如图 5-30 所示。

（2）单击"默认"选项卡"修改"面板中的"复制"按钮 ╔╗，

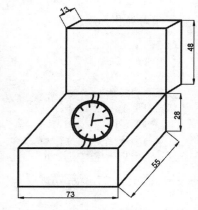

图 5-29　绘制手表流程图

选择需要复制的直线进行复制，结果如图 5-31 所示。

使用相同的方法将上侧的图形也进行复制操作，结果如图 5-32 所示。

（3）单击"默认"选项卡"绘图"面板中的"直线"按钮 ╱，补全图形，完成对表盒的绘制，结果如图 5-33 所示。

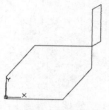

图 5-30 绘制直线

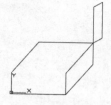

图 5-31 复制直线

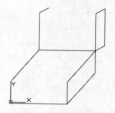

图 5-32 复制直线

（4）单击"默认"选项卡"绘图"面板中的"椭圆"命令 ⊙，以平行四边形的中心为椭圆的圆心，绘制表盘（这里长度可以自行指定，不必与本实例完全一样），如图 5-34 所示。

（5）单击"默认"选项卡"绘图"面板中的"直线"按钮 ∕，绘制直线，然后单击"默认"选项卡"修改"面板中的"环形阵列"按钮 ⬚，设置阵列的项目数为 12，角度为 360°，作为时间刻度，如图 5-35 所示。

图 5-33 补全图形

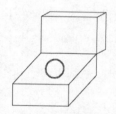

图 5-34 绘制表盘

图 5-35 绘制时间刻度

（6）单击"默认"选项卡"修改"面板中的"修剪"按钮 ⊁，修剪多余的直线，如图 5-36 所示。

（7）单击"默认"选项卡"绘图"面板中的"圆环"按钮 ◎，设置内径为 0，外径为 0.5，绘制圆环，如图 5-37 所示。

（8）单击"默认"选项卡"绘图"面板中的"椭圆"命令 ⊙，绘制椭圆，作为辅助圆（这里长度可以自行指定，不必与本实例完全一样），如图 5-38 所示。

（9）单击"默认"选项卡"绘图"面板中的"直线"按钮 ∕，绘制时针，如图 5-39 所示。

图 5-36 修剪直线

图 5-37 绘制圆环

图 5-38 绘制椭圆

图 5-39 绘制时针

（10）单击"默认"选项卡"修改"面板中的"偏移"按钮 ⊂，将椭圆进行偏移操作，设置偏移的距离为 2，如图 5-40 所示。

（11）单击"默认"选项卡"修改"面板中的"拉长"按钮 ∕，将分针和秒针拉长至椭圆的边，如图 5-41 所示。命令行提示与操作如下：

```
命令: _lengthen
选择要测量的对象或 [增量(DE)/百分比(P)/总计(T)/动态(DY)] <总计(T)>:（选择秒针）
当前长度: 3.4836↙
指定总长度或 [角度(A)] <5.0697>:（选择秒针的起点）
指定第二点:（选择圆上合适的一点）
选择要测量的对象或 [增量(DE)/百分比(P)/总计(T)/动态(DY)] <总计(T)>:（选择秒针）
```

（12）单击"默认"选项卡"修改"面板中的"删除"按钮✍，删除绘制的辅助椭圆，如图 5-42 所示。

图 5-40　偏移椭圆　　　　　　图 5-41　拉长时针　　　　　　图 5-42　删除椭圆

（13）单击"默认"选项卡"绘图"面板中的"圆弧"按钮◝，绘制表带，如图 5-29 所示。

练习提高　实例 058　绘制挂钟

扫一扫，看视频

利用上面所学的"拉长"命令绘制挂钟，绘制流程如图 5-43 所示。

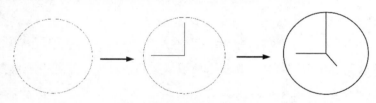

图 5-43　挂钟绘制流程

📋 **思路点拨:**

> 源文件: 源文件\第 5 章挂钟.dwg
> 本例利用"圆"命令先绘制挂钟外壳，再利用"直线"命令绘制指针，最后利用"拉长"命令拉伸秒针。

5.5　倒角命令

倒角是指用斜线连接两个不平行的线型对象，其执行方式如下。

- 命令行：CHAMFER。
- 菜单栏：选择菜单栏中的"修改"→"倒角"命令。
- 工具栏：选择"修改"工具栏中的"倒角"按钮◝。
- 功能区：单击"默认"选项卡"修改"面板中的"倒角"按钮◝。

完全讲解 实例 059 绘制传动轴

本实例绘制传动轴。首先创建图层，然后利用"直线""偏移""修剪"命令绘制传动轴轮廓线，接下来利用"倒角"命令完成倒角绘制，然后利用"镜像"命令完成传动轴外轮廓的绘制。最后利用"偏移""圆""直线""删除"等命令细化传动轴，如图 5-44 所示。

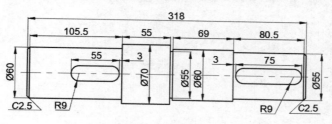

图 5-44 传动轴

（1）设置图层。单击"默认"选项卡"图层"面板中的"图层特性"按钮，新建两个图层：轮廓线层，线宽属性设置为 0.30mm，其余属性默认；中心线层，颜色设置为红色，线型加载为 CENTER，其余属性默认。

（2）绘制定位中心线。将"中心线"层设置为当前层。单击"默认"选项卡"绘图"面板中的"直线"按钮，绘制中心线。将"轮廓线"层设置为当前层。重复上述命令绘制竖直线，结果如图 5-45 所示。

（3）偏移处理。单击"默认"选项卡"修改"面板中的"偏移"按钮，将水平直线分别向上偏移 25、27.5、30、35，将竖直线分别向右偏移 2.5、108、163、166、235、315.5、318。然后选择偏移形成的 4 条水平点画线，将其所在层修改为"轮廓线"层，将其线型转换成实线，结果如图 5-46 所示。

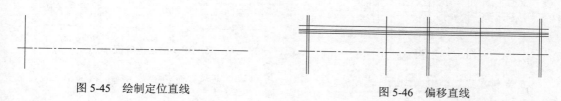

图 5-45 绘制定位直线　　　　　　　　　　　　　图 5-46 偏移直线

（4）修剪处理。单击"默认"选项卡"修改"面板中的"修剪"按钮，将图 5-46 修剪成如图 5-47 所示。

图 5-47 修剪处理

（5）倒角处理。单击"默认"选项卡"修改"面板中的"倒角"按钮，对图形进行倒角处理，命令行提示与操作如下：

```
命令：_chamfer
("修剪"模式) 当前倒角距离 1 = 0.0000，距离 2 = 0.0000
选择第一条直线或 [放弃(U)/多段线(P)/距离(D)/角度(A)/修剪(T)/方式(E)/多个(M)]：D↙
指定 第一个 倒角距离 <0.0000>：2.5↙
指定 第二个 倒角距离 <2.5000>：↙
选择第一条直线或 [放弃(U)/多段线(P)/距离(D)/角度(A)/修剪(T)/方式(E)/多个(M)]：（选择最左侧
的竖直线）
选择第二条直线，或按住 Shift 键选择直线以应用角点或 [距离(D)/角度(A)/方法(M)]：（选择左侧的水
平线
```

重复上述命令将右端进行倒角处理，结果如图 5-48 所示。

（6）镜像处理。单击"默认"选项卡"修改"面板中的"镜像"按钮⚟，将水平中心线上的对象镜像成如图 5-49 所示。

（7）偏移处理。单击"默认"选项卡"修改"面板中的"偏移"按钮⊑，将线段 1 分别向左偏移 12、49，将线段 2 分别向右偏移 12、69，结果如图 5-50 所示。

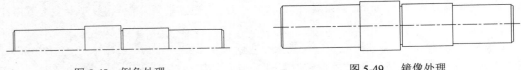

图 5-48　倒角处理　　　　　　　　　图 5-49　　镜像处理

（8）绘制圆。单击"默认"选项卡"绘图"面板上的"圆"下拉菜单中的"圆心，半径"按钮⊙，分别选取偏移后的线段与水平定位直线的交点为圆心，指定半径为 9，绘制圆，结果如图 5-51 所示。

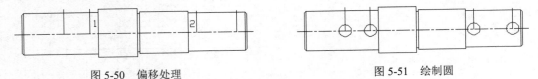

图 5-50　偏移处理　　　　　　　　　图 5-51　绘制圆

（9）绘制直线。单击"默认"选项卡"绘图"面板中的"直线"按钮╱，绘制与圆相切的直线，结果如图 5-52 所示。

（10）单击"默认"选项卡"修改"面板中的"删除"按钮✍，删除并修剪，命令行提示与操作如下：

```
命令：_erase
选择对象：（选择步骤（7）偏移后的线段）
选择对象：↙
```

结果如图 5-53 所示。

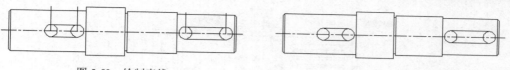

图 5-52　绘制直线　　　　　　　　图 5-53　删除结果

（11）修剪处理。单击"默认"选项卡"修改"面板中的"修剪"按钮，将多余的线段进行修剪，结果如图 5-44 所示。

练习提高　实例 060　绘制挡圈

利用"倒角"命令绘制挡圈，绘制流程如图 5-54 所示。

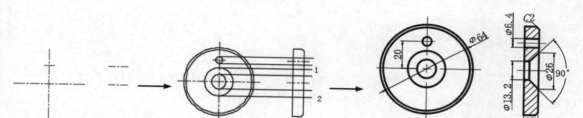

图 5-54　挡圈绘制流程

思路点拨：

> 源文件：源文件\第 5 章\挡圈.dwg
> 　　首先创建图层，然后利用"直线"命令、"圆"命令绘制挡圈主视图。然后利用"直线""偏移"等命令绘制挡圈剖视图，最后利用"倒角"命令创建倒角，并进行图案填充。

5.6　圆 角 命 令

圆角是指用指定半径决定的一段平滑的圆弧连接两个对象，其执行方式如下。

- 命令行：FILLET。
- 菜单栏：选择菜单栏中的"修改"→"圆角"命令。
- 工具栏：单击"修改"工具栏中的"圆角"按钮。
- 功能区：单击"默认"选项卡"修改"面板中的"圆角"按钮。

完全讲解　实例 061　绘制微波炉

本实例重点练习"圆角"命令的应用。首先利用"矩形"和"圆"命令绘制微波炉轮廓图，然后利用"圆角"命令创建圆角完善细节，最后利用"矩形阵列"命令完成微波炉的绘制，如图 5-55 所示。

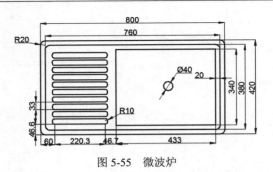

图 5-55　微波炉

（1）绘制矩形。单击"默认"选项卡"绘图"面板中的"矩形"按钮 ▢，绘制矩形，命令行提示与操作如下：

```
命令: _rectang
指定第一个角点或 [倒角(C)/标高(E)/圆角(F)/厚度(T)/宽度(W)]: 0,0↙
指定另一个角点或 [面积(A)/尺寸(D)/旋转(R)]: 800,420↙
```

重复"矩形"命令，绘制另外 3 个矩形，角点坐标分别为{（20,20），（780,400）}、{（327,40），（760,380）}和{（50,46.6），（290.3,70）}，绘制结果如图 5-56 所示。

（2）绘制圆。单击"默认"选项卡"绘图"面板中的"圆"按钮 ⊙，绘制圆，命令行提示与操作如下：

```
命令: _circle
指定圆的圆心或 [三点(3P)/两点(2P)/切点、切点、半径(T)]: 554.4,215↙
指定圆的半径或 [直径(D)]: 20↙
```

（3）圆角处理。单击"默认"选项卡"修改"面板中的"圆角"按钮 ⌒，将 4 个矩形进行圆角处理，设 3 个大矩形的圆角半径为 20，一个小矩形的圆角半径为 10，命令行提示与操作如下：

```
命令: _fillet
当前设置: 模式 = 修剪, 半径 = 0.0000
选择第一个对象或 [放弃(U)/多段线(P)/半径(R)/修剪(T)/多个(M)]: r↙
指定圆角半径 <0.0000>: 20↙
选择第一个对象或 [放弃(U)/多段线(P)/半径(R)/修剪(T)/多个(M)]: p↙
选择二维多段线或 [半径(R)]: （选择最外边大矩形）
4 条直线已被圆角
```

重复"圆角"命令，绘制其他圆角，绘制结果如图 5-57 所示。

图 5-56　绘制矩形

图 5-57　圆角处理

（4）阵列处理。单击"默认"选项卡"修改"面板中的"矩形阵列"按钮品，阵列 10 行，1 列，行间距为 33。最终结果如图 5-55 所示。

练习提高　实例 062　绘制坐便器

利用"圆角"命令绘制坐便器，绘制流程如图 5-58 所示。

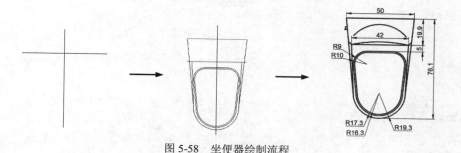

图 5-58　坐便器绘制流程

思路点拨：

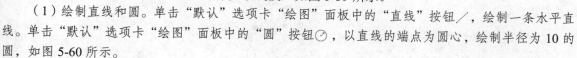

源文件：源文件\第 5 章\坐便器.dwg

本实例利用"直线"命令绘制辅助线，利用"直线""圆弧""复制""镜像""偏移"等命令绘制主体图形，再利用"圆角"命令修改图形，最后利用"圆弧""直线""偏移"命令绘制水箱及按钮部分。

5.7　打断命令

"打断"命令用于在两个点之间创建间隔，也就是在打断之处存在间隙，其执行方式如下。

● 命令行：BREAK。
● 菜单栏：选择菜单栏中的"修改"→"打断"命令。
● 工具栏：单击"修改"工具栏中的"打断"按钮凸。
● 功能区：单击"默认"选项卡"修改"面板中的"打断"按钮凸。

完全讲解　实例 063　绘制弯灯

本实例重点练习打断命令的应用。首先利用"直线""圆"和"偏移"命令创建弯灯轮廓图，然后利用"打断"命令打断圆，并修剪掉多余线段，如图 5-59 所示。

（1）绘制直线和圆。单击"默认"选项卡"绘图"面板中的"直线"按钮／，绘制一条水平直线。单击"默认"选项卡"绘图"面板中的"圆"按钮⊙，以直线的端点为圆心，绘制半径为 10 的圆，如图 5-60 所示。

（2）偏移圆。单击"默认"选项卡"修改"面板中的"偏移"按钮⊂，将圆向外偏移 3，如

图 5-61 所示。

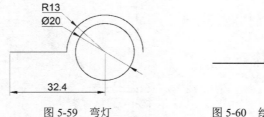

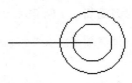

图 5-59　弯灯　　　　　　　图 5-60　绘制直线和圆　　　　　图 5-61　偏移圆

（3）打断曲线。单击"默认"选项卡"修改"面板中的"打断"按钮，命令行提示与操作如下：

> 命令: _break
> 选择对象:（选择外圆的左侧象限点）
> 指定第二个打断点 或 [第一点(F)]:（选择外圆的右侧象限点）

🪛 **举一反三：**

> 捕捉第二点（右侧象限点）时，与"正交"模式的设置无关。

打断后的图形如图 5-62 所示。

（4）修剪曲线。单击"默认"选项卡"修改"面板中的"修剪"按钮，将圆内部分多余的线段剪切掉，得到的图形如图 5-59 所示。

图 5-62　打断曲线

练习提高　实例 064　绘制热继电器

利用"打断"命令绘制热继电器，绘制流程如图 5-63 所示。

扫一扫，看视频

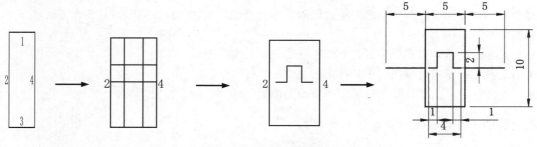

图 5-63　热继电器绘制流程

📋 **思路点拨：**

> **源文件：**源文件\第 5 章\热继电器.dwg
> 首先利用"矩形"命令、"偏移"命令绘制图形，然后利用"直线"命令补充图形，并通过"打断"和"修剪"命令完成图形绘制。

5.8 分解命令

利用"分解"命令，可以在选择一个对象后，将其分解成最简单的图形单元，其执行方式如下。

- 命令行：EXPLODE。
- 菜单栏：选择菜单栏中的"修改"→"分解"命令。
- 工具栏：单击"修改"工具栏中的"分解"按钮 🗗。
- 功能区：单击"默认"选项卡"修改"面板中的"分解"按钮 🗗。

完全讲解 实例 065 绘制继电器线圈符号

本实例重点练习分解命令的应用，通过"矩形""直线"命令绘制图形，然后利用"分解"命令和"偏移""修剪"命令修改图形，完成继电器线圈符号的绘制，如图 5-64 所示。

（1）绘制矩形。单击"默认"选项卡"绘图"面板中的"矩形"按钮 □，绘制一个长为 20、宽为 5 的矩形，如图 5-64（a）所示。

（2）分解矩形。单击"默认"选项卡"修改"面板中的"分解"按钮 🗗，将绘制的矩形分解为 4 条直线，命令行提示与操作如下：

```
命令：_explode
选择对象：找到 1 个（选择矩形）
选择对象：✓
```

（3）偏移直线。单击"默认"选项卡"修改"面板中的"偏移"按钮 ⊆，以上端水平直线为起始，向下偏移一条水平直线，偏移量为 2.5，以左侧竖直直线为起始向右偏移两条竖直直线，偏移量分别为 2.5、8.75，效果如图 5-64（b）所示。

（4）修剪图形。单击"默认"选项卡"修改"面板中的"修剪"按钮 ✂，修剪图形，效果如图 5-64（c）所示。

（5）拉伸直线。单击"默认"选项卡"修改"面板中的"拉长"按钮 ／，将与矩形相交的右侧竖直直线向上、向下拉长 5，并单击"默认"选项卡"修改"面板中的"修剪"按钮 ✂，修剪图形，完成继电器线圈符号的绘制，效果如图 5-64（d）所示。

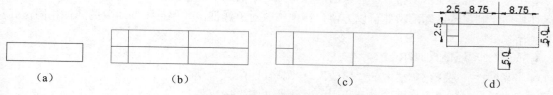

（a） （b） （c） （d）

图 5-64 绘制继电器线圈符号

举一反三：

　　"分解"命令是将一个合成图形分解成为其部件的工具。例如，一个矩形被分解之后会变成 4 条直线，而一个有宽度的直线分解之后会失去其宽度属性。

练习提高　实例 066　绘制圆头平键

利用"分解"命令绘制圆头平键，绘制流程如图 5-65 所示。

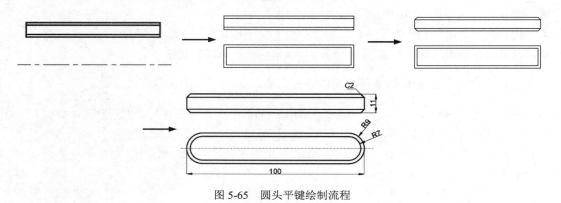

图 5-65　圆头平键绘制流程

思路点拨：

　　源文件：源文件\第 5 章\圆头平键.dwg
　　本实例绘制的圆头平键结构很简单，按前面学习的方法，利用"矩形"命令、"圆弧"命令以及"分解"和"偏移"命令绘制圆头平键。

5.9　对象编辑

　　在对图形进行编辑时，还可以对图形对象本身的某些特性进行编辑，从而方便图形的绘制。
　　利用钳夹功能可以快速方便地编辑对象。AutoCAD 在图形对象上定义了一些特殊点，称为夹点，利用夹点可以灵活地控制对象。
　　利用特性匹配功能可以将目标对象的属性与源对象的属性进行匹配，使目标对象的属性与源对象属性相同。利用特性匹配功能可以方便快捷地修改对象属性，并保持不同对象的属性相同，其执行方式如下。

- 命令行：MATCHPROP。
- 菜单栏：选择菜单栏中的"修改"→"特性匹配"命令。
- 工具栏：单击"标准"工具栏中的"特性匹配"按钮🗎。
- 功能区：单击"默认"选项卡"特性"面板中的"特性匹配"按钮🗎。

完全讲解　实例 067　绘制彩色蜡烛

扫一扫，看视频

本实例首先利用"矩形"命令、"样条曲线"命令绘制蜡烛，然后利用"复制"命令和"对象编辑"命令完善蜡烛，如图 5-66 所示。

（1）单击"默认"选项卡"绘图"面板中的"矩形"按钮▢，绘制蜡烛，如图 5-67 所示。

（2）单击"默认"选项卡"绘图"面板中的"样条曲线拟合"按钮∿，绘制烛火，如图 5-68 所示。

（3）选择绘制的图形，在一个夹点上右击，在弹出的快捷菜单中选择"特性"命令，如图 5-69 所示。系统打开"特性"选项板，在"颜色"下拉列表框中选择"绿"，结果如图 5-70 所示。

图 5-66　彩色蜡烛

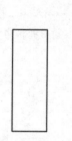

图 5-67　绘制蜡烛

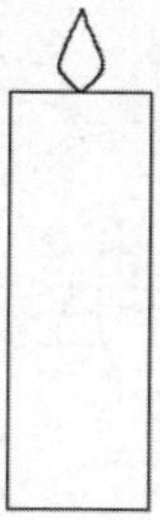

图 5-68　绘制烛火

图 5-69　快捷菜单

（4）单击"默认"选项卡"修改"面板中的"复制"按钮🗗，将绘制的蜡烛向右侧复制两次，绘制剩下的两根蜡烛，如图 5-71 所示。

（5）单击"默认"选项卡"绘图"面板中的"样条曲线拟合"按钮∿和"修改"面板中的"复制"按钮🗗，绘制蜡烛下的蜡烛台，如图 5-72 所示。

（6）选择绘制的第一个图形，在一个夹点上右击，在弹出的快捷菜单中选择"特性"命令，系统打开"特性"选项板，在"颜色"下拉列表框中选择"绿"，结果如图 5-73 所示。

图 5-70　修改颜色

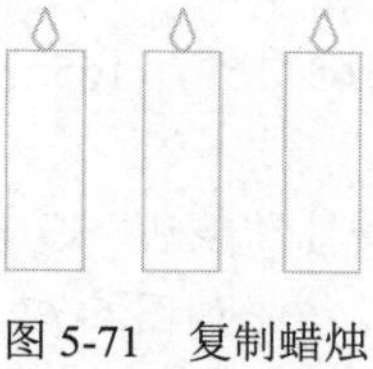

图 5-71　复制蜡烛

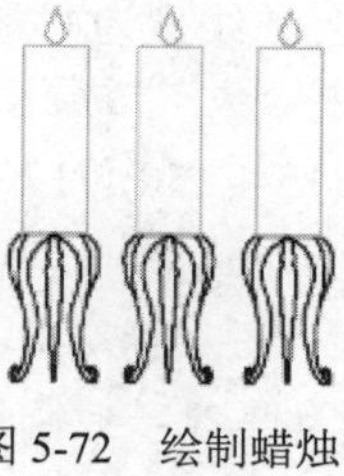

图 5-72　绘制蜡烛台

图 5-73　调整颜色

扫一扫，看视频

（7）使用相同方法，将另外两个蜡烛台的颜色也进行调整，结果如图 5-66 所示。

练习提高　实例 068　绘制花朵

利用前面所学的二维图形绘制、夹点编辑和修改对象属性的相关功能绘制花朵，其流程如图 5-74 所示。

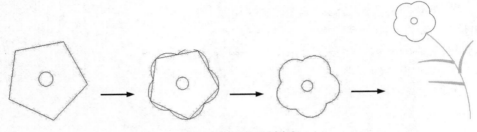

图 5-74　花朵绘制流程

思路点拨：

> 源文件：源文件\第 5 章\花朵.dwg
> 花朵图案由花朵与枝叶组成，其中花朵外围是一个由 5 段圆弧组成的图形。花枝和花叶可以用多段线来绘制。不同的颜色可以通过"特性"选项卡来修改，这是在不设置图层的情况下的一种简洁方法。

5.10　综合实例——手压阀零件

扫一扫，看视频

完全讲解　实例 069　绘制手压阀胶木球

绘制如图 5-75 所示的手压阀胶木球。操作步骤如下。

（1）创建图层。单击"默认"选项卡"图层"面板中的"图层特性"按钮，打开"图层特性管理器"选项板，设置图层。

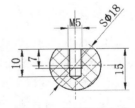

图 5-75　手压阀胶木球

① 中心线：颜色为红色，线型为 CENTER，线宽为 0.15 毫米。

② 粗实线：颜色为白色，线型为 Continuous，线宽为 0.30 毫米。

③ 细实线：颜色为白色，线型为 Continuous，线宽为 0.15 毫米。

④ 尺寸标注：颜色为白色，线型为 Continuous，线宽为默认。

⑤ 文字说明：颜色为白色，线型为 Continuous，线宽为默认。

（2）绘制中心线。将"中心线"图层设定为当前图层。单击"默认"选项卡"绘图"面板中的"直线"按钮，以坐标点 {(154, 150), (176, 150)} 和 {(165, 159), (165, 139)} 绘制中心线，修改线型比例为 0.1，结果如图 5-76 所示。

（3）绘制圆。将"粗实线"图层设定为当前图层。单击"默认"选项卡"绘图"面板中的"圆"按钮，以坐标点 (165,150) 为圆心，半径为 9 绘制圆，结果如图 5-77 所示。

（4）偏移处理。单击"默认"选项卡"修改"面板中的"偏移"按钮 ⊆，将水平中心线向上偏移，偏移距离6；并将偏移后的直线设置为"粗实线"层，结果如图5-78所示。

（5）修剪处理。单击"默认"选项卡"修改"面板中的"修剪"按钮 ⌖，将多余的直线进行修剪，命令行操作如下：

```
命令: _trim
当前设置:投影=UCS,边=延伸
选择剪切边...
选择对象或 <全部选择>:（选择圆和刚偏移的水平线）
选择对象: ↵
选择要修剪的对象或按住 Shift 键选择要延伸的对象，或[栏选(F)/窗交(C)/投影(P)/边(E)/删除(R)]:
（选择圆在直线上的圆弧上一点）
选择要修剪的对象，或按住 Shift 键选择要延伸的对象，或[栏选(F)/窗交(C)/投影(P)/边(E)/删除(R)/
放弃(U)]:（选择水平线左端一点）
选择要修剪的对象，或按住 Shift 键选择要延伸的对象，或[栏选(F)/窗交(C)/投影(P)/边(E)/删除(R)/
放弃(U)]:（选择水平线右端一点）
选择要修剪的对象，或按住 Shift 键选择要延伸的对象，或[栏选(F)/窗交(C)/投影(P)/边(E)/删除(R)/
放弃(U)]: ↵
```

结果如图5-79所示。

图5-76　绘制中心线

图5-77　绘制圆

图5-78　偏移处理

图5-79　修剪处理（1）

（6）偏移处理。单击"默认"选项卡"修改"面板中的"偏移"按钮 ⊆，将剪切后的直线向下偏移，偏移距离为7和10；再将竖直中线向两侧偏移，偏移距离为2.5和2。并将偏移距离为2.5的直线设置为"细实线"层，将偏移距离为2的直线设置为"粗实线"层，结果如图5-80所示。

（7）修剪处理。单击"默认"选项卡"修改"面板中的"修剪"按钮 ⌖，将多余的直线进行修剪，结果如图5-81所示。

（8）绘制锥角。将"粗实线"图层设定为当前图层。在状态栏中选取"极轴追踪"按钮后右击，系统弹出快捷菜单，选取角度为30°。单击"默认"选项卡"绘图"面板中的"直线"按钮 ╱，将"极轴追踪"打开，以图5-81所示的点1和点2为起点绘制夹角为30°的直线，绘制的直线与竖直中心线相交，结果如图5-82所示。

（9）修剪处理。单击"默认"选项卡"修改"面板中的"修剪"按钮 ⌖，将多余的直线进行修剪，结果如图5-83所示。

图5-80　偏移处理

图5-81　修剪处理（2）

图5-82　绘制锥角

图5-83　修剪处理（3）

（10）绘制剖面线。将"细实线"图层设定为当前图层。单击"默认"选项卡"绘图"面板中的"图案填充"按钮圞，设置填充图案为 NET，图案填充角度为 45°，填充图案比例为 1，打开状态栏上的"线宽"按钮▤，结果如图 5-84 所示。

图 5-84　胶木球图案填充

练习提高　实例 070　绘制球阀阀芯

绘制球阀阀芯，绘制流程如图 5-85 所示。

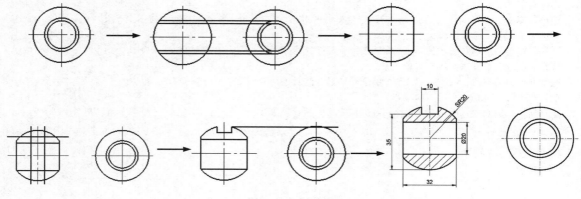

图 5-85　球阀阀芯

📋 **思路点拨：**

源文件：源文件\第 5 章\球阀阀芯.dwg
首先绘制各个不同直径的圆，其次绘制直线，最后利用"裁剪"命令将多余的曲线删除，完成阀芯的绘制。

完全讲解　实例 071　绘制手压阀手把

本实例绘制如图 5-86 所示的手压阀手把。

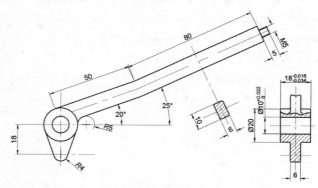

图 5-86　手压阀手把

1．绘制主视图

（1）创建图层。单击"默认"选项卡"图层"面板中的"图层特性"按钮，打开"图层特性管理器"选项板，设置图层。

① 中心线：颜色为红色，线型为 CENTER，线宽为 0.15 毫米。

② 粗实线：颜色为白色，线型为 Continuous，线宽为 0.30 毫米。

③ 细实线：颜色为白色，线型为 Continuous，线宽为 0.15 毫米。

④ 尺寸标注：颜色为白色，线型为 Continuous，线宽为默认。

⑤ 文字说明：颜色为白色，线型为 Continuous，线宽为默认。

（2）绘制中心线。将"中心线"图层设定为当前图层。单击"默认"选项卡"绘图"面板中的"直线"按钮，以坐标点 {(85, 100), (115, 100)}、{(100, 115), (100, 80)} 绘制中心线，结果如图 5-87 所示。

（3）绘制圆。将"粗实线"图层设定为当前图层。单击"默认"选项卡"绘图"面板中的"圆"按钮，以中心线交点为圆心，以 10 和 5 为半径绘制圆，结果如图 5-88 所示。

（4）偏移中心线。单击"默认"选项卡"修改"面板中的"偏移"按钮，将水平中心线向下偏移，偏移量为 18，结果如图 5-89 所示。

（5）拉长中心线。选择竖直中心线，利用钳夹功能，将其拉长。使用同样方法，将偏移的水平线左右两端缩短 5，结果如图 5-90 所示。

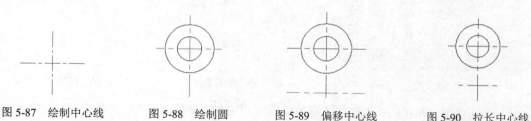

图 5-87　绘制中心线　　　图 5-88　绘制圆　　　图 5-89　偏移中心线　　　图 5-90　拉长中心线

（6）绘制圆。单击"默认"选项卡"绘图"面板中的"圆"按钮，以中心线交点为圆心，绘制半径为 4 的圆，结果如图 5-91 所示。

（7）绘制直线。在状态栏中选取"对象捕捉"并右击，在弹出的快捷菜单中选择设置选项，系统弹出"草图设置"对话框，在对话框中选中"切点"复选框，如图 5-92 所示。单击"确定"按钮完成设置。再单击"默认"选项卡"绘图"面板中的"直线"按钮，绘制与圆相切的直线，结果如图 5-93 所示。

（8）剪切图形。单击"默认"选项卡"修改"面板中的"修剪"按钮，剪切图形，结果如图 5-94 所示。

（9）绘制直线。在状态栏中选取"极轴追踪"并右击，在弹出的快捷菜单中选择设置选项，系统弹出"草图设置"对话框，在对话框中输入增量角为 20，如图 5-95 所示。单击"确定"按钮完成设置。再单击"默认"选项卡"绘图"面板中的"直线"按钮，以中心线交点为起点绘制夹角为 20°、长度为 50 的直线，结果如图 5-96 所示。

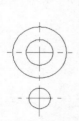

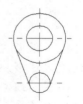

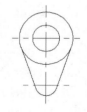

图 5-91 绘制圆 　　图 5-92 "草图设置"对话框 　　图 5-93 绘制切线 　　图 5-94 剪切图形

（10）偏移并剪切图形。单击"默认"选项卡"修改"面板中的"偏移"按钮 ⊆，将直线向上偏移，设偏移距离为 5 和 10，将偏移距离为 5 的线修改图层为"中心线"。单击"默认"选项卡"修改"面板中的"修剪"按钮 飞，剪切图形，结果如图 5-97 所示。

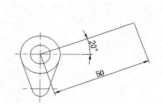

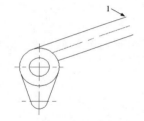

图 5-95 "草图设置"对话框 　　图 5-96 绘制直线 　　图 5-97 偏移剪切图形

（11）绘制直线。在状态栏中选取"极轴追踪"并右击，在弹出的快捷菜单中选择设置选项，系统弹出"草图设置"对话框，在对话框中输入增量角为 25，如图 5-98 所示。单击"确定"按钮完成设置。再单击"默认"选项卡"绘图"面板中的"直线"按钮 ╱，以图 5-97 中的线段端点 1 为起点绘制夹角为 25°、长度为 85 的直线，结果如图 5-99 所示。

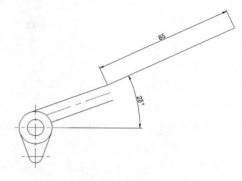

图 5-98 "草图设置"对话框 　　　　　　图 5-99 绘制线

（12）创建直线。首先单击"默认"选项卡"修改"面板中的"偏移"按钮⊜，将步骤（11）绘制的直线向下偏移，偏移距离为 5 和 10，并将中间的直线修改图层为"中心线"，结果如图 5-100 所示。

（13）放大视图。利用"缩放"工具将刚偏移的线段局部放大，如图 5-101 所示。可以发现，线段没有连接。

（14）延伸直线。单击"默认"选项卡"修改"面板中的"延伸"按钮→|，将线段连接。使用同样的方法连接另两条断开的线段，结果如图 5-102 所示。

（15）连接端点。单击"默认"选项卡"绘图"面板中的"直线"按钮／，连接线段端点，结果如图 5-103 所示。

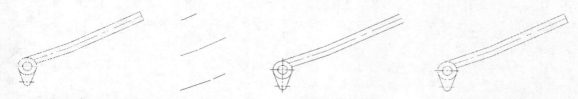

图 5-100　偏移直线　　图 5-101　局部放大　　图 5-102　创建直线　　图 5-103　连接端点

（16）偏移线段。首先单击"默认"选项卡"修改"面板中的"偏移"按钮⊜，将连接的线段向左偏移，距离为 5；再将中心线向两侧偏移，距离分别为 2 和 2.5，将偏移距离为 2 的线段修改图层为"细实线"，将偏移距离为 2.5 的线段修改图层为"粗实线"，结果如图 5-104 所示。

（17）剪切直线。单击"默认"选项卡"修改"面板中的"修剪"按钮ˇ，剪切图形，结果如图 5-105 所示。图形最终结果如图 5-106 所示。

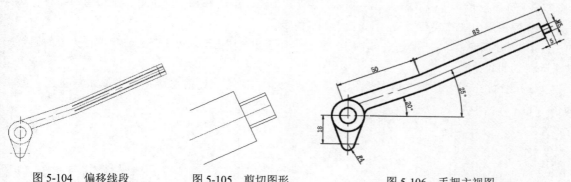

图 5-104　偏移线段　　　　图 5-105　剪切图形　　　　图 5-106　手把主视图

（18）完善主视图。单击"默认"选项卡"修改"面板中的"圆角"按钮厂，创建半径为 5 的圆角，命令行提示与操作如下：

```
命令: _fillet
当前设置: 模式 = 修剪，半径 = 0.0000
选择第一个对象或 [放弃(U)/多段线(P)/半径(R)/修剪(T)/多个(M)]: R↙
指定圆角半径 <0.0000>: 5↙
```

选择第一个对象或 [放弃(U)/多段线(P)/半径(R)/修剪(T)/多个(M)]：（选择大圆）
选择第二个对象，或按住 Shift 键选择对象以应用角点或 [半径(R)]：（选择与大圆相交的 3 条平行斜线中最下面的一条）

结果如图 5-107 所示。

注意：

此处初学者容易遇到无法出现倒圆效果的问题，主要原因是没有设置倒圆半径。后面的倒角操作与此情形类似。

2．绘制断面图

（1）绘制中心线。将"中心线"图层设定为当前图层。单击"默认"选项卡"绘图"面板中的"直线"按钮╱，首先绘制与倾斜角为 25° 的中心线相垂直的中心线；再以绘制的中心线为基准绘制相垂直的中心线，结果如图 5-108 所示。

（2）偏移中心线。单击"默认"选项卡"修改"面板中的"偏移"按钮⊆，将绘制的中心线向两侧偏移，偏移距离分别为 3 和 5，结果如图 5-109 所示。

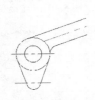
图 5-107 圆角处理

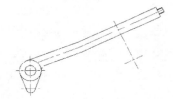
图 5-108 绘制中心线

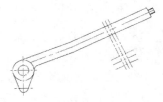
图 5-109 绘制辅助线

（3）剪切图形。单击"默认"选项卡"修改"面板中的"修剪"按钮✂，剪切图形并将剪切后的图形修改图层为"粗实线"，结果如图 5-110 所示。

（4）创建圆角。单击"默认"选项卡"修改"面板中的"圆角"按钮⌐，创建半径为 1 的圆角，结果如图 5-111 所示。

（5）绘制剖面线。将"细实线"图层设定为当前图层。按前面所述方法填充剖面线，结果如图 5-112 所示。

图 5-110 剪切图形

图 5-111 创建圆角

图 5-112 移出剖视图图案填充

3．绘制左视图

（1）绘制中心线。将"中心线"图层设定为当前图层。单击"默认"选项卡"绘图"面板中的"直线"按钮╱，首先在如图 5-113 所示的中心线的延长线上绘制一段中心线，再绘制相垂直的中心线，修改线型比例为 0.3，结果如图 5-114 所示。

图 5-113　绘制基准　　　　　　　　　　图 5-114　绘制中心线

（2）偏移中心线。单击"默认"选项卡"修改"面板中的"偏移"按钮 ⊂，将竖直中心线向两侧偏移，偏移距离为分别 3 和 9，结果如图 5-115 所示。

（3）绘制辅助线。单击"默认"选项卡"绘图"面板中的"直线"按钮 ╱，根据主视图绘制辅助线，结果如图 5-116 所示。

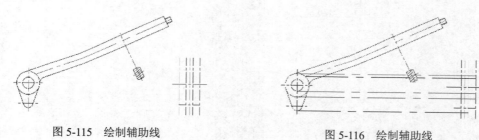

图 5-115　绘制辅助线　　　　　　　　　图 5-116　绘制辅助线

（4）剪切图形。单击"默认"选项卡"修改"面板中的"修剪"按钮 ᶵ，剪切图形并将剪切后的图形修改图层为"粗实线"，结果如图 5-117 所示。

（5）创建圆角。单击"默认"选项卡"修改"面板中的"圆角"按钮 ╭，创建半径为 1 的圆角，并将多余的线段删除，结果如图 5-118 所示。

（6）绘制局部剖切线。将"粗实线"图层设定为当前图层。单击"默认"选项卡"绘图"面板中的"样条曲线拟合"按钮 ∿，绘制局部剖切线，并单击"默认"选项卡"修改"面板中的"修剪"按钮 ᶵ，修剪图形，结果如图 5-119 所示。

（7）绘制剖面线。将"细实线"图层设定为当前图层。单击"默认"选项卡"绘图"面板中的"图案填充"按钮 ▨，设置填充图案为 ANST31，图案填充角度为 0，填充图案比例为 0.5，结果如图 5-120 所示。

图 5-117　剪切图形　　　图 5-118　创建圆角　　　图 5-119　绘制局部剖切线　　　图 5-120　左视图图案填充

（8）打开状态栏上的"线宽"按钮 ，进行设置，最终结果如图 5-86 所示。

练习提高　实例 072　绘制球阀扳手

绘制球阀扳手，绘制流程如图 5-121 所示。

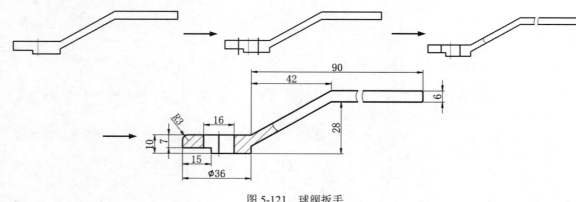

图 5-121　球阀扳手

📋 **思路点拨：**

> 源文件：源文件\第 5 章\球阀扳手.dwg
> 　　首先创建图层，然后利用"直线"命令以及"多段线"命令绘制扳手轮廓，接下来利用"偏移"命令绘制孔。最后通过"样条曲线拟合"命令绘制打断线，通过"修剪"以及"圆角"命令完善细节，并通过"图案填充"命令填充剖切部分。

完全讲解　实例 073　绘制手压阀销轴

本实例绘制手压阀销轴。首先创建图层，然后利用"直线"命令绘制销轴轮廓线，接下来利用"倒角""直线"命令完成倒角绘制，然后利用"镜像"命令完成销轴绘制。最后利用"偏移""样条曲线"以及"图案填充"命令绘制孔的剖切部分，如图 5-122 所示。

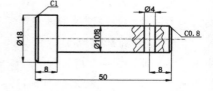

图 5-122　手压阀销轴

（1）创建图层。单击"默认"选项卡"图层"面板中的"图层特性"按钮 📑，打开"图层特性管理器"选项板，设置图层。

① 中心线：颜色为红色，线型为 CENTER，线宽为 0.15 毫米。

② 粗实线：颜色为白色，线型为 Continuous，线宽为 0.30 毫米。

③ 细实线：颜色为白色，线型为 Continuous，线宽为 0.15 毫米。

④ 尺寸标注：颜色为白色，线型为 Continuous，线宽为默认。

⑤ 文字说明：颜色为白色，线型为 Continuous，线宽为默认。

（2）绘制中心线。将"中心线"图层设定为当前图层。单击"默认"选项卡"绘图"面板中的"直线"按钮 ／，以坐标点 {(135, 150), (195, 150)} 绘制中心线，结果如图 5-123 所示。

（3）绘制直线。将"粗实线"图层设定为当前图层。单击"默认"选项卡"绘图"面板中的"直线"按钮／，以下列坐标点 {(140, 150)，(140, 159)，(148, 159)，(148, 150)}、{(148, 155)，(190, 155)，(190, 150)} 依次绘制线段，结果如图 5-124 所示。

图 5-123　绘制中心线 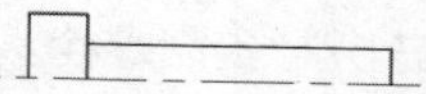　　　　　　　　　　　图 5-124　绘制直线

（4）倒角处理。单击"默认"选项卡"修改"面板中的"倒角"按钮／，命令行提示与操作如下：

```
命令：_chamfer
（"修剪"模式）当前倒角距离 1 = 0.0000，距离 2 = 0.0000
选择第一条直线或 [放弃(U)/多段线(P)/距离(D)/角度(A)/修剪(T)/方式(E)/多个(M)]：D↙
指定第一个倒角距离 <0.0000>：1↙
指定第二个倒角距离 <1.0000>：↙
选择第一条直线或 [放弃(U)/多段线(P)/距离(D)/角度(A)/修剪(T)/方式(E)/多个(M)]：（选择最左侧的
竖直线）
选择第二条直线，或按住 Shift 键选择直线以应用角点或 [距离(D)/角度(A)/方法(M)]：（选择最上面的水
平线）
```

使用同样的方法，设置倒角距离为 0.8，进行右端倒角，结果如图 5-125 所示。

（5）绘制直线。单击"默认"选项卡"绘图"面板中的"直线"按钮／，绘制倒角线，结果如图 5-126 所示。

（6）镜像处理。单击"默认"选项卡"修改"面板中的"镜像"按钮⚠，以中心线为轴镜像，结果如图 5-127 所示。

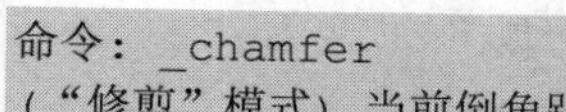

图 5-125　倒角处理 　　　　　　图 5-126　绘制倒角线　　　　　　图 5-127　镜像处理

（7）偏移处理。单击"默认"选项卡"修改"面板中的"偏移"按钮⚏，将右侧竖直直线向左偏移，距离为 8，并将偏移的直线两端拉长，修改图层为"中心线"，结果如图 5-128 所示。

（8）绘制销孔。单击"默认"选项卡"修改"面板中的"偏移"按钮⚏，将偏移后的直线继续向两侧偏移，偏移距离为 2，并将偏移后的直线修改图层为"粗实线"，再单击"默认"选项卡"修改"面板中的"修剪"按钮，将多余的线条修剪掉，结果如图 5-129 所示。

（9）绘制局部剖切线。将"细实线"图层设定为当前图层。单击"默认"选项卡"绘图"面板中的"样条曲线拟合"按钮∿，绘制局部剖切线，结果如图 5-130 所示。

（10）绘制剖面线。将"细实线"图层设定为当前图层。单击"默认"选项卡"绘图"面板中的"图案填充"按钮▨，设置填充图案为 ANST31，图案填充角度为 0，填充图案比例为 0.5。打开状态栏上的"线宽"按钮☰，结果如图 5-131 所示。

图 5-128　偏移处理

图 5-129　绘制销孔

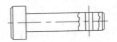
图 5-130　绘制局部剖切线

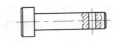
图 5-131　销轴图案填充

扫一扫，看视频

练习提高　实例 074　绘制螺栓

绘制螺栓，绘制流程如图 5-132 所示。

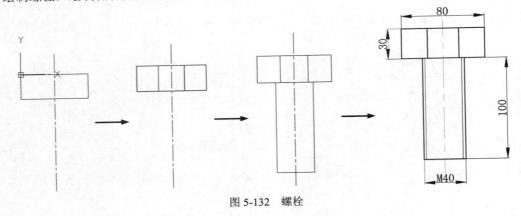
图 5-132　螺栓

思路点拨：

> 源文件：源文件\第 5 章\螺栓.dwg
> 创建图层，并在新建的图层上，利用之前所学过的"直线"等命令，绘制螺栓图形。

扫一扫，看视频

完全讲解　实例 075　绘制手压阀胶垫

本实例绘制如图 5-133 所示的手压阀胶垫，步骤如下。

（1）创建图层。单击"默认"选项卡"图层"面板中的"图层特性"按钮 ，打开"图层特性管理器"选项板，设置图层。

① 中心线：颜色为红色，线型为 CENTER，线宽为 0.15 毫米。

② 粗实线：颜色为白色，线型为 Continuous，线宽为 0.30 毫米。

③ 细实线：颜色为白色，线型为 Continuous，线宽为 0.15 毫米。

④ 尺寸标注：颜色为蓝色，线型为 Continuous，其余默认。

⑤ 文字说明：颜色为白色，线型为 Continuous，其余默认。

设置结果如图 5-134 所示。

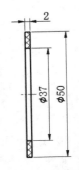
图 5-133　手压阀胶垫

（2）绘制中心线。将"中心线"图层设定为当前图层。单击"默认"选项卡"绘图"面板中的"直线"按钮 ，以坐标点 {(167,150)，(175,150)} 绘制一条水平中心线，结果如图 5-135 所示。

（3）绘制竖直直线。将"粗实线"图层设定为当前图层。单击"默认"选项卡"绘图"面板中的"直线"按钮 ，以坐标点 {(170,175)，(170,125)} 绘制一条竖直直线，结果如图 5-136 所示。

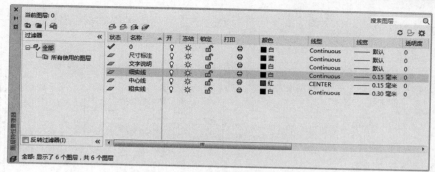

图 5-134　"图层特性管理器"选项板

图 5-135　绘制中心线　　　　　　　　图 5-136　绘制竖直直线

（4）偏移处理。单击"默认"选项卡"修改"面板中的"偏移"按钮⊂，将竖直直线向右偏移，偏移距离 2，命令行提示与操作如下：

```
命令: _offset
当前设置: 删除源=否  图层=源  OFFSETGAPTYPE=0
指定偏移距离或 [通过(T)/删除(E)/图层(L)] <通过>:2✓
选择要偏移的对象，或 [退出(E)/放弃(U)] <退出>:（选择刚绘制的竖线）
指定要偏移的那一侧上的点，或 [退出(E)/多个(M)/放弃(U)] <退出>:（向右指定一点）
选择要偏移的对象，或 [退出(E)/放弃(U)] <退出>:✓
```

单击"默认"选项卡"绘图"面板中的"直线"按钮╱，将两条竖线的端点连接起来。结果如图 5-137 所示。

（5）重复"偏移"命令。将上、下两条横线分别向内偏移，偏移距离为 6.5，结果如图 5-138 所示。

图 5-137　偏移处理　　　　　　　　图 5-138　继续偏移

（6）绘制剖面线。将"细实线"图层设定为当前图层。单击"默认"选项卡"绘图"面板中的"图案填充"按钮▨，系统弹出如图 5-139 所示的"图案填充创建"选项卡，在"图案填充图案"下拉列表中选择 NET 图案，图案填充角度设置为 45，填充图案比例设置为 0.5，在图形中选取填充范围，绘制剖面线。打开状态栏上的"线宽"按钮 +，最终完成手压阀胶垫的绘制，结果如图 5-140 所示。

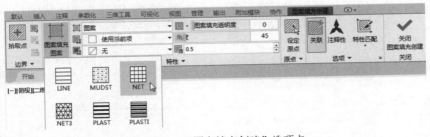

图 5-139　"图案填充创建"选项卡　　　　　　　　　　　图 5-140　胶垫设计

扫一扫，看视频

练习提高　实例 076　绘制螺母

绘制螺母，绘制流程如图 5-141 所示。

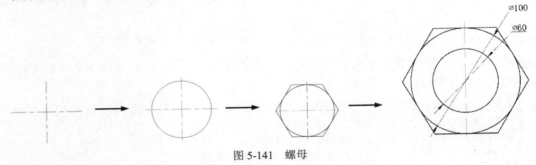

图 5-141　螺母

扫一扫，看视频

📋 **思路点拨：**

> **源文件**：源文件\第 5 章\螺母.dwg
> 本实例利用"圆"命令绘制圆，然后利用"多边形"命令绘制正六边形，最后利用"圆"命令绘制孔。

完全讲解　实例 077　绘制手压阀密封垫

本实例利用"直线"命令以及"偏移"命令绘制手压阀密封垫，如图 5-142 所示。

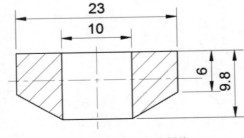

图 5-142　手压阀密封垫

（1）创建图层。单击"默认"选项卡"图层"面板中的"图层特性"按钮，打开"图层特性管理器"选项板，设置图层。

① 中心线：颜色为红色，线型为 CENTER，线宽为 0.15 毫米。

② 粗实线：颜色为白色，线型为 Continuous，线宽为 0.30 毫米。

③ 细实线：颜色为白色，线型为 Continuous，线宽为 0.15 毫米。

设置结果如图 5-143 所示。

（2）绘制中心线。将"中心线"图层设定为当前图层。单击"默认"选项卡"绘图"面板中的"直线"按钮，绘制水平向与竖直向两条相互垂直的中心线，长度分别为 30、15，结果如图 5-144 所示。

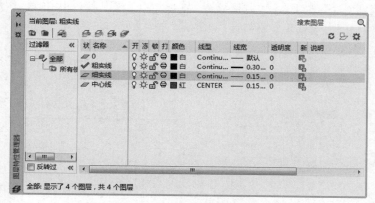

图 5-143　"图层特性管理器"选项板　　　　　图 5-144　绘制中心线

（3）偏移处理。单击"默认"选项卡"修改"面板中的"偏移"按钮，将竖直中心线分别向左、右偏移，各偏移距离 5，命令行提示与操作如下：

```
命令：_offset
当前设置：删除源=否　图层=源　OFFSETGAPTYPE=0
指定偏移距离或 [通过(T)/删除(E)/图层(L)] <通过>:5✓
选择要偏移的对象，或 [退出(E)/放弃(U)] <退出>:（选择刚绘制的中心线）
指定要偏移的那一侧上的点，或 [退出(E)/多个(M)/放弃(U)] <退出>:（向左、右分别指定一点）
选择要偏移的对象，或 [退出(E)/放弃(U)] <退出>:✓
```

（4）重复"偏移"命令。继续将绘制的竖直中心线向左右偏移 11.5。然后将水平中心线向上偏移 4，向下偏移两次，偏移距离分别为 2、5.8。并将偏移得到的直线放置在粗实线层，结果如图 5-145 所示。

（5）剪切图形。单击"默认"选项卡"修改"面板中的"修剪"按钮、"删除"按钮，剪切图形，并删除多余的直线，结果如图 5-146 所示。

（6）绘制直线。将"粗实线"图层设定为当前图层。单击"默认"选项卡"绘图"面板中的"直线"按钮，连接图 5-146 中的点 1、2 和点 3、4，绘制两条斜直线，结果如图 5-147 所示。

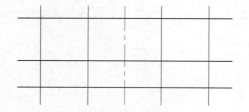

图 5-145　继续偏移

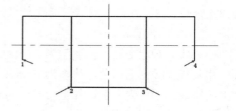

图 5-146　修剪后图形

（7）绘制剖面线。将"细实线"图层设定为当前图层。单击"默认"选项卡"绘图"面板中的"图案填充"按钮圖，系统弹出如图 5-148 所示的"图案填充创建"选项卡，在"图案填充图案"下拉列表中选择 ANSI31 图案，填充图案比例设置为 0.5，在图形中选取填充范围，绘制剖面线。打开状态栏上的"线宽"按钮┿，最终完成手压阀密封垫的绘制，结果如图 5-149 所示。

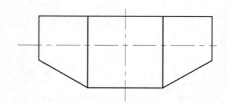

图 5-147　密封垫轮廓图

图 5-148　"图案填充创建"选项卡

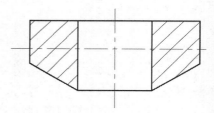

图 5-149　手压阀密封垫

扫一扫，看视频

练习提高　实例 078　绘制球阀密封圈

绘制球阀密封圈，绘制流程如图 5-150 所示。

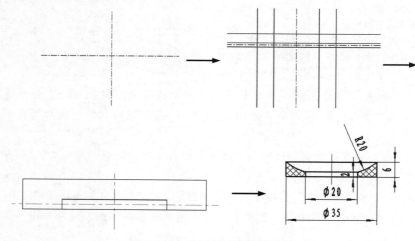

图 5-150　球阀密封圈绘制流程

思路点拨：

源文件：源文件\第 5 章\球阀密封圈.dwg

首先利用"直线"命令绘制两条中心线，然后利用"偏移"命令将中心线向左、右和上、下进行偏移从而生产密封圈外轮廓，其次利用圆弧的"起点、端点、半径"命令绘制密封圈中心，再次利用"图案填充"命令，填充剖面线，最后标注尺寸完成密封圈零件的绘制。

完全讲解 实例 079 绘制手压阀压紧螺母

本实例通过"直线"命令、"偏移"命令以及"修剪"命令等来绘制压紧螺母的两视图，如图 5-151 所示。

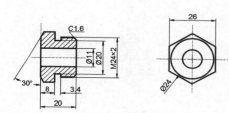

图 5-151 压紧螺母

1. 创建图层

单击"默认"选项卡"图层"面板中的"图层特性"按钮，打开"图层特性管理器"选项板，设置图层。

（1）中心线：颜色为红色，线型为 CENTER，线宽为 0.15 毫米。

（2）粗实线：颜色为白色，线型为 Continuous，线宽为 0.30 毫米。

（3）细实线：颜色为白色，线型为 Continuous，线宽为 0.15 毫米。

（4）尺寸标注：颜色为白色，线型为 Continuous，线宽为默认。

（5）文字说明：颜色为白色，线型为 Continuous，线宽为默认。

2. 绘制左视图

（1）绘制中心线。将"中心线"图层设定为当前图层。单击"默认"选项卡"绘图"面板中的"直线"按钮 ∕，以坐标点 {(150, 150)，(190, 150)}、{(170, 170)，(170, 130)} 绘制中心线，修改线型比例为 0.5。结果如图 5-152 所示。

（2）绘制多边形。将"粗实线"图层设定为当前图层。单击"默认"选项卡"绘图"面板中的"多边形"按钮 ⬡，绘制正六边形，并单击"默认"选项卡"修改"面板中的"旋转"按钮 ↻，将绘制的正六边形旋转 90°，命令行提示与操作如下：

```
命令：_polygon
输入侧面数 <4>：6↙
指定正多边形的中心点或 [边(E)]：（选取中心线交点）
输入选项 [内接于圆(I)/外切于圆(C)] <C>：C↙
```

```
指定圆的半径：13↙
命令：_rotate
UCS 当前的正角方向：ANGDIR=逆时针　ANGBASE=0
选择对象：（选取绘制的正六边形）↙
选择对象：↙
指定基点：（选取中心线的交点）
指定旋转角度，或 [复制(C)/参照(R)] <0>：90↙
```

结果如图 5-153 所示。

（3）绘制圆。单击"默认"选项卡"绘图"面板中的"圆"按钮 ⊙，以中心线交点为圆心，分别绘制半径为 12 和 5.5 的圆。结果如图 5-154 所示。

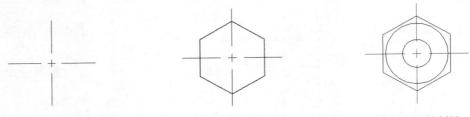

图 5-152　绘制中心线　　　　图 5-153　绘制正六边形　　　　图 5-154　绘制圆

3. 绘制主视图

（1）绘制中心线。将"中心线"图层设定为当前图层。单击"默认"选项卡"绘图"面板中的"直线"按钮 ╱，以坐标点{(80, 150), (110, 150)}、{(85, 170), (85, 130)}绘制中心线，修改线型比例为 0.5。结果如图 5-155 所示。

（2）绘制辅助线。单击"默认"选项卡"绘图"面板中的"直线"按钮 ╱，以图 5-155 中的点 1、2、3 为基准向左侧绘制直线。结果如图 5-156 所示。

（3）绘制图形。将"粗实线"图层设定为当前图层。单击"默认"选项卡"绘图"面板中的"直线"按钮 ╱，根据辅助线及尺寸绘制图形。结果如图 5-157 所示。

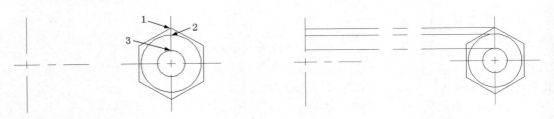

图 5-155　绘制中心线　　　　　　　　　　　　图 5-156　绘制辅助线

（4）绘制退刀槽。单击"默认"选项卡"绘图"面板中的"直线"按钮 ╱ 和单击"默认"选项卡"修改"面板中的"修剪"按钮 ╈，绘制退刀槽。结果如图 5-158 所示。

（5）创建倒角 1。单击"默认"选项卡"修改"面板中的"倒角"按钮 ╱，以 1.6 为边长创建倒角。结果如图 5-159 所示。

图 5-157　绘制图形　　　　　　　　　图 5-158　绘制退刀槽

（6）创建倒角 2。选取极轴追踪角度为 30°，将"极轴追踪"打开，单击"默认"选项卡"绘图"面板中的"直线"按钮／和单击"默认"选项卡"修改"面板中的"修剪"按钮，绘制倒角。结果如图 5-160 所示。

（7）绘制螺纹线。单击"默认"选项卡"修改"面板中的"偏移"按钮，将水平中心线向上偏移，偏移距离为 11.5，并单击"默认"选项卡"修改"面板中的"修剪"按钮，剪切线段，将剪切后的线段修改图层为"细实线"。结果如图 5-161 所示。

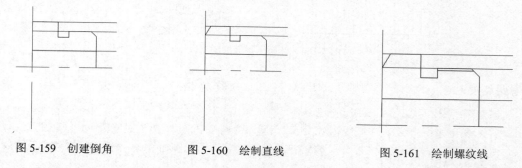

图 5-159　创建倒角　　　　　图 5-160　绘制直线　　　　　图 5-161　绘制螺纹线

（8）镜像图形。单击"默认"选项卡"修改"面板中的"镜像"按钮，将绘制好的一半图形镜像到另一侧。结果如图 5-162 所示。

（9）绘制剖面线。将"细实线"图层设定为当前图层。单击"默认"选项卡"绘图"面板中的"图案填充"按钮，设置填充图案为 ANST31，图案填充角度为 0，填充图案比例为 1。结果如图 5-163 所示。

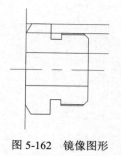

图 5-162　镜像图形

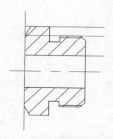

图 5-163　压紧螺母图案填充

（10）删除多余的辅助线。最后打开状态栏上的"线宽"按钮▤，最终结果如图 5-151 所示。

练习提高　实例 080　绘制球阀压紧套

绘制球阀压紧套，绘制流程如图 5-164 所示。

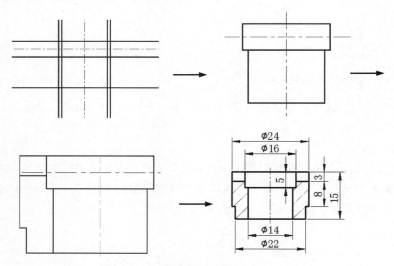

图 5-164　球阀压紧套绘制流程

📋 **思路点拨：**

源文件：源文件\第 5 章\球阀压紧套.dwg
　　首先利用直线命令绘制中心线，然后利用偏移命令偏移中心线，并通过修剪命令修剪图形。利用直线命令绘制直线，并通过镜像命令将直线向右复制完成压紧套轮廓的绘制，最后利用图案填充命令填充剖面线完成压紧套的绘制。

完全讲解　实例 081　绘制手压阀弹簧

弹簧作为机械设计中的常见零件，其样式及画法多种多样，本实例绘制的弹簧主要利用"圆""直线"命令，绘制单个部分，并利用上节介绍的"复制"命令简化绘制，如图 5-165 所示。

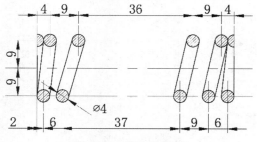

图 5-165　手压阀弹簧

1．创建图层

单击"默认"选项卡"图层"面板中的"图层特性"按钮 ，打开"图层特性管理器"选项板，设置图层。

（1）中心线：颜色为红色，线型为 CENTER，线宽为 0.15 毫米。

（2）粗实线：颜色为白色，线型为 Continuous，线宽为 0.30 毫米。

（3）细实线：颜色为白色，线型为 Continuous，线宽为 0.15 毫米。

2．绘制中心线

将"中心线"图层设定为当前图层。单击"默认"选项卡"绘图"面板中的"直线"按钮 ∕，以坐标点{(150,150)，(230,150)}、{(160,164)，(160,154)}、{(162,146)，(162,136)}绘制中心线，修改线型比例为 0.5，结果如图 5-166 所示。

3．偏移中心线

单击"默认"选项卡"修改"面板中的"偏移"按钮 ⊆，将绘制的水平中心线向上、下两侧偏移，各偏移距离 9；将图 5-166 中的竖直中心线 A 向右偏移，偏移距离分别为 4、9、36、9、4；将图 5-166 中的竖直中心线 B 向右偏移，偏移距离分别为 6、37、9、6，结果如图 5-167 所示。

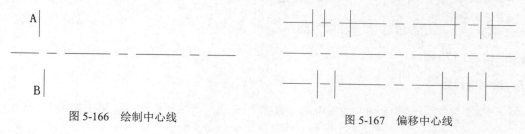

图 5-166　绘制中心线　　　　　　　　　　图 5-167　偏移中心线

4．绘制圆

将"粗实线"图层设定为当前图层。单击"默认"选项卡"绘图"面板中的"圆"按钮 ⊙，以最上端的水平中心线与左边第 2 根竖直中心线交点为圆心，绘制半径为 2 的圆，结果如图 5-168 所示。

5．复制圆

单击"默认"选项卡"修改"面板中的"复制"按钮 ⅏，命令行提示与操作如下：

```
命令：_copy
选择对象：（选择刚绘制的圆）
选择对象：↙
当前设置：复制模式 = 多个
指定基点或 [位移(D)/模式(O)] <位移>：（选择圆心）
指定第二个点或 [阵列(A)] <使用第一个点作为位移>：（分别选择竖直中心线与水平中心线的交点）
指定第二个点或 [阵列(A)/退出(E)/放弃(U)] <退出>：↙
```

结果如图 5-169 所示。

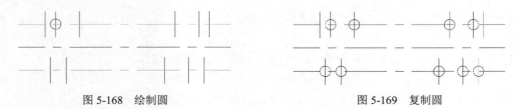

图 5-168　绘制圆　　　　　　　　　　　　　图 5-169　复制圆

6．绘制圆弧

单击"默认"选项卡"绘图"面板中的"圆弧"按钮 ，命令行提示与操作如下：

```
命令：_arc
指定圆弧的起点或 [圆心(C)]：c↙
指定圆弧的圆心：（指定最左边竖直中心线与最上端水平中心线交点）
指定圆弧的起点：@0,-2↙
指定圆弧的端点或 [角度(A)/弦长(L)]：@0,4↙
```

相同方法绘制另一段圆弧，命令行提示与操作如下：

```
命令：_arc
指定圆弧的起点或 [圆心(C)]：c ↙（指定圆弧的圆心）
指定圆弧的起点：@0,2↙
指定圆弧的端点或 [角度(A)/弦长(L)]：@0,-4↙
```

结果如图 5-170 所示。

7．绘制连接线

单击"默认"选项卡"绘图"面板中的"直线"按钮 ，绘制连接线，结果如图 5-171 所示。

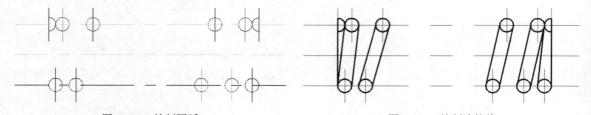

图 5-170　绘制圆弧　　　　　　　　　　　　图 5-171　绘制连接线

8．绘制剖面线

将"细实线"图层设定为当前图层。单击"默认"选项卡"绘图"面板中的"图案填充"按钮 ，设置填充图案为 ANST31，图案填充角度为 0，填充图案比例为 0.2，打开状态栏上的"线宽"按钮 ，结果如图 5-172 所示。

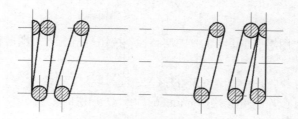

图 5-172　弹簧图案填充

练习提高　实例 082　绘制压紧垫片

绘制压紧垫片，绘制流程如图 5-173 所示。

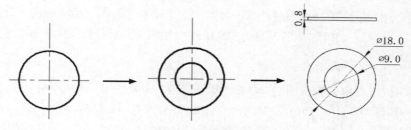

图 5-173　绘制压紧垫片

📋 **思路点拨：**

> **源文件**：源文件\第 5 章\压紧垫片.dwg
> 　首先创建图层，然后利用"直线"命令绘制中心线，接下来利用"圆"命令以及"矩形"命令绘制压紧垫片的两视图，最后通过"打断"命令将竖直中心线打断，使两视图的竖直中心线独立。

完全讲解　实例 083　绘制手压阀阀杆

本实例绘制手压阀阀杆。首先创建图层，然后利用绘图命令绘制阀杆外轮廓，并通过"图案填充"命令绘制剖面线，最终完成阀杆图形绘制，如图 5-174 所示。

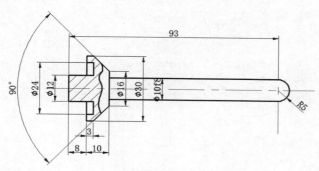

图 5-174　手压阀阀杆

1．创建图层

单击"默认"选项卡"图层"面板中的"图层特性"按钮 ，打开"图层特性管理器"选项板，设置图层。

（1）中心线：颜色为红色，线型为 CENTER，线宽为 0.15 毫米。
（2）粗实线：颜色为白色，线型为 Continuous，线宽为 0.30 毫米。
（3）细实线：颜色为白色，线型为 Continuous，线宽为 0.15 毫米。
（4）尺寸标注：颜色为白色，线型为 Continuous，线宽为默认。
（5）文字说明：颜色为白色，线型为 Continuous，线宽为默认。

2．绘制中心线

将"中心线"图层设定为当前图层。单击"默认"选项卡"绘图"面板中的"直线"按钮 ，以坐标点{(125, 150), (233, 150)}、{(223, 160), (223, 140)}绘制中心线，结果如图 5-175 所示。

3．绘制直线

将"粗实线"图层设定为当前图层。单击"默认"选项卡"绘图"面板中的"直线"按钮 ，以下列坐标点{(130, 150)，(130, 156)，(138, 156)，(138, 165)}、{(141, 165)，(148, 158)，(148, 150) }、{(148, 155)，(223, 155)}、{ (138, 156)，(141, 156)，(141, 162)，(138, 162)}依次绘制线段，结果如图 5-176 所示。

图 5-175　绘制中心线　　　　　　　　　　　　　图 5-176　绘制直线

4．镜像处理

单击"默认"选项卡"修改"面板中的"镜像"按钮 ，以水平中心线为轴镜像，命令行提示与操作如下：

```
命令：mirror↙
选择对象：（选择刚绘制的实线）
选择对象：↙
指定镜像线的第一点：（在水平中心线上选取一点）
指定镜像线的第二点：（在水平中心线上选取另一点）
要删除源对象吗？[是(Y)/否(N)] <N>：↙
```

结果如图 5-177 所示。

5．绘制圆弧

单击"默认"选项卡"绘图"面板中的 "圆弧"按钮 ，以中心线交点为圆心，以上下水平实线最右端两个端点为圆弧的两个端点，绘制圆弧，结果如图 5-178 所示。

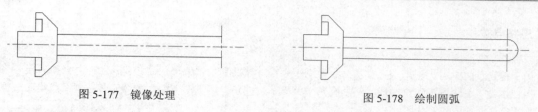

图 5-177 镜像处理　　　　　　　　　　　图 5-178 绘制圆弧

6. 绘制局部剖切线

单击"默认"选项卡"绘图"面板中的"样条曲线拟合"按钮 $\sim$，绘制局部剖切线，结果如图 5-179 所示。

7. 绘制剖面线

将"细实线"图层设定为当前图层。单击"默认"选项卡"绘图"面板中的"图案填充"按钮 ，设置填充图案为 ANST31，图案填充角度为 0，填充图案比例为 1，打开状态栏上的"线宽"按钮 ，结果如图 5-180 所示。

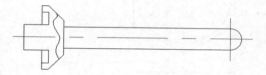

图 5-179 绘制局部剖切线

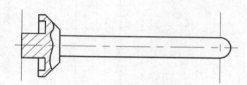

图 5-180 手压阀阀杆图案填充

练习提高　实例 084 绘制球阀阀杆

绘制球阀阀杆，绘制流程如图 5-181 所示。

扫一扫，看视频

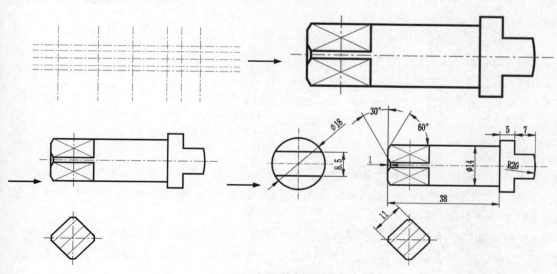

图 5-181 球阀阀杆绘制流程

思路点拨：

> 源文件：源文件\第 5 章\球阀阀杆.dwg
>
> 首先创建图层，利用"直线"命令绘制中心线，然后利用"偏移"命令偏移图形并修剪，接下来利用"镜像"命令向下镜像图形，然后利用"圆弧""倒角"以及"直线"命令完善主视图。最后根据主视图完成断面图和右视图。

完全讲解　实例 085　绘制手压阀底座

本实例绘制手压阀底座，底座绘制过程分两步。对于左视图，由多边形和圆构成，直接绘制；对于主视图，则需要利用与左视图的投影对应关系进行定位和绘制，如图 5-182 所示。

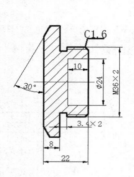
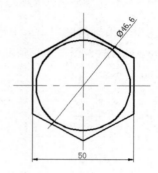

图 5-182　手压阀底座

1. 创建图层

单击"默认"选项卡"图层"面板中的"图层特性"按钮，打开"图层特性管理器"选项板，设置图层。

（1）中心线：颜色为红色，线型为 CENTER，线宽为 0.15 毫米。

（2）粗实线：颜色为白色，线型为 Continuous，线宽为 0.30 毫米。

（3）细实线：颜色为白色，线型为 Continuous，线宽为 0.15 毫米。

（4）尺寸标注：颜色为白色，线型为 Continuous，线宽为默认。

（5）文字说明：颜色为白色，线型为 Continuous，线宽为默认。

2. 绘制左视图

（1）绘制中心线。将"中心线"图层设定为当前图层。单击"默认"选项卡"绘图"面板中的"直线"按钮，以坐标点 {(200, 150), (300, 150)}、{(250, 200), (250, 100)} 绘制中心线，修改线型比例为 0.5，结果如图 5-183 所示。

（2）绘制多边形。将"粗实线"图层设定为当前图层。单击"默认"选项卡"绘图"面板中的"正多边形"按钮，绘制正六边形，外切圆半径为 25。单击"默认"选项卡"修改"面板中的"旋转"按钮将绘制的正六边形旋转 90°，结果如图 5-184 所示。

图 5-183　绘制中心线　　　　　　　　图 5-184　绘制正六边形

（3）绘制圆。单击"默认"选项卡"绘图"面板中的"圆"按钮 ⊙，以中心线交点为圆心，绘制半径为 23.3 的圆，结果如图 5-185 所示。

3. 绘制主视图

（1）绘制中心线。将"中心线"图层设定为当前图层。单击"默认"选项卡"绘图"面板中的"直线"按钮 ╱，以坐标点 {(130, 150), (170, 150)}、{(140, 190), (140, 110)} 绘制中心线，修改线型比例为 0.5，结果如图 5-186 所示。

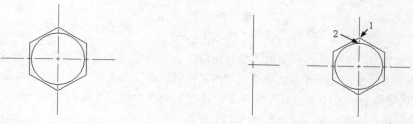

图 5-185　绘制圆　　　　　　　　　　图 5-186　绘制中心线

（2）绘制辅助线。单击"默认"选项卡"绘图"面板中的"直线"按钮 ╱，以图 5-186 中的点 1、2 为基准向左侧绘制直线，结果如图 5-187 所示。

（3）绘制图形。将"粗实线"图层设定为当前图层。单击"默认"选项卡"绘图"面板中的"直线"按钮 ╱，根据辅助线及尺寸绘制图形，结果如图 5-188 所示。

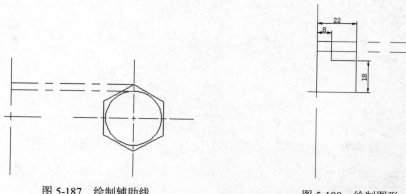

图 5-187　绘制辅助线　　　　　　　　图 5-188　绘制图形

（4）绘制退刀槽。单击"默认"选项卡"绘图"面板中的"直线"按钮／和"修改"面板中的"修剪"按钮，绘制退刀槽，结果如图 5-189 所示。

（5）创建倒角 1。单击"默认"选项卡"修改"面板中的"倒角"按钮，以 1.6 为边长创建倒角，结果如图 5-190 所示。

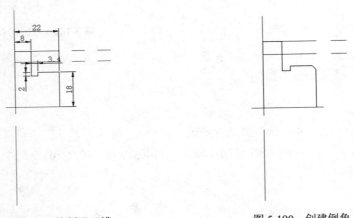

图 5-189　绘制退刀槽　　　　　　　　图 5-190　创建倒角

（6）创建倒角 2。单击状态栏上的"极轴追踪"右侧的符号▼，从下拉列表中选择"正在追踪设置"，弹出"草图设置"对话框，然后选中"启用极轴追踪"复选框，并将增量角设置为 30，单击"确定"按钮完成设置。单击"默认"选项卡"绘图"面板中的"直线"按钮／和"修改"面板中的"修剪"按钮，绘制倒角，结果如图 5-191 所示。

（7）绘制螺纹线。单击"默认"选项卡"修改"面板中的"偏移"按钮，将水平中心线向上偏移，偏移距离为 16.9，并单击"默认"选项卡"修改"面板中的"修剪"按钮，剪切线段，将剪切后的线段修改图层为"细实线"，结果如图 5-192 所示。

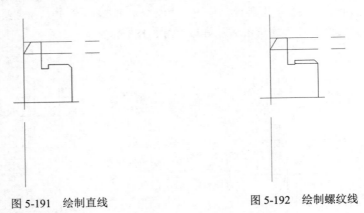

图 5-191　绘制直线　　　　　　　　图 5-192　绘制螺纹线

（8）绘制内孔。将"粗实线"图层设定为当前图层。单击"默认"选项卡"绘图"面板中的"直线"按钮／，绘制螺纹线，结果如图 5-193 所示。

（9）镜像图形。单击"默认"选项卡"修改"面板中的"镜像"按钮⚠，将绘制好的一半图形镜像到另一侧，结果如图 5-194 所示。

（10）绘制剖面线。将"细实线"图层设定为当前图层。单击"默认"选项卡"绘图"面板中的"图案填充"按钮🔲，设置填充图案为 ANST31，图案填充角度为 0，填充图案比例为 1，结果如图 5-195 所示。

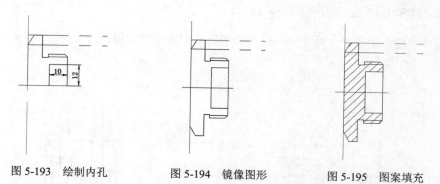

图 5-193　绘制内孔　　　　图 5-194　镜像图形　　　　图 5-195　图案填充

（11）删除多余的辅助线，并单击"默认"选项卡"修改"面板中的"打断"按钮凹，修剪过长的中心线。最后打开状态栏上的"线宽"按钮☰，最终结果如图 5-182 所示。

练习提高　实例 086　绘制球阀阀盖

本实例绘制球阀阀盖，绘制流程如图 5-196 所示。

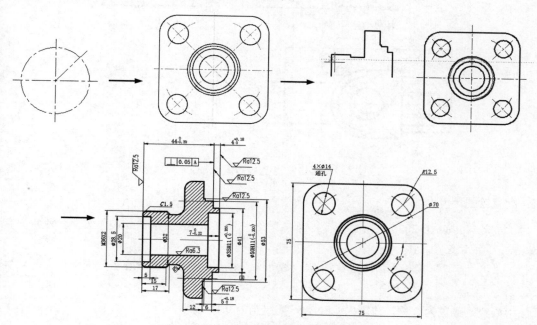

图 5-196　球阀阀盖绘制流程

📋 **思路点拨：**

> **源文件：** 源文件\第 5 章\球阀阀盖左视图.dwg
> 利用"圆"命令、"矩形"命令以及"圆角"命令绘制左视图，然后根据左视图利用视图尺寸对应关系绘制主视图，完成阀盖的绘制。

完全讲解 实例 087 绘制手压阀阀体

手压阀阀体平面图的绘制分为 3 部分：主视图、左视图、俯视图。本实例主要介绍手压阀阀体的绘制，如图 5-197 所示。

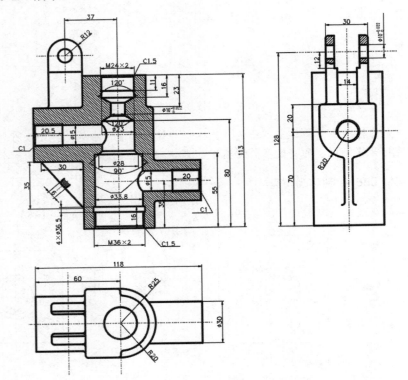

图 5-197 手压阀阀体

1. 配置绘图环境

（1）启动 AutoCAD 2020 应用程序，打开"源文件\第 7 章\A3 样板图.dwg"文件，将其命名为"阀体.dwg"并另保存。

（2）单击"图层"面板中的"图层特性"按钮，打开"图层特性管理器"选项板，新建如下 5 个图层。

① 中心线：颜色为红色，线型为 CENTER，线宽为 0.15 毫米。

② 粗实线：颜色为白色，线型为 Continuous，线宽为 0.30 毫米。

③ 细实线：颜色为白色，线型为 Continuous，线宽为 0.15 毫米。

④ 尺寸标注：颜色为蓝色，线型为 Continuous，线宽为默认。

⑤ 文字说明：颜色为白色，线型为 Continuous，线宽为默认。

2．绘制主视图

（1）绘制中心线。将"中心线"图层设定为当前图层。单击"默认"选项卡"绘图"面板中的"直线"按钮 ／，以坐标点 {(50, 200), (180, 200)}、{(115, 275), (115, 125)}、{(58, 258), (98, 258)}、{(78, 278), (78, 238)} 绘制中心线，修改线型比例为 0.5，结果如图 5-198 所示。

（2）偏移中心线。单击"默认"选项卡"修改"面板中的"偏移"按钮 ⋐，将中心线偏移，结果如图 5-199 所示。

图 5-198　绘制中心线

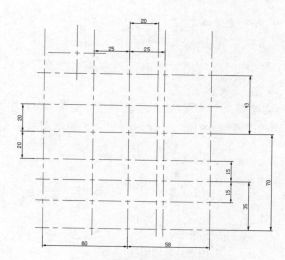

图 5-199　偏移中心线

（3）修剪图形。单击"默认"选项卡"修改"面板中的"修剪"按钮 ，修剪图形，并将剪切后的图形修改图层为"粗实线"，结果如图 5-200 所示。

（4）创建圆角。单击"默认"选项卡"修改"面板中的"圆角"按钮 ，创建半径为 2 的圆角，结果如图 5-201 所示。

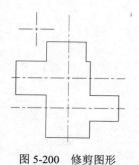

图 5-200　修剪图形

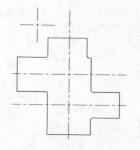

图 5-201　创建圆角

（5）绘制圆。将"粗实线"图层设定为当前图层。单击"默认"选项卡"绘图"面板中的"圆"按钮⊙，以中心线交点为圆心，绘制半径分别为 5 和 12 的圆，结果如图 5-202 所示。

（6）绘制直线。单击"默认"选项卡"绘图"面板中的"直线"按钮╱，绘制与圆相切的直线，结果如图 5-203 所示。

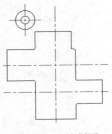

图 5-202　绘制圆

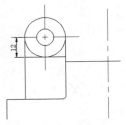

图 5-203　绘制切线

（7）剪切图形。单击"默认"选项卡"修改"面板中的"修剪"按钮✂，剪切图形，结果如图 5-204 所示。

（8）创建圆角。单击"默认"选项卡"修改"面板中的"圆角"按钮╭，创建半径为 2 的圆角，并单击"绘图"面板中的"直线"按钮╱，将缺失的图形补全，结果如图 5-205 所示。

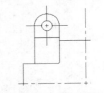

图 5-204　剪切图形

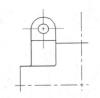

图 5-205　创建圆角

（9）创建水平孔。

① 单击"默认"选项卡"修改"面板中的"偏移"按钮⊂，将水平中心线向两侧偏移，偏移距离为 7.5，结果如图 5-206 所示。

② 单击"默认"选项卡"修改"面板中的"修剪"按钮✂，修剪图形，并将剪切后的图形修改图层为"粗实线"，结果如图 5-207 所示。

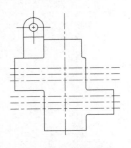

图 5-206　偏移线段

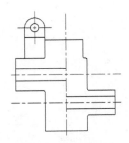

图 5-207　剪切图形

（10）创建竖直孔。

① 单击"默认"选项卡"修改"面板中的"偏移"按钮⊆，将竖直中心线向两侧偏移，结果如图 5-208 所示。

② 单击"默认"选项卡"修改"面板中的"偏移"按钮⊆，将底部水平线向上偏移，结果如图 5-209 所示。

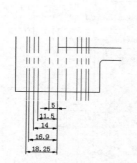

图 5-208　偏移竖直线段

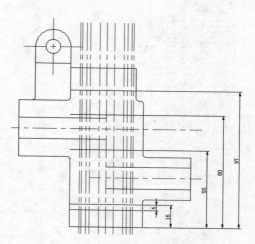

图 5-209　偏移水平线段

③ 单击"默认"选项卡"修改"面板中的"修剪"按钮✂，修剪图形，并将剪切后的图形修改图层为"粗实线"，结果如图 5-210 所示。

④ 将"粗实线"图层设定为当前图层。单击"默认"选项卡"绘图"面板中的"直线"按钮╱，绘制线段，单击"默认"选项卡"修改"面板中的"修剪"按钮✂，修剪图形，结果如图 5-211 所示。

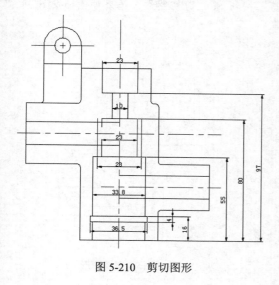

图 5-210　剪切图形

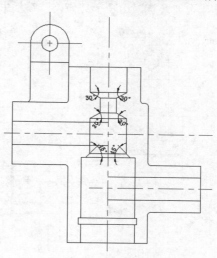

图 5-211　绘制线段

（11）绘制螺纹线。

① 单击"默认"选项卡"修改"面板中的"偏移"按钮⊜，偏移线段，结果如图 5-212 所示。

② 单击"默认"选项卡"修改"面板中的"修剪"按钮▼，剪切图形，并将剪切后的图形修改图层为"细实线"，结果如图 5-213 所示。

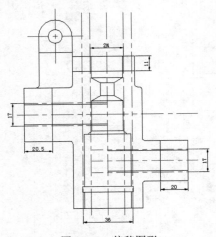

图 5-212　偏移图形

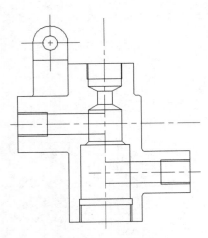

图 5-213　剪切图形

（12）创建倒角。

① 单击"默认"选项卡"修改"面板中的"偏移"按钮⊜，偏移线段，结果如图 5-214 所示。

② 单击"默认"选项卡"绘图"面板中的"直线"按钮╱，绘制线段，并单击"修改"面板中的"修剪"按钮▼，剪切图形，结果如图 5-215 所示。

（13）创建孔之间的连接线。单击"默认"选项卡"绘图"面板中的"圆弧"按钮╱，创建圆弧，并单击"默认"选项卡"修改"面板中的"修剪"按钮▼，剪切图形，结果如图 5-216 所示。

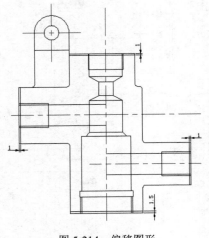

图 5-214　偏移图形

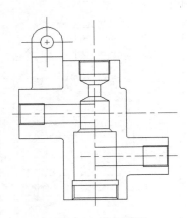

图 5-215　剪切图形

（14）创建加强筋。

① 单击"默认"选项卡"修改"面板中的"偏移"按钮⟃，偏移中心线，结果如图 5-217 所示。

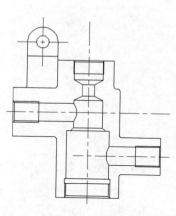

图 5-216　创建圆弧

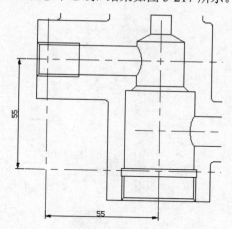

图 5-217　偏移中心线

② 单击"默认"选项卡"绘图"面板中的"直线"按钮╱，连接线段交点，并将多余的辅助线删除，结果如图 5-218 所示。

③ 单击"默认"选项卡"绘图"面板中的"直线"按钮╱，绘制与步骤②绘制的直线相垂直的线段，并将绘制的直线图层修改为"中心线"，结果如图 5-219 所示。

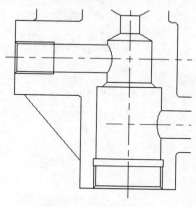

图 5-218　绘制连接线

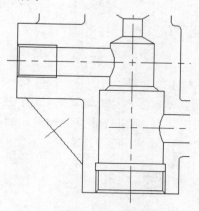

图 5-219　绘制中心线

④ 单击"默认"选项卡"修改"面板中的"偏移"按钮⟃，偏移线段，结果如图 5-220 所示。

⑤ 单击"默认"选项卡"修改"面板中的"修剪"按钮▼，剪切图形，并将剪切后的图形修改图层为"粗实线"，结果如图 5-221 所示。

⑥ 单击"默认"选项卡"修改"面板中的"圆角"按钮⌒，创建半径为 2 的圆角，并单击"默认"选项卡"修改"面板中的"移动"按钮✛，将绘制好的加强筋重合剖面图移动到指点位置，结果如图 5-222 所示。

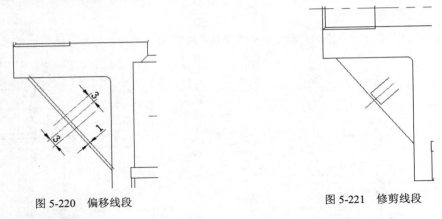

图 5-220　偏移线段　　　　　　　　　　　　图 5-221　修剪线段

⑦ 单击"默认"选项卡"绘图"面板中的"直线"按钮 ╱，绘制辅助线，结果如图 5-223 所示。

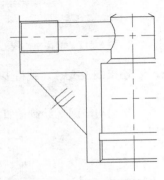

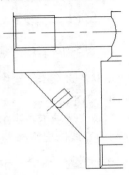

图 5-222　加强筋重合剖面图　　　　　　　　图 5-223　绘制辅助线

（15）绘制剖面线。将"细实线"图层设定为当前图层。单击"绘图"面板中的"图案填充"按钮 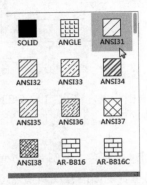，系统弹出"图案填充创建"选项卡，单击"图案"面板中的"图案填充图案"按钮，选取填充图案为 ANSI31 图案，如图 5-224 所示。设置图案填充角度为 90，填充图案比例为 0.5，如图 5-225 所示。在图形中选取填充范围，绘制剖面线，最终完成主视图的绘制，结果如图 5-226 所示。

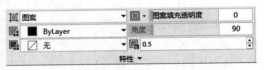

图 5-224　"图案填充创建"选项卡　　　　　图 5-225　设置图案填充的角度和比例

（16）删除辅助线。将辅助线删除，结果如图 5-227 所示。

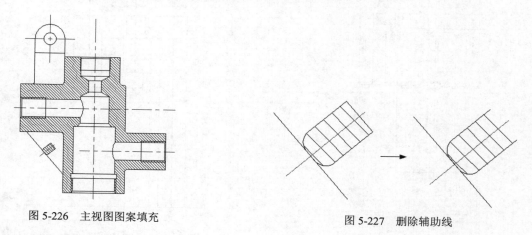

图 5-226　主视图图案填充　　　　　　　　　图 5-227　删除辅助线

3．绘制左视图

（1）绘制中心线。将"中心线"图层设定为当前图层。单击"默认"选项卡"绘图"面板中的"直线"按钮／，首先在如图 5-228 所示的中心线的延长线上绘制一段中心线，再绘制相垂直的中心线，结果如图 5-229 所示。

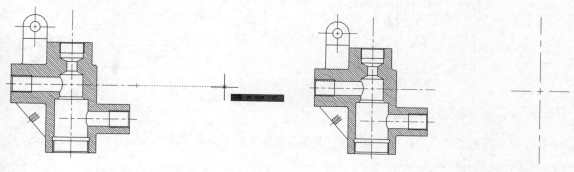

图 5-228　绘制基准　　　　　　　　　　　　图 5-229　绘制中心线

（2）偏移中心线。单击"默认"选项卡"修改"面板中的"偏移"按钮⊏，将绘制的中心线向两侧偏移，结果如图 5-230 所示。

（3）剪切图形。单击"修改"面板中的"修剪"按钮⅄，剪切图形，并将剪切后的图形修改图层为"粗实线"，结果如图 5-231 所示。

（4）创建圆。将"粗实线"图层设定为当前图层。单击"默认"选项卡"绘图"面板中的"圆"按钮⊙，创建半径为 7.5、8.5 和 20 的圆，并将半径为 8.5 的圆修改图层为"细实线"，结果如图 5-232 所示。

（5）旋转中心线。单击"默认"选项卡"修改"面板中的"旋转"按钮↻，将中心线旋转 15°，结果如图 5-233 所示。

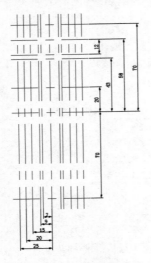

图 5-230　偏移中心线

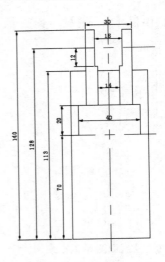

图 5-231　剪切图形

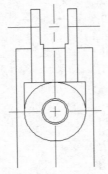

图 5-232　创建圆

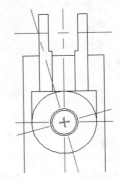

图 5-233　旋转中心线

（6）修剪图形。单击"默认"选项卡"修改"面板中的"修剪"按钮，剪切图形，并将多余的中心线删除，结果如图 5-234 所示。

（7）偏移中心线。单击"默认"选项卡"修改"面板中的"偏移"按钮，将绘制的中心线向两侧偏移，结果如图 5-235 所示。

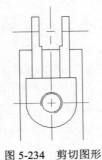

图 5-234　剪切图形

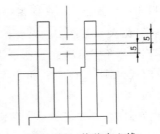

图 5-235　偏移中心线

（8）剪切图形。单击"默认"选项卡"修改"面板中的"修剪"按钮，剪切图形并将剪切后的图形修改图层为"粗实线"，结果如图5-236所示。

（9）偏移中心线。单击"默认"选项卡"修改"面板中的"偏移"按钮，将中心线偏移，结果如图5-237所示。

图 5-236 剪切图形

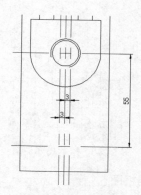

图 5-237 偏移中心线

（10）剪切图形。单击"默认"选项卡"修改"面板中的"修剪"按钮，剪切图形并将剪切后的图形修改图层为"粗实线"，结果如图5-238所示。

（11）创建圆角。单击"默认"选项卡"修改"面板中的"圆角"按钮，创建半径为2的圆角，并单击"默认"选项卡"绘图"面板中的"直线"按钮，将缺失的图形补全，结果如图5-239所示。

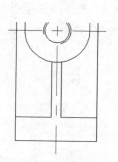

图 5-238 剪切图形

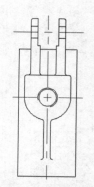

图 5-239 创建圆角

（12）绘制局部剖切线。单击"默认"选项卡"绘图"面板中的"样条曲线拟合"按钮，绘制局部剖切线，结果如图5-240所示。

（13）绘制剖面线。将"细实线"图层设置为当前图层。单击"绘图"面板中的"图案填充"按钮，弹出"图案填充创建"选项卡，单击"图案"面板"图案填充图案"按钮，选取填充图案为ANSI31图案，设置图案填充角度为0，填充图案比例为0.5。在图形中选取填充范围，绘制剖面线，最终完成左视图的绘制，结果如图5-241所示。

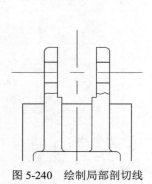

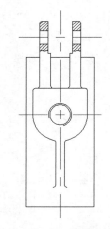

图 5-240　绘制局部剖切线 　　　　　　　　　　图 5-241　左视图图案填充

4. 绘制俯视图

（1）绘制中心线。将"中心线"图层设定为当前图层。单击"默认"选项卡"绘图"面板中的"直线"按钮 ╱，首先在如图 5-242 所示的中心线的延长线上绘制一段中心线，再绘制相垂直的中心线，结果如图 5-243 所示。

（2）偏移中心线。单击"默认"选项卡"修改"面板中的"偏移"按钮 ⫽，将中心线向两侧偏移，结果如图 5-244 所示。

（3）剪切图形。单击"默认"选项卡"修改"面板中的"修剪"按钮 ↖，剪切图形并将剪切后的图形修改图层为"粗实线"，结果如图 5-245 所示。

（4）创建圆。将"粗实线"图层设定为当前图层。单击"默认"选项卡"绘图"面板中的"圆"按钮 ⊙，创建半径分别为 11.5、12、20 和 25 的圆，并将半径为 12 的圆修改图层为"细实线"，结果如图 5-246 所示。

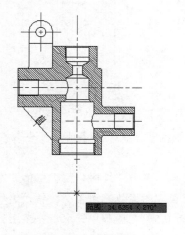

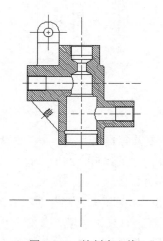

图 5-242　绘制基准 　　　　　　　　　　　　　图 5-243　绘制中心线

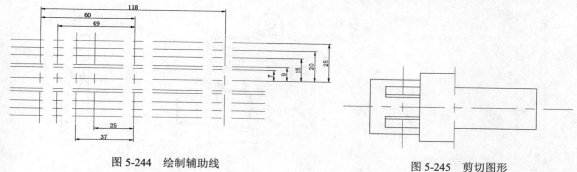

图 5-244　绘制辅助线　　　　　　　　　　　图 5-245　剪切图形

（5）旋转中心线。单击"默认"选项卡"修改"面板中的"旋转"按钮 ⟲，将中心线旋转 15°，结果如图 5-247 所示。

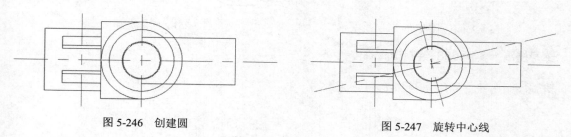

图 5-246　创建圆　　　　　　　　　　　　图 5-247　旋转中心线

（6）修剪图形。单击"默认"选项卡"修改"面板中的"修剪"按钮 ✂，剪切图形，并将多余的中心线删除，结果如图 5-248 所示。

（7）绘制直线。单击"默认"选项卡"绘图"面板中的"直线"按钮 ╱，连接两圆弧端点，结果如图 5-249 所示。

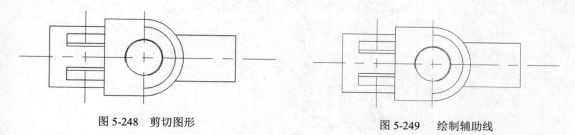

图 5-248　剪切图形　　　　　　　　　　　图 5-249　绘制辅助线

（8）创建圆角。单击"默认"选项卡"修改"面板中的"圆角"按钮 ⌒，创建半径为 2 的圆角，并单击"默认"选项卡"绘图"面板中的"直线"按钮 ╱，将缺失的图形补全，结果如图 5-250 所示。

所有图形绘制结束后最终结果如图 5-251 所示。

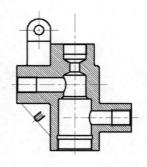

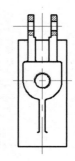

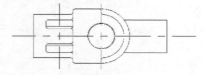

图 5-250　创建圆角

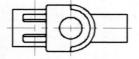

图 5-251　阀体绘制

练习提高　实例 088　绘制球阀阀体

绘制球阀阀体，如图 5-252 所示。

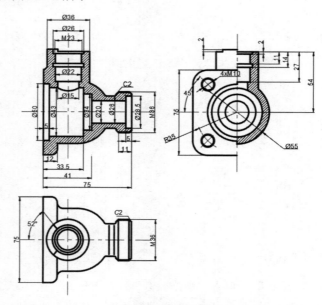

图 5-252　球阀阀体

思路点拨：

源文件：源文件\第 5 章\球阀阀体俯视图.dwg

　　本例首先利用"直线"命令绘制中心线，然后通过"偏移"命令偏移中心线并修剪。接下来利用"圆弧""圆""直线"命令绘制图形，并辅助二维编辑命令绘制图形。

第6章　文本和表格

内容简介

文字注释是图形中很重要的一部分内容。在进行各种设计时，通常不仅要绘制出图形，还要在其中标注一些文字，如技术要求、注释说明等，对图形对象加以解释。AutoCAD 提供了多种输入文字的方法，本章将介绍文本标注和编辑功能。另外，表格在 AutoCAD 图形中也有大量的应用，如明细表、参数表和标题栏等。AutoCAD 的表格功能使得绘制表格变得十分方便、快捷。尺寸标注是绘图过程中相当重要的一个环节。由于图形的主要作用是表达物体的形状，而物体各部分的真实大小和各部分之间的确切位置只能通过尺寸标注来表达，因此没有正确的尺寸标注，绘制出的图纸对于加工、制造也就没有意义。AutoCAD 2020 提供了方便、准确的尺寸标注功能。

6.1　文本绘制与编辑

在绘制图形的过程中，文字传递了很多设计信息。它可能是一个很复杂的说明，也可能是一个简短的文字信息。

完全讲解　实例 089　绘制导线符号

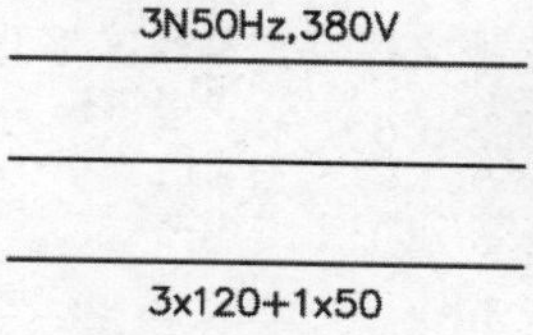

本实例将利用"直线"命令绘制导线，再利用"多行文字"命令进行文本标注，如图 6-1 所示。

（1）单击"默认"选项卡"绘图"面板中的"直线"按钮╱，绘制 3 条平行直线，命令行提示与操作如下：

图 6-1　绘制导线符号

```
命令: _line
指定第一个点: 100,100✓ （输入第一点坐标）
指定下一点或 [放弃(U)]: @200,0✓
```

以同样方法，在其上面位置再绘制两条直线，坐标分别为（100,140）、（@200,0）和（100,180）、（@200,0）。

（2）单击"默认"选项卡"注释"面板中的"多行文字"按钮 **A**，为导线添加文字说明。首先在模式设置栏开启"对象捕捉"和"对象跟踪"，然后移动光标至导线左端点的正上方处，如图 6-2 所示。单击确定第一个对角点。

（3）向右下方移动光标至导线右端点的正上方，如图 6-3 所示。单击确定第二个对角点，在 3 条平行导线的上方拖曳出矩形框。

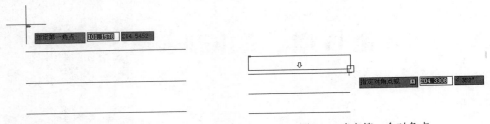

图 6-2 确定第一个对角点　　　　　　　　图 6-3 确定第二个对角点

（4）确定文字编辑区域后，系统弹出如图 6-4 所示的"文字编辑器"选项卡和多行文字编辑器。在其中将文本字体设置为仿宋_GB2312，大小为 10 号字，居中对齐，其他默认，然后在下方光标闪烁处输入要求的文字 3N50Hz，380V，结果如图 6-5 所示。

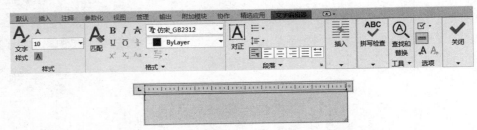

图 6-4 "文字编辑器"选项卡和多行文字编辑器

（5）单击"默认"选项卡"注释"面板中的"多行文字"按钮 **A**，按步骤（2）~（4）在导线的下方拖曳出编辑文字用的矩形框，并输入要求的文字"3×120+1×50"，至此，导线符号绘制完毕，如图 6-6 所示。

图 6-5 输入第一行文字　　　　　　　　图 6-6 导线符号

练习提高　实例 090　在文本中插入"±"号

练习在标注文字时插入一些特殊字符，如图 6-7 所示。

图 6-7 插入"±"号

扫一扫，看视频

思路点拨：

　　首先打开多行文字，在"文字编辑器"选项卡中选择"符号"下拉菜单中的"其他"命令，在打开的"字符映射表"对话框中选择要插入的"±"号。

6.2　表格绘制与编辑

机械制图中，经常要用到各种表格，比如参数表、明细表、标题栏等。利用"表格"绘图功能，创建表格就变得非常容易，用户可以直接插入设置好样式的表格来完成图形中用到的表格绘制。

完全讲解　实例 091 绘制公园设计植物明细表

本实例通过创建表格来绘制公园设计植物明细表，如图 6-8 所示。

苗木名称	数量	规格	苗木名称	数量	规格	苗木名称	数量	规格
落叶松	32	10cm	红叶	3	15cm	金叶女贞		20棵/m²，丛植H=500
银杏	44	15cm	法国梧桐	10	20cm	紫叶小檗		20棵/m²，丛植H=500
元宝枫	5	6m(冠径)	油松	4	8cm	草坪		2~3个品种混播
樱花	3	10cm	三角枫	26	10cm			
合欢	8	12cm	睡莲	20				
玉兰	27	15cm						
龙爪槐	30	8cm						

图 6-8　绘制公园设计植物明细表

（1）单击"默认"选项卡"注释"面板中的"表格"按钮，系统打开"表格样式"对话框，如图 6-9 所示。

（2）单击"新建"按钮，系统打开"创建新的表格样式"对话框，如图 6-10 所示。输入新的表格名称后，单击"继续"按钮，系统打开"新建表格样式"对话框，在"单元样式"对应的下拉列表框中选择"数据"选项，其对应的"常规"选项卡设置如图 6-11 所示。"文字"选项卡设置如图 6-12 所示。同理，在"单元样式"对应的下拉列表框中分别选择"标题"和"表头"选项，分别设置"对齐"为正中，文字高度为 8。创建好表格样式后，确定并关闭退出"表格样式"对话框。

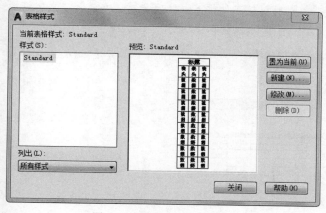

图 6-9　"表格样式"对话框

图 6-10　"创建新的表格样式"对话框

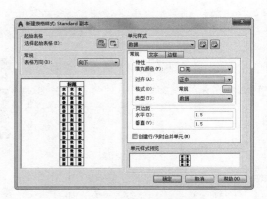

图 6-11 "常规"选项卡设置

图 6-12 "文字"选项卡设置

（3）单击"默认"选项卡"注释"面板中的"表格"按钮▦，系统打开"插入表格"对话框，设置如图 6-13 所示。

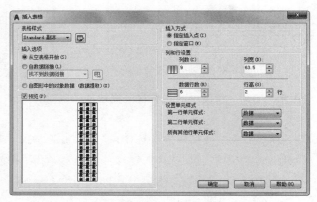

图 6-13 "插入表格"对话框

（4）单击"确定"按钮，系统在指定的插入点或窗口自动插入一个空表格，并显示"文字编辑器"选项卡，用户可以逐行逐列输入相应的文字或数据，如图 6-14 所示。

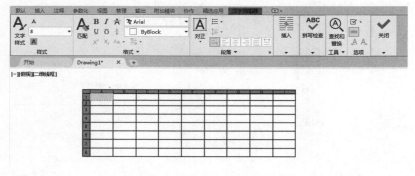

图 6-14 "文字编辑器"选项卡

（5）当编辑完成的表格有需要修改的地方时可用 TABLEDIT 命令来完成（也可在要修改的表格上右击，在弹出的快捷菜单中选择"输入文字"命令，如图 6-15 所示，同样可以达到修改文本的目的），命令行提示与操作如下：

命令：tabledit↙
拾取表格单元：（鼠标选取需要修改文本的表格单元格）

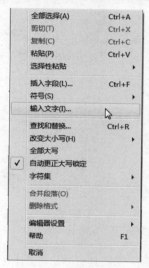

图 6-15　右键快捷菜单

多行文字编辑器会再次出现，用户可以进行修改。

📢 注意：

在插入后的表格中选择某一个单元格，单击后出现钳夹点，通过移动钳夹点可以改变单元格的大小，如图 6-16 所示。

图 6-16　改变单元格大小

最后完成的植物明细表如图 6-8 所示。

练习提高　实例 092　绘制零件明细表

通过创建表格来绘制零件明细表，绘制流程如图 6-17 所示。

扫一扫，看视频

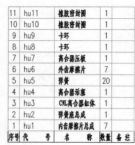

图 6-17　零件明细表绘制流程

思路点拨：

> 源文件：源文件\第 6 章\零件明细表.dwg
> 首先设置表格样式，然后创建表格，最后在表格中插入所需文字。

6.3　综 合 实 例

扫一扫，看视频

完全讲解　实例 093 完善 A3 样板图

本实例绘制一个园林设计样板图形，使其具有自己的图标栏和会签栏，如图 6-18 所示。

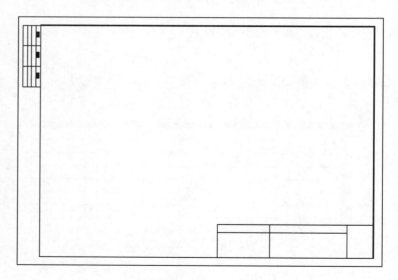

图 6-18　A3 样板图

1．打开文件

打开第 2 章中绘制好的 A3 样板图模板，如图 6-19 所示，在此基础上进行完善。

2．设置文本样式

（1）单击"默认"选项卡"注释"面板中的"文字样式"按钮 ，系统打开"文字样式"对话框，单击"新建"按钮，系统打开"新建文字样式"对话框，如图 6-20 所示。接受默认的"样式 1"文字样式名，单击"确定"按钮退出"新建文字样式"对话框。

图 6-19　A3 样板图模板　　　　　　图 6-20　"新建文字样式"对话框

（2）系统返回到"文字样式"对话框，在"字体名"下拉列表框中选择"宋体"选项；在"宽度因子"文本框中将宽度因子设置为 0.7；将文字高度设置为 5.000，如图 6-21 所示。单击"应用"按钮，再单击"关闭"按钮。其他文字样式类似设置。

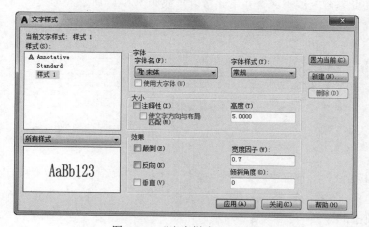

图 6-21　"文字样式"对话框

3．设置尺寸标注样式

（1）单击"默认"选项卡"注释"面板中的"标注样式"按钮 ，系统打开"标注样式管理器"对话框，如图 6-22 所示。在"预览"显示框中显示出标注样式的预览图形。

（2）单击"修改"按钮，系统打开"修改标注样式"对话框，在该对话框中对标注样式的选项按照需要进行修改，如图 6-23 所示。

（3）在"线"选项卡中，设置"颜色"和"线宽"为 ByLayer，"基线间距"为 6，其他不变。在"符号和箭头"选项卡中，设置"箭头大小"为 1，其他不变。在"文字"选项卡中，设置"颜色"为 ByLayer，"文字高度"为 5，其他不变。在"主单位"选项卡中，设置"精度"为 0，其他不变。其他选项卡不变。

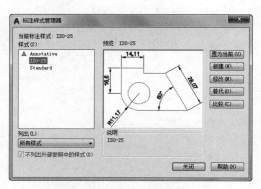

图 6-22 "标注样式管理器"对话框

图 6-23 "修改标注样式"对话框

4. 绘制标题栏

标题栏示意图由于分隔线并不整齐，所以可以先绘制一个 9×4（每个单元格的尺寸是 0×10）的标准表格，然后在此基础上编辑或合并单元格以形成如图 6-24 所示的形式。

图 6-24 标题栏示意图

（1）单击"默认"选项卡"注释"面板中的"表格样式"按钮 ，系统打开"表格样式"对话框，如图 6-9 所示。

（2）单击"表格样式"对话框中的"修改"按钮，系统打开"修改表格样式"对话框，在"单元样式"下拉列表框中选择"数据"选项，在"文字"选项卡中将"文字高度"设置为 6，如图 6-25 所示。再打开"常规"选项卡，将"页边距"选项组中的"水平"和"垂直"都设置为 1，如图 6-26 所示。

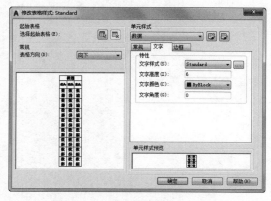

图 6-25 "修改表格样式"对话框

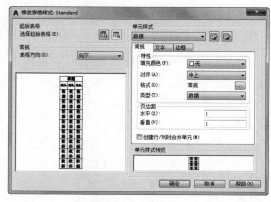

图 6-26 设置"常规"选项卡

（3）单击"确定"按钮系统返回到"表格样式"对话框，单击"关闭"按钮，退出对话框。

（4）单击"默认"选项卡"注释"面板中的"表格"按钮▦，系统打开"插入表格"对话框。在"列和行设置"选项组中将"列数"设置为 9，将"列宽"设置为 20，将"数据行数"设置为 2（加上标题行和表头行共 4 行），将"行高"设置为 1 行（即为 10）；在"设置单元样式"选项组中，将"第一行单元样式""第二行单元样式"和"所有其他行单元样式"都设置为"数据"，如图 6-27 所示。

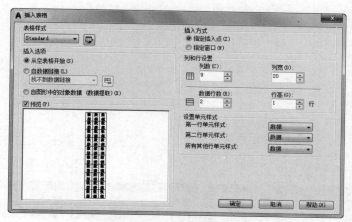

图 6-27　"插入表格"对话框

（5）在图框线右下角附近指定表格位置，系统生成表格，同时打开表格和文字编辑器，如图 6-28 所示。直接按 Enter 键，不输入文字，生成表格，如图 6-29 所示。

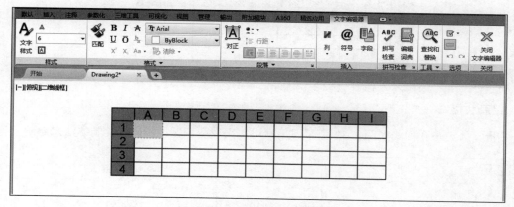

图 6-28　打开表格和文字编辑器

5. 移动标题栏

由于无法准确确定刚生成的标题栏与图框的相对位置，因此需要移动标题栏。单击"默认"选项卡"修改"面板中的"移动"按钮✛，将刚绘制的表格准确放置在图框的右下角，如图 6-30 所示。

6. 编辑标题栏表格

（1）单击标题栏的表格 A1 单元格，按住 Shift 键，同时选择 B1 和 C1 单元格，在"表格"编辑器中单击"合并单元"按钮，在其下拉菜单中选择"合并全部"命令，如图 6-31 所示。

（2）重复上述方法，对其他单元格进行合并，结果如图 6-32 所示。

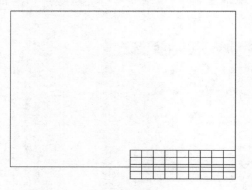

图 6-29 生成表格

图 6-30 移动表格

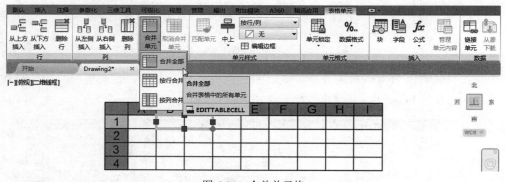

图 6-31 合并单元格

7. 绘制会签栏

会签栏具体大小和样式如图 6-33 所示。用户可以采取和标题栏相同的绘制方法来绘制会签栏。

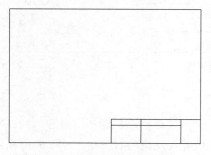

图 6-32 完成标题栏单元格编辑

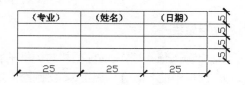

图 6-33 会签栏示意图

（1）在"修改表格样式"对话框的"文字"选项卡中，将"文字高度"设置为4，如图6-34所示；在"常规"选项卡中"页边距"选项组中，将"水平"和"垂直"都设置为0.5。

（2）单击"默认"选项卡"注释"面板中的"表格"按钮▦，系统打开"插入表格"对话框，在"列和行设置"选项组中，将"列数"设置为3，"列宽"设置为25，"数据行数"设置为2，"行高"设置为1行；在"设置单元样式"选项组中，将"第一行单元样式""第二行单元样式"和"所有其他行单元样式"都设置为"数据"，如图6-35所示。

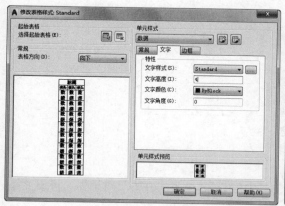

图 6-34　设置表格样式

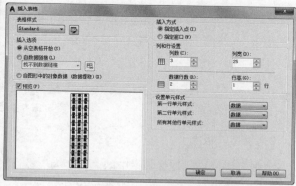

图 6-35　设置表格行和列

（3）在表格中输入文字，结果如图6-36所示。

8. 旋转和移动会签栏

（1）单击"默认"选项卡"修改"面板中的"旋转"按钮○，旋转会签栏，结果如图6-37所示。

单位	姓名	日期

图 6-36　会签栏的绘制

图 6-37　旋转会签栏

（2）单击"默认"选项卡"修改"面板中的"移动"按钮✛，将会签栏移动到图框的左上角，结果如图6-38所示。

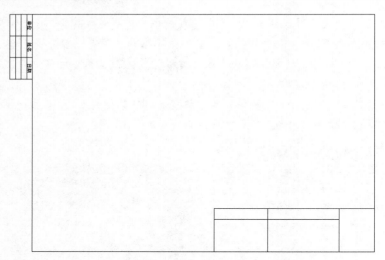

图 6-38　移动会签栏

9. 保存样板图

单击"快速访问"工具栏中的"另存为"按钮 ，系统打开"图形另存为"对话框，将图形保存为 DWG 格式的文件即可，如图 6-39 所示。

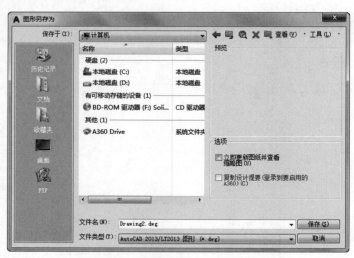

图 6-39　"图形另存为"对话框

下次绘图时，可以打开该样板图文件，在此基础上开始绘图，而本实例中所应用到的尺寸标注样式设置会在第 7 章中详细介绍，此处不作过多解释。

练习提高　实例 094　完善 A4 样板图

绘制样板图的流程如图 6-40 所示。

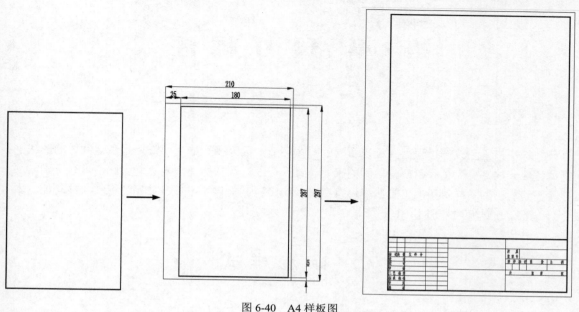

图 6-40 A4 样板图

思路点拨：

源文件：源文件\第 6 章\A4 样板图.dwg
首先打开第 2 章中绘制的 A4 样板图，然后创建图层，设置标注样式、文字样式以及表格样式，创建表格作为标题栏，然后在标题栏上添加文字注释，并通过"移动"命令移动标题栏到适当位置。

第 7 章　尺 寸 标 注

内容简介

　　尺寸标注是绘图设计过程当中相当重要的一个环节。因为图形的主要作用是表达物体的形状，而物体各部分的真实大小和各部分之间的确切位置只能通过尺寸标注来表达。因此，没有正确的尺寸标注，绘制出的图样对于加工制造就没有意义。AutoCAD 提供了方便、准确的标注尺寸功能。本章介绍 AutoCAD 的尺寸标注功能。

7.1　标 注 样 式

在进行尺寸标注前，先要创建尺寸标注的样式，其执行方式如下。
- 命令行：DIMSTYLE（快捷命令：D）。
- 菜单栏：选择菜单栏中的"格式"→"标注样式"命令或"标注"→"标注样式"命令。
- 工具栏：单击"标注"工具栏中的"标注样式"按钮。
- 功能区：单击"默认"选项卡"注释"面板中的"标注样式"按钮。

完全讲解　实例 095　设置垫片尺寸标注样式

本实例设置如图 7-1 所示的垫片尺寸标注样式。

（1）打开"源文件\第 7 章\垫片.dwg"图形文件。

（2）新建图层。新建"尺寸标注"图层，属性选择默认，并将其设置为当前图层。

（3）设置标注样式。单击"默认"选项卡"注释"面板中的"标注样式"

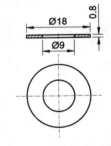

图 7-1　标注垫片尺寸

按钮，系统弹出如图 7-2 所示的"标注样式管理器"对话框。单击"新建"按钮，在弹出的"创建新标注样式"对话框中设置"新样式名"为"机械制图"，如图 7-3 所示。单击"继续"按钮，系统弹出"新建标注样式：机械制图"对话框。在如图 7-4 所示的"线"选项卡中，设置"基线间距"为 2，"超出尺寸线"为 1.25，"起点偏移量"为 0.625，其他设置保持默认。在如图 7-5 所示的"符号和箭头"选项卡中，设置箭头为"实心闭合"，"箭头大小"为 2，其他设置保持默认。在如图 7-6 所示的"文字"选项卡中，设置"文字高度"为 2，其他设置保持默认。在如图 7-7 所示的"主单位"选项卡中，设置"精度"为 0.0，"小数分隔符"为"句点"，其他设置保持默认。设置完成后单击"确定"按钮退出。在"标注样式管理器"对话框中将"机械制图"样式设置为当前样式，单击"关闭"按钮退出。

（4）单击"另存为"按钮，将其命名为"垫片尺寸标注样式"，并保存到指定位置。

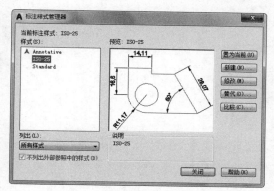

图 7-2　"标注样式管理器"对话框

图 7-3　"创建新标注样式"对话框

图 7-4　"线"选项卡

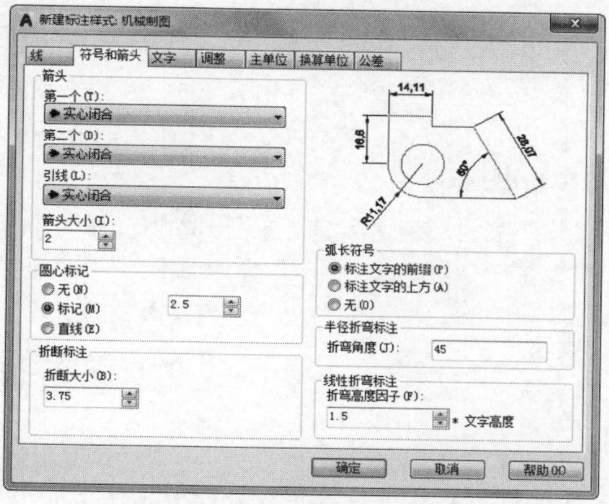

图 7-5　"符号和箭头"选项卡

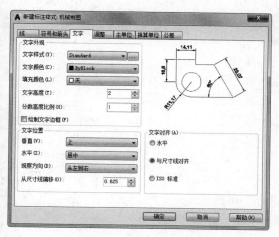

图 7-6　"文字"选项卡

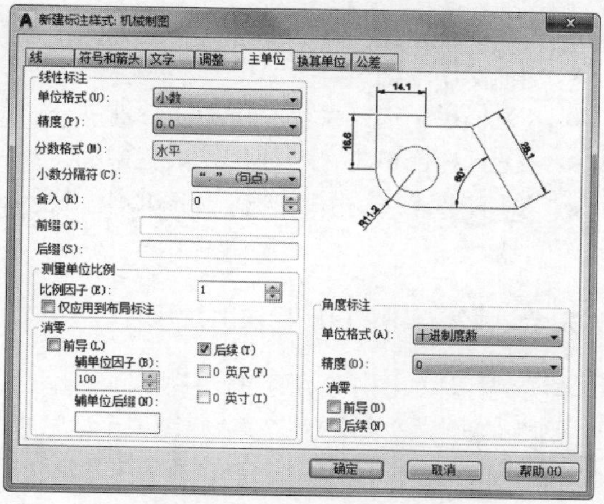

图 7-7　"主单位"选项卡

练习提高　实例 096　设置止动垫圈尺寸标注样式

本实例设置如图 7-8 所示的止动垫圈尺寸标注样式。

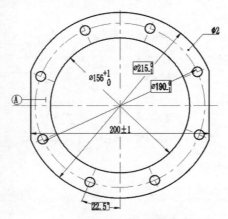

图 7-8　止动垫圈尺寸标注

📋 **思路点拨：**

源文件：源文件\第 7 章\止动垫圈.dwg

首先通过"文字样式"命令设置文字的大小。然后利用"标注样式"命令设置标注样式。

7.2　普通尺寸标注

正确地进行尺寸标注是设计绘图工作中非常重要的一个环节，AutoCAD 2020 提供了方便快捷的尺寸标注方法，可通过执行命令实现，也可利用菜单或工具图标实现。本节重点介绍如何对各种类型的尺寸进行标注，具体操作如下。

- 命令行：DIMLINEAR（快捷命令：D+L+I）。
- 菜单栏：选择菜单栏中的"标注"→"线性"命令。
- 工具栏：单击"标注"工具栏中的"线性"按钮 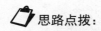。
- 功能区：单击"默认"选项卡"注释"面板中的"线性"按钮。

完全讲解　实例 097　标注垫片尺寸

本实例标注如图 7-9 所示的垫片尺寸。

（1）打开"源文件\第 7 章\垫片尺寸标注样式.dwg"图形文件。

（2）标注尺寸。单击"注释"选项卡"标注"面板中的"线性"按钮 ，对图形进行尺寸标注，命令行提示与操作如下：

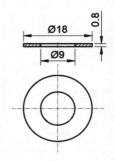

图 7-9　垫片尺寸标注

```
命令：_dimlinear（标注厚度尺寸 0.8）
指定第一个尺寸界线原点或 <选择对象>：（指定第一条尺寸边界线位置）
指定第二条尺寸界线原点：（指定第二条尺寸边界线位置）
指定尺寸线位置或 [多行文字(M)/文字(T)/角度(A)/水平(H)/垂直(V)/旋转(R)]：（选取尺寸的放置位置）
标注文字 = 0.8
命令：_dimlinear（标注直径尺寸 Φ18）
指定第一个尺寸界线原点或 <选择对象>：（指定第一条尺寸边界线位置）
指定第二条尺寸界线原点：（指定第二条尺寸边界线位置）
指定尺寸线位置或 [多行文字(M)/文字(T)/角度(A)/水平(H)/垂直(V)/旋转(R)]：t✓
输入标注文字 <18>：%%c18✓
指定尺寸线位置或[多行文字(M)/文字(T)/角度(A)/水平(H)/垂直(V)/旋转(R)]：（选取尺寸的放置位置）
标注文字 = 18
```

结果如图 7-9 所示。

（3）半径标注。单击"默认"选项卡"注释"面板中的"半径"按钮，标注右侧圆弧，命令行提示与操作如下：

```
命令：_dimradius
选择圆弧或圆：✓
标注文字 = 9
指定尺寸线位置或 [多行文字(M)/文字(T)/角度(A)]：✓
命令：_dimradius
选择圆弧或圆：✓
标注文字 = 4.5
指定尺寸线位置或 [多行文字(M)/文字(T)/角度(A)]：✓
```

最终结果如图 7-9 所示。

练习提高　实例 098　标注螺栓尺寸

扫一扫，看视频

以标注螺栓尺寸为例，重点练习"尺寸标注"命令的使用方法，标注流程如图 7-10 所示。

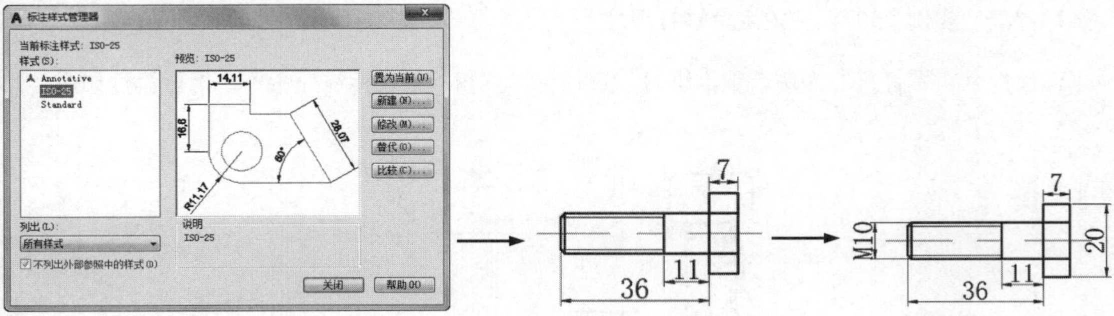

图 7-10　标注螺栓尺寸

思路点拨：

源文件：源文件\第 7 章\螺栓.dwg
首先新建并设置标注样式，然后通过"线性标注"命令标注螺栓尺寸。

完全讲解　实例 099　标注胶木球尺寸

本实例标注如图 7-11 所示的胶木球尺寸。利用源文件中的"胶木球"图形，新建了新的标注样式，并利用"线性"和"直径"等命令，为图形添加尺寸标注。

1. 打开文件

单击"快速访问"工具栏中的"打开"按钮 📂，打开"选择文件"对话框，打开源文件中的"胶木球"图形。

2. 设置标注样式

将"尺寸标注"图层设定为当前图层。设置标注样式。

3. 标注尺寸

（1）单击"默认"选项卡"注释"面板中的"线性"按钮 ⊢⊣，标注线性尺寸，结果如图 7-12 所示。

（2）单击"默认"选项卡"注释"面板中的"直径"按钮 ⊘，标注直径尺寸，命令行提示与操作如下：

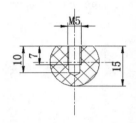
图 7-11　标注胶木球尺寸

图 7-12　线性尺寸标注

```
命令：DIMDIAMETER✓
选择圆弧或圆：（选择要标注直径的圆弧）
标注文字 = 18
指定尺寸线位置或 [多行文字(M)/文字(T)/角度(A)]：t✓
输入标注文字 <18>：s%%c18
指定尺寸线位置或 [多行文字(M)/文字(T)/角度(A)]：（适当指定一个位置）
```

结果如图 7-11 所示。

练习提高　实例 100　标注内六角螺钉尺寸

以标注内六角螺钉尺寸为例，重点练习"直径标注"和"半径标注"命令，标注流程如图 7-13 所示。

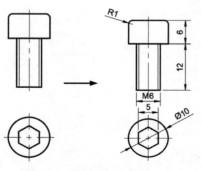

图 7-13　标注内六角螺钉尺寸

📋 **思路点拨：**

> 源文件：源文件\第 7 章\内六角螺钉.dwg
>
> 　　首先新建标注图层，然后设置标注样式，最后利用线性标注、连续标注以及半径标注来标注内六角螺钉的尺寸。

完全讲解　实例 101 标注压紧螺母尺寸

本例标注如图 7-14 所示的压紧螺母尺寸。

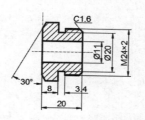

图 7-14　标注压紧螺母尺寸

（1）打开"源文件\第 7 章\标注压紧螺母\压紧螺母.dwg"图形文件。

（2）设置标注样式。按前面所学的方法设置标注样式。

（3）标注线性尺寸。单击"默认"选项卡"注释"面板中的"线性"按钮 ┠┤，标注线性尺寸，结果如图 7-15 所示。

（4）标注直径尺寸。单击"默认"选项卡"注释"面板中的"直径"按钮 ⊘，标注直径尺寸，结果如图 7-16 所示。

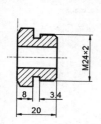
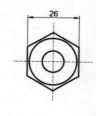
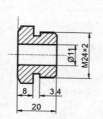
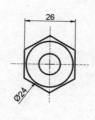

图 7-15　线性尺寸标注　　　　　　　　　　图 7-16　直径尺寸标注

（5）设置角度标注尺寸样式。单击"默认"选项卡"注释"面板中的"标注样式"按钮 ⛌，在系统弹出的"标注样式管理器"对话框的"样式"列表中，选择已经设置的"机械制图"样式，单击"新建"按钮，在弹出的"创建新标注样式"对话框中的"用于"下拉列表中选择"角度标注"，如图 7-17 所示。单击"继续"按钮，弹出"新建标注样式"对话框，在"文字"选项卡"文字对齐"选项组选中"水平"单选按钮，其他选项按默认设置，如图 7-18 所示。单击"确定"按钮，返回到"标注样式管理器"对话框，"样式"列表中新增加了"角度"标注样式，如图 7-19 所示。单击"关闭"按钮，"角度"标注样式被设置为当前标注样式，并只对角度标注有效。

◀)) **注意：**

根据 GB/T 4458.4—2003，角度的尺寸数字必须水平放置，所以这里要对角度尺寸的标注样式进行重新设置。

（6）标注角度尺寸。单击"默认"选项卡"注释"面板中的"角度"按钮△，对图形进行角度尺寸标注，命令行提示与操作如下：

```
命令：_dimangular
选择圆弧、圆、直线或 <指定顶点>：（选择主视图上倒角的斜线）
选择第二条直线：（选择主视图最左端的竖直线）
指定标注弧线位置或 [多行文字(M)/文字(T)/角度(A)/象限点(Q)]：（选择合适的位置）
标注文字 = 53
```

结果如图 7-20 所示。

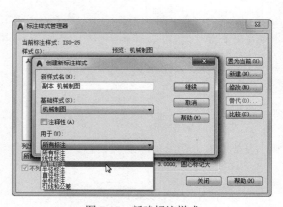

图 7-17　新建标注样式

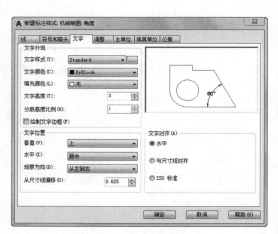

图 7-18　设置标注样式

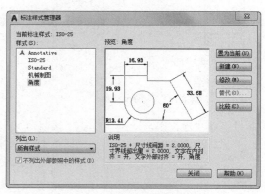

图 7-19　标注样式管理器

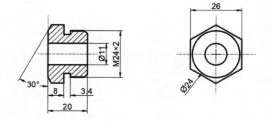

图 7-20　角度尺寸标注

（7）标注倒角尺寸 C1.6。该尺寸标注方法在下一节讲述，这里暂且不讲，最终结果如图 7-14 所示。

练习提高　实例 102　标注卡槽尺寸

以标注卡槽尺寸为例，重点练习"对齐标注"和"角度标注"命令的使用方法，标注流程如图 7-21 所示。

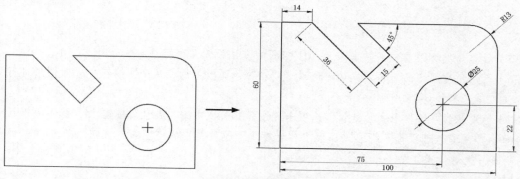

图 7-21　标注卡槽尺寸

思路点拨：

源文件：源文件\第 7 章\卡槽.dwg

首先设置图层，然后新建并设置直径/半径标注样式。最后标注线性尺寸以及直径和半径尺寸。

完全讲解　实例 103　标注阀杆尺寸

本实例标注如图 7-22 所示的阀杆尺寸。

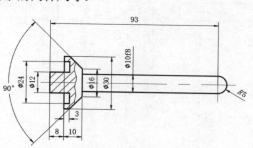

图 7-22　标注阀杆尺寸

（1）打开"源文件\第 7 章\标注阀杆\阀杆.dwg"图形文件。

（2）设置标注样式。将"尺寸标注"图层设定为当前图层。按与实例 095 相同的方法设置标注样式。

（3）标注线性尺寸。单击"默认"选项卡"注释"面板中的"线性"按钮，标注线性尺寸，结果如图 7-23 所示。

（4）标注半径尺寸。单击"默认"选项卡"注释"面板中的"半径"按钮，标注圆弧尺寸，结果如图 7-24 所示。

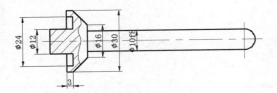

図 7-23　标注线性尺寸　　　　　　　　　　図 7-24　标注半径尺寸

（5）设置角度标注样式。按与实例 101 相同的方法设置角度标注样式。

（6）标注角度尺寸。单击"默认"选项卡"注释"面板中的"角度"按钮△，对图形进行角度尺寸标注，结果如图 7-25 所示。

（7）标注基线尺寸。单击"默认"选项卡"注释"面板中的"线性"按钮├─┤，标注线性尺寸为93，再单击"注释"选项卡"标注"面板中"连续"下拉菜单中的"基线"按钮├─┤，标注基线尺寸为 8，命令行提示与操作如下：

```
命令: _dimbaseline
指定第二个尺寸界线原点或 [放弃(U)/选择(S)] <选择>:（选择尺寸界线）
标注文字 = 8
指定第二个尺寸界线原点或 [放弃(U)/选择(S)] <选择>:✓
```

选择刚标注的基线标注，利用钳夹功能将尺寸线移动到合适的位置，结果如图 7-26 所示。

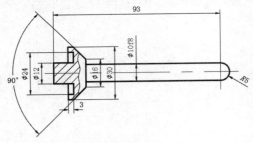

図 7-25　标注角度尺寸

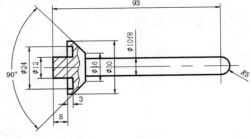

図 7-26　标注基线尺寸

（8）标注连续尺寸。单击"注释"选项卡"标注"面板中的"连续"按钮├┤┤，标注连续尺寸为10，命令行提示与操作如下：

```
命令: _dimcontinue
指定第二个尺寸界线原点或 [放弃(U)/选择(S)] <选择>:（选择尺寸界线）
标注文字 =10
指定第二个尺寸界线原点或 [放弃(U)/选择(S)] <选择>:✓
```

最终结果如图 7-22 所示。

练习提高　实例 104　标注挂轮架尺寸

以标注挂轮架尺寸为例，重点练习"连续标注"命令的使用方法，标注流程如图 7-27 所示。

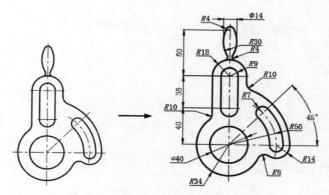

图 7-27 标注挂轮架

 思路点拨：

源文件：源文件\第 7 章\挂轮架.dwg

综合利用前面学过的长度型尺寸标注、连续尺寸标注、半径尺寸标注、直径尺寸标注，以及角度尺寸标注方法标注挂轮架尺寸。

完全讲解　实例 105　标注手把尺寸

本例标注如图 7-28 所示的手把尺寸。

扫一扫，看视频

图 7-28 标注手把尺寸

（1）打开"源文件\第 7 章\标注手把\手把.dwg"图形文件。

（2）设置标注样式。将"尺寸标注"图层设定为当前图层。按与实例 095 相同的方法设置标注样式。

（3）标注线性尺寸。单击"默认"选项卡"注释"面板中的"线性"按钮，标注线性尺寸，结果如图 7-29 所示。

（4）标注半径尺寸。单击"默认"选项卡"注释"面板中的"半径"按钮，标注圆弧尺寸，结果如图 7-30 所示。

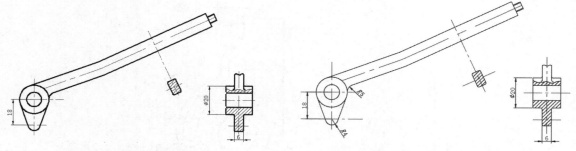

图 7-29　标注线性尺寸　　　　　　　　　　图 7-30　标注半径尺寸

（5）设置角度标注样式。按与实例 101 相同的方法设置角度标注样式。

（6）标注角度尺寸。单击"默认"选项卡"注释"面板中的"角度"按钮△，对图形进行角度尺寸标注，结果如图 7-31 所示。

（7）标注对齐尺寸。单击"默认"选项卡"注释"面板中的"对齐"按钮↖，对图形进行对齐尺寸标注，命令行提示与操作如下：

```
命令: _dimaligned
指定第一个尺寸界线原点或 <选择对象>：（选择合适的标注起始位置点）
指定第二条尺寸界线原点：（选择合适的标注终止位置点）
指定尺寸线位置或[多行文字(M)/文字(T)/角度(A)]：（指定合适的尺寸线位置）
标注文字 = 50
```

以相同方法标注其他对齐尺寸，结果如图 7-32 所示。

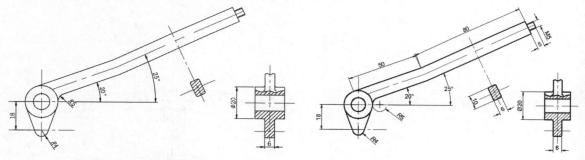

图 7-31　标注角度尺寸　　　　　　　　　　图 7-32　标注对齐尺寸

（8）设置公差尺寸标注样式。单击"默认"选项卡"注释"面板中的"标注样式"按钮⊯，在系统弹出的"标注样式管理器"对话框的"样式"列表中，选择已经设置的"机械制图"样式，单击"替代"按钮，打开"替代当前样式"对话框，在其中的"公差"选项卡中，设置"样式"为"极限偏差"，"精度"为 0.000，在"上偏差"文本框中输入 0.022，在"下偏差"文本框中输入 0，在"高度比例"文本框中输入 0.5，在"垂直位置"下拉列表框中选择"中"，如图 7-33 所示。再打开"主单位"选项卡，在"前缀"文本框中输入%%C，如图 7-34 所示。单击"确定"按钮，退出"替代当前样式"对话框，再单击"关闭"按钮，退出"标注样式管理器"对话框。

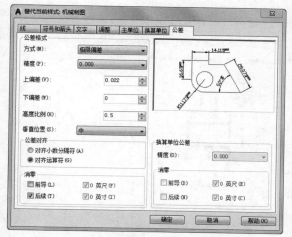

图 7-33　设置"公差"选项卡　　　　　图 7-34　设置"主单位"选项卡

 **注意：**

（1）"上（下）偏差"文本框中的数值不能随意填写，应该查阅相关工程手册中的标准公差数值，本例标准的是基准尺寸为 10 的孔公差系列为 H8 的尺寸，查阅相关手册，上偏差为+22（即 0.022），下偏差为 0。这样一来，每次标注新的不同的公差值的公差尺寸，就要重新设置一次替代标注样式，相对烦琐。当然，也可以采取另一种相对简单的方法，后面会讲述，读者注意体会。

（2）系统默认在下偏差数值前加一个"−"号，如果下偏差为正值，一定要在"下偏差"文本框中输入一个负值。

（3）"精度"一定要选择为 0.000，即小数点后三位数字，否则显示的偏差会出错。

（4）"高度比例"文本框中一定要输入 0.5，这样竖直堆放在一起的两个偏差数字的总的高度就和前面的基准数值高度相近，符合《机械制图》相关标准。

（5）"垂直位置"下拉列表框中选择"中"，可以使偏差数值与前面的基准数值对齐，相对美观，也符合《机械制图》相关标准。

（6）在"主单位"选项卡的"前缀"文本框中输入%%C 的目的是要标注线性尺寸的直径符号φ。这里不能采用标注普通的不带偏差值的线性尺寸的处理方式，通过重新输入文字值来处理，因为重新输入文字时无法输入上下偏差值（其实可以，但非常烦琐，一般读者很难掌握，此处不再介绍）。

（9）标注公差尺寸。单击"默认"选项卡"注释"面板中的"线性"按钮，标注公差尺寸，结果如图 7-35 所示。

（10）修改偏差值。单击"默认"选项卡"修改"面板中的"分解"按钮，将刚标注的公差尺寸分解。双击分解后的尺寸数字，打开"文字编辑器"选项卡和"文字编辑器"，如图 7-36 所示。选择偏差数字，这时，文字格式编辑器上的"堆叠"按钮处于可用的亮显状态，单击该按钮，把公差数值展开，用空格键代替"−"号，如图 7-37 所示。再次选择展开后的公差数字，单击"堆叠"按钮，结果如图 7-38 所示。

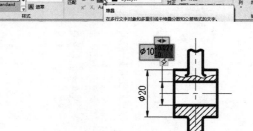

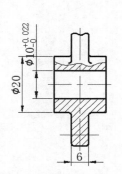

图 7-35　标注公差尺寸　　　　　　　　图 7-36　"文字编辑器"选项卡和文字编辑器

📢 **注意：**

> 从图 7-35 可以看出，下偏差标注的值是-0，这是因为系统默认在下偏差前添加一个负号，而 GB/T4458.4—2003 中规定偏差 0 前不添加符号，所以需要修改。在修改时不能直接去掉负号，否则会导致上下偏差数值无法对齐，不符合 GB/T4458.4—2003 中的规定。

（11）再次单击"默认"选项卡"注释"面板中的"线性"按钮┠┈┨，标注另一个公差尺寸，结果如图 7-39 所示。这个公差尺寸有两个地方不符合实际情况：一是前面多了一个直径符号φ，二是公差数值不符合实际公差系列中查阅的数值，所以需要修改。

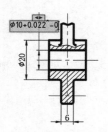

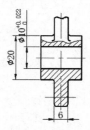

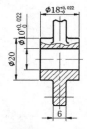

图 7-37　修改公差数字　　　　图 7-38　完成公差数字修改　　　　图 7-39　再次标注公差尺寸

（12）修改尺寸数字。按步骤（19）相同方法，分解尺寸，打开"文字编辑器"选项卡和"文字编辑器"，如图 7-40 所示。将公差数字展开去掉前面的直径符号φ，修改公差值，结果如图 7-41 所示。

最终结果如图 7-28 所示。

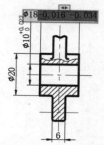

图 7-40　修改尺寸数字

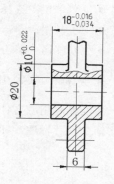

图 7-41　修改结果

扫一扫，看视频

练习提高　实例 106　标注扳手尺寸

以标注扳手尺寸为例，重点练习"对齐标注"命令的使用方法，标注流程如图 7-42 所示。

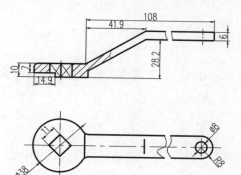

图 7-42　标注扳手尺寸

思路点拨：

> 源文件：源文件\第 7 章\扳手.dwg
> 首先打开扳手文件，然后设置图层，并设置标注样式。接下来利用"线性标注""基线标注"以及"直径标注"命令完成扳手尺寸标注。

7.3　引线标注

AutoCAD 提供了引线标注功能，利用该功能不仅可以标注特定的尺寸，如圆角、倒角等。还可以实现在图中添加多行旁注、说明。引线标注包括一般引线标注、快速引线标注和多重引线标注，这里以多重引线标注为例，其执行方式如下。

- 命令行：MLEADER。
- 菜单栏：选择菜单栏中的"标注"→"多重引线"命令。
- 工具栏：单击"多重引线"工具栏中的"多重引线"按钮 。
- 功能区：单击"默认"选项卡"注释"面板中的"多重引线"按钮 。

扫一扫，看视频

完全讲解　实例 107 标注销轴尺寸

本实例利用源文件中的"销轴"图形，新建新的标注样式，并利用"线性""分解"等命令，为图形添加尺寸标注，标注如图 7-43 所示的销轴尺寸。

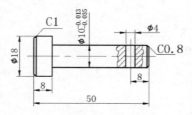

图 7-43　标注销轴尺寸

（1）打开文件。单击"快速访问"工具栏中的"打开"按钮 ，打开"选择文件"对话框，打开源文件中的"销轴"图形。

（2）设置标注样式。将"尺寸标注"图层设定为当前图层。按与实例 095 相同的方法设置标注样式。

（3）标注线性尺寸。单击"默认"选项卡"注释"面板中的"线性"按钮 ，标注线性尺寸，结果如图 7-44 所示。

（4）设置公差尺寸标注样式。按与实例 105 相同的方法设置公差尺寸标注样式。

（5）标注公差尺寸。单击"默认"选项卡"注释"面板中的"线性"按钮 ，标注公差尺寸，结果如图 7-45 所示。

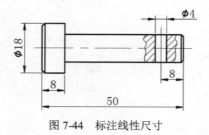

图 7-44　标注线性尺寸

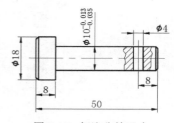

图 7-45　标注公差尺寸

（6）引线设置。用"引线"命令标注销轴左端倒角，命令行提示与操作如下：

命令：QLEADER↙
指定第一个引线点或 [设置(S)] <设置>：s↙（系统打开"引线设置"对话框，分别按如图 7-46 和图 7-47 设置，最后"确定"按钮退出）
指定第一个引线点或 [设置(S)] <设置>：（指定销轴左上端的倒角点）

指定下一点：（适当指定下一点）
指定下一点：（适当指定下一点）
指定文字宽度 <0>：3↙
输入注释文字的第一行 <多行文字(M)>：C1↙
输入注释文字的下一行：↙

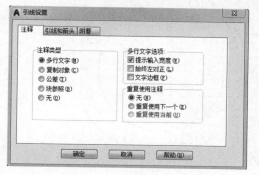

图 7-46 "注释"选项卡

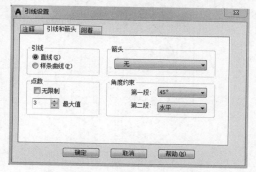

图 7-47 "引线和箭头"选项卡

结果如图 7-48 所示。

单击"默认"选项卡"修改"面板中的"分解"按钮，将引线标注分解，单击"默认"选项卡"修改"面板中的"移动"按钮，将倒角数值 C1 移动到合适位置，结果如图 7-49 所示。

（7）多重引线标注。单击菜单栏中"标注"下的"多重引线"命令，标注销轴右端倒角，命令行提示与操作如下：

```
命令：_mleader
指定引线箭头的位置或 [引线基线优先(L)/内容优先(C)/选项(O)] <选项>：（指定销轴右上端的倒角点）
指定引线基线的位置：（适当指定下一点）
```

系统打开多行文字编辑器，输入倒角文字 C0.8，完成多重引线标注。单击"默认"选项卡"修改"面板中的"分解"按钮，将引线标注分解。单击"默认"选项卡"修改"面板中的"移动"按钮，将倒角数值 C0.8 移动到合适位置，最终结果如图 7-43 所示。

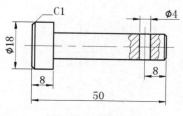

图 7-48 引线标注

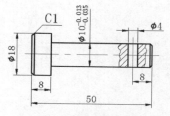

图 7-49 调整位置

📢 注意：

对于 45°的倒角，可以标注 C*，如 C1 表示 1×1 的 45°倒角。如果倒角不是 45°，就必须按常规尺寸标注的方法进行标注。

练习提高　实例 108　标注止动垫圈尺寸

以标注止动垫圈尺寸为例，重点练习引线标注的方法，标注流程如图 7-50 所示。

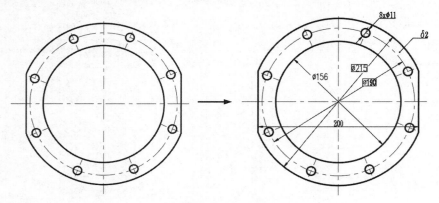

图 7-50　标注止动垫圈

思路点拨：

源文件：源文件\第 7 章\止动垫圈.dwg
　　前面已经设置好止动垫圈的标注样式，然后用"线性""直径""角度标注"以及"引线标注"命令标注止动垫圈中的尺寸（尺寸数字加外框表示参考尺寸）。

完全讲解　实例 109　标注底座尺寸

本实例以标注底座尺寸为例，练习尺寸标注的方法。首先标注一般尺寸，然后再标注倒角尺寸，最后标注形位公差，结果如图 7-51 所示。

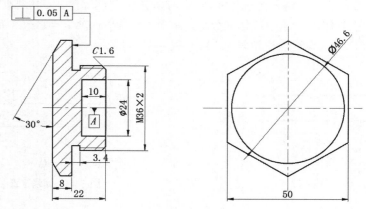

图 7-51　标注底座尺寸

　　（1）打开文件。单击"快速访问"工具栏中的"打开"按钮 📂，打开"选择文件"对话框，打开源文件中的"底座"图形。

（2）设置标注样式。将"尺寸标注"图层设定为当前图层。按与实例 095 相同的方法设置标注样式。

（3）标注线性尺寸。单击"默认"选项卡"注释"面板中的"线性"按钮├─┤，标注线性尺寸，结果如图 7-52 所示。

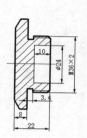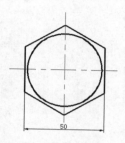

图 7-52　标注线性尺寸

（4）标注直径尺寸。单击"默认"选项卡"注释"面板中的"直径"按钮◎，标注直径尺寸，结果如图 7-53 所示。

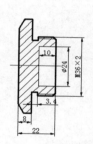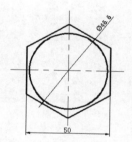

图 7-53　标注直径尺寸

（5）设置角度标注样式。按与实例 095 相同的方法设置角度标注样式。

（6）标注角度尺寸。单击"默认"选项卡"注释"面板中的"角度"按钮△，对图形进行角度尺寸标注，结果如图 7-54 所示。

（7）标注引线尺寸。按与实例 107 相同的方法标注引线，结果如图 7-55 所示。

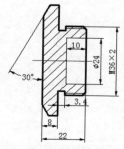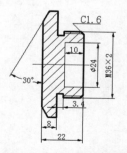

图 7-54　标注角度尺寸　　　　　　　　图 7-55　标注引线尺寸

（8）标注形位公差。单击"注释"选项卡"标注"面板中的"公差"按钮，打开"形位公差"对话框，单击"符号"黑框，打开"特征符号"对话框，选择⊥符号，在"公差 1"文本框中输入 0.05，在"基准 1"文本框中输入字母 A，如图 7-56 所示。单击"确定"按钮退出对话框，在图形的合适位置放置形位公差，如图 7-57 所示。

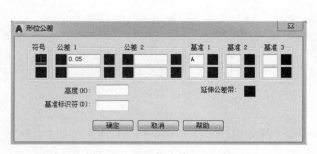

图 7-56　"形位公差"对话框

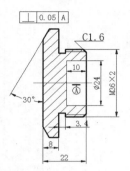

图 7-57　放置形位公差

（9）绘制引线。利用 LEADER 命令绘制引线，命令行提示与操作如下：

```
命令：LEADER✓
指定引线起点：（适当指定一点）
指定下一点：（适当指定一点）
指定下一点或 [注释(A)/格式(F)/放弃(U)] <注释>：（适当指定一点）
指定下一点或 [注释(A)/格式(F)/放弃(U)] <注释>：（适当指定一点）
指定下一点或 [注释(A)/格式(F)/放弃(U)] <注释>：✓
```

结果如图 7-58 所示。

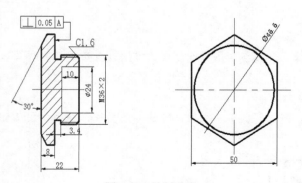

图 7-58　绘制引线

（10）绘制基准符号。利用"直线""圆"和"多行文字"等命令绘制基准符号，最终结果如图 7-51 所示。

📢 注意：

　　基准符号上面的短横线是粗实线，其他图线是细实线，这里注意设置线宽或转换图层。

练习提高　实例 110 标注齿轮轴套尺寸

以标注齿轮轴套尺寸为例，重点练习"引线"命令的应用，标注流程如图 7-59 所示。

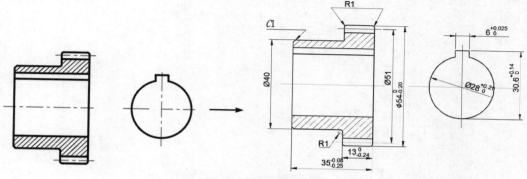

图 7-59　标注齿轮轴套

思路点拨：

源文件：源文件\第 7 章\齿轮轴套.dwg

首先设置标注样式，然后利用"线性""基线""半径""直径""引线"以及"快速引线"命令标注齿轮轴套。

7.4　公　差　标　注

为方便机械设计工作，AutoCAD 提供了标注形状、位置公差的功能，称为形位公差。在 GB/T 1181—2008 中改为"几何公差"，几何公差的标注形式如图 7-60 所示，主要包括指引线、特征符号、公差值和附加符号、基准代号及附加符号。

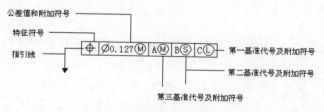

图 7-60　几何公差标注

其执行方式如下。

- 命令行：TOLERANCE（快捷命令：TOL）。
- 菜单栏：选择菜单栏中的"标注"→"公差"命令。
- 工具栏：单击"标注"工具栏中的"公差"按钮⊞。
- 功能区：单击"注释"选项卡"标注"面板中的"公差"按钮⊞。

完全讲解　实例 111 标注手压阀阀体尺寸

本例通过标注手压阀阀体的尺寸来练习各个标注命令的应用，如图7-61所示为标注完成的阀体。

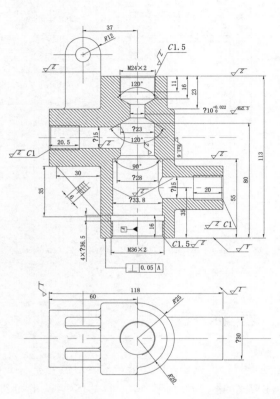

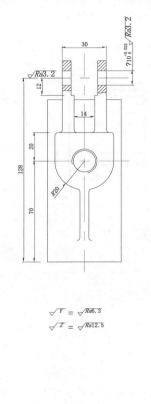

图 7-61　标注阀体尺寸

1. 设置标注样式

（1）单击"快速访问"工具栏中的"打开"按钮 🗁，打开"源文件\第7章\标注手压阀阀体.dwg"文件。

（2）将"尺寸标注"图层设定为当前图层。单击"默认"选项卡"注释"面板中的"标注样式"按钮 🖍，系统弹出如图7-62所示的"标注样式管理器"对话框。单击"新建"按钮，在弹出的"创建新标注样式"对话框中设置"新样式名"为"机械制图"，如图7-63所示。

（3）单击"继续"按钮，系统弹出"新建标注样式：机械制图"对话框。在如图7-64所示的"线"选项卡中，设置"基线间距"为2，"超出尺寸线"为1.25，"起点偏移量"为0.625，其他设置保持默认。

（4）在如图7-65所示的"符号和箭头"选项卡中，设置"箭头"为"实心闭合"，"箭头大小"为2.5，其他设置保持默认。

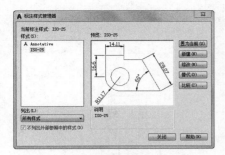

图 7-62　"标注样式管理器"对话框

图 7-63　"创建新标注样式"对话框

图 7-64　"线"选项卡

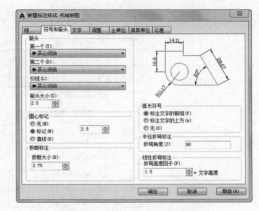

图 7-65　"符号和箭头"选项卡

（5）在如图 7-66 所示的"文字"选项卡中，设置"文字高度"为 3，单击文字样式后面的 ⋯ 按钮，弹出"文字样式"对话框，设置字体名为"仿宋-GB2312"，其他设置保持默认。

（6）在如图 7-67 所示的"主单位"选项卡中，设置"精度"为 0.0，"小数分隔符"为"句点"，其他设置保持默认。设置完成后单击"确定"按钮退出对话框。在"标注样式管理器"对话框中将"机械制图"样式设置为当前样式，单击"关闭"按钮退出对话框。

图 7-66　"文字"选项卡

图 7-67　"主单位"选项卡

2．标注尺寸

（1）单击"默认"选项卡"注释"面板中的"线性"按钮├┤，标注线性尺寸，结果如图 7-68 所示。

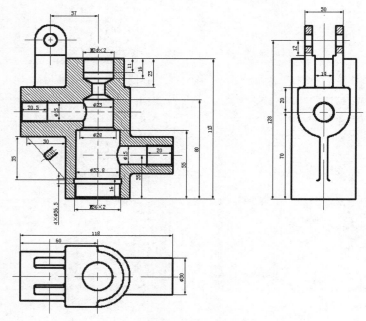

图 7-68　线性尺寸标注

（2）单击"默认"选项卡"注释"面板中的"半径"按钮，标注半径尺寸，结果如图 7-69 所示。

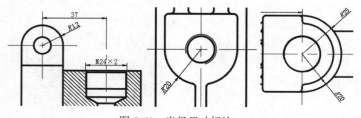

图 7-69　半径尺寸标注

（3）单击"默认"选项卡"注释"面板中的"对齐"按钮，标注对齐尺寸，结果如图 7-70 所示。

（4）设置角度标注样式。单击"默认"选项卡"注释"面板中的"角度"按钮△，标注角度尺寸，结果如图 7-71 所示。

（5）设置公差标注样式。单击"默认"选项卡"注释"面板中的"线性"按钮├┤，标注公差尺寸，结果如图 7-72 所示。

图 7-70　对齐尺寸标注

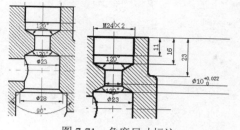

图 7-71　角度尺寸标注

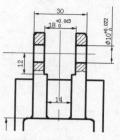

图 7-72　公差尺寸标注

3．标注倒角尺寸

（1）先利用 QLEADER 命令设置引线，再利用 LEADER 命令绘制引线，命令行提示与操作如下：

```
命令：QLEADER↙
指定第一个引线点或 [设置(S)]<设置>：↙
```

弹出"引线设置"对话框，在"引线和箭头"选项卡中选择箭头为"无"，如图 7-73 所示。单击"确定"按钮，命令行提示与操作如下：

```
指定第一个引线点或 [设置(S)]<设置>：（按 Esc 键）
命令：LEADER↙
指定引线起点：（选择引线起点）
指定下一点：（指定第二点）
指定下一点或 [注释(A)/格式(F)/放弃(U)]<注释>：（指定第三点）
指定下一点或 [注释(A)/格式(F)/放弃(U)]<注释>：A↙
输入注释文字的第一行或 <选项>：C1.5↙
输入注释文字的下一行：↙
```

重复上述操作，标注其他倒角尺寸。将完成倒角标注后的文字 C 改为斜体，最后结果如图 7-74 所示。

图 7-73　设置箭头

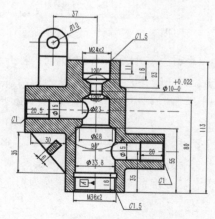

图 7-74　倒角尺寸标注

（2）单击"注释"选项卡"标注"面板中的"公差"按钮 ⊞ ，标注形位公差，并利用"直线""矩形"和"多行文字"等命令绘制基准符号，结果如图 7-75 所示。

4．插入粗糙度符号

（1）单击"默认"选项卡"绘图"面板中的"直线"按钮 ∕ ，绘制如图 7-76 所示为表面粗糙度符号。

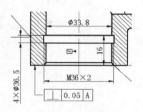

图 7-75　倒角形位公差

图 7-76　绘制表面粗糙度符号

（2）单击"默认"选项卡"块"面板中的"定义属性"按钮 ◎ ，系统打开"属性定义"对话框，进行如图 7-77 所示的设置，单击"确定"按钮后关闭对话框，将标记放置在适当的位置，结果如图 7-78 所示。

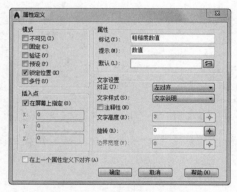

图 7-77　"属性定义"对话框

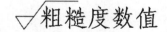

图 7-78　标记属性

（3）在命令行中输入 WBLOCK，打开如图 7-79 所示的"写块"对话框，拾取上面图形的下尖点为基点，以上面图形为对象，输入图块名称并指定路径，单击"确定"按钮后退出。

（4）单击"默认"选项卡"块"面板中"插入"下拉菜单中的"最近使用的块"选项，打开如图 7-80 所示的"块"选项板，在"最近使用的块"选项单击保存的图块，在屏幕上指定插入点，打开如图 7-81 所示的"编辑属性"对话框，输入所需的粗糙度数值，单击"确定"按钮，完成表面粗糙度符号的标注，将标注表面粗糙度符号数值的字母改为斜体，结果如图 7-82 所示。按照同样的方法完成其他粗糙度的标注，最终结果如图 7-83 所示。

图 7-79　"写块"对话框

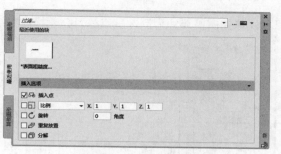

图 7-80　"块"选项板

图 7-81　"编辑属性"对话框

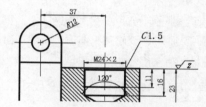

图 7-82　标注表面粗糙度符号

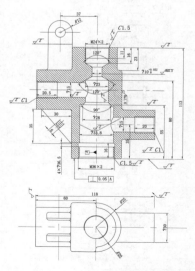

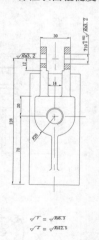

图 7-83　标注粗糙度

练习提高　实例 112　标注球阀阀盖尺寸

以标注球阀阀盖尺寸为例，重点练习公差标注方法，标注流程如图 7-84 所示。

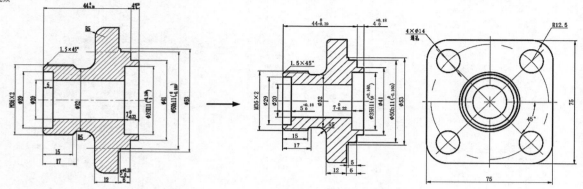

图 7-84　球阀阀盖绘制流程

📋 **思路点拨：**

源文件：源文件\第 7 章\阀盖.dwg
利用源文件中的"阀盖"图形，新建了新的标注样式、图层和文字样式，并利用"线性"和"基线"等命令，为图形添加尺寸标注。

完全讲解　实例 113　标注出油阀座尺寸

本实例标注如图 7-85 所示的出油阀座尺寸。

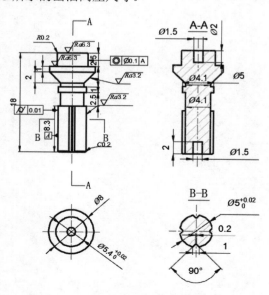

图 7-85　标注出油阀座

（1）打开文件。单击"快速访问"工具栏中的"打开"按钮，打开"选择文件"对话框，打开源文件中的"出油阀座"图形。

（2）设置标注样式。单击"默认"选项卡"注释"面板中的"标注样式"按钮，系统弹出"标注样式管理器"对话框。单击"修改"按钮，系统弹出"修改标注样式：ISO-25"对话框。在"线"选项卡中，设置"基线间距"为2，"超出尺寸线"为1.25，"起点偏移量"为0.625，其他设置保持默认。在"符号和箭头"选项卡中，设置"箭头"为"实心闭合"，"箭头大小"为1，其他设置保持默认。在"文字"选项卡中，设置"文字高度"为1，其他设置保持默认。在"主单位"选项卡中，设置"精度"为0.0，"小数分隔符"为"句点"，其他设置保持默认。设置完成后单击"确定"按钮退出对话框。在"标注样式管理器"对话框中将"机械制图"样式设置为当前样式，单击"关闭"按钮退出对话框。

（3）标注线性尺寸。单击"默认"选项卡"注释"面板中的"线性"按钮，标注主视图中的线性尺寸分别1、2、2.5、8.3、18，如图7-86所示。

（4）标注主视图中的圆角和倒角。圆角半径为0.2，其中R为Times New Roman字体，并将其设置为倾斜，倒角距离为0.2，其中C为Times New Roman字体，并将其设置为倾斜，如图7-87所示。

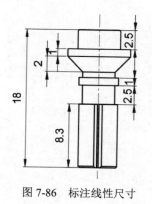

图7-86　标注线性尺寸　　　　　图7-87　标注圆角和倒角

（5）标注主视图形位公差。在命令行中输入QLEADER命令，命令行提示与操作如下：

命令：QLEADER↙
指定第一个引线点或 [设置(S)] <设置>：S↙（在弹出的"引线设置"对话框中，设置各个选项卡，如图7-88和图7-89所示。设置完成后，单击"确定"按钮）
指定第一个引线点或 [设置(S)] <设置>：（捕捉主视图尺寸2.5竖直直线上的一点）
指定下一点：（向右移动鼠标，在适当位置处单击，弹出"形位公差"对话框，对其进行设置，如图7-90所示。单击"确定"按钮，结果如图7-91所示。）

（6）利用相同方法标注下侧的形位公差，如图7-91所示。

（7）绘制基准符号部分①。单击"默认"选项卡"绘图"面板中的"多边形"按钮，绘制等边三角形，边长为0.7，命令行提示与操作如下：

命令：_polygon

输入侧面数 <4>：3✓
指定正多边形的中心点或 [边(E)]：E✓
指定边的第一个端点：（在尺寸线为 8.3 的竖直直线上选取一点为起点）
指定边的第二个端点：0.7（指定三角形的边长为 0.7）✓

（8）绘制基准符号部分②。单击"默认"选项卡"绘图"面板中的"直线"按钮／和"矩形"按钮▢，绘制长度为 0.5 的水平直线和边长为 1.25 的矩形，如图 7-92 所示。

图 7-88　"注释"选项卡

图 7-89　"引线和箭头"选项卡

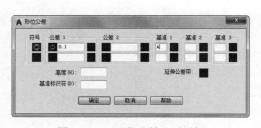

图 7-90　"形位公差"对话框

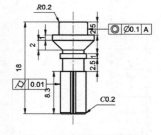

图 7-91　标注形位公差

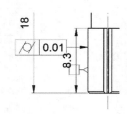

图 7-92　绘制直线和矩形

（9）填充基准符号。单击"默认"选项卡"绘图"面板中的"图案填充"按钮▨，选择 solid 图案，进行填充，结果如图 7-93 所示。

（10）标注基准符号。单击"默认"选项卡"注释"面板中的"多行文字"按钮 A，输入基准符号 A，其中 A 为 Times New Roman 字体，并将其设置为倾斜，文字高度设置为 1，如图 7-94 所示。

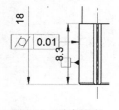

图 7-93　填充图案

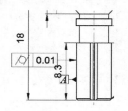

图 7-94　标注基准符号

（11）标注粗糙度。单击"默认"选项卡"修改"面板中的"复制"按钮❀，复制引线，然后单击"默认"选项卡"绘图"面板中的"直线"按钮／和"多行文字"按钮 A，绘制粗糙度符号，并标注粗糙度数值，如图 7-95 所示。

（12）使用相同的方法绘制剩余部位的粗糙度符号，结果如图 7-96 所示。标注主视图后观察一下绘制的图形，可以发现标注的文字高度跟图形不太协调，因此单击"默认"选项卡"修改"面板中的"缩放"按钮，将除尺寸以外的标注缩放为原来的 0.8 倍，如图 7-97 所示。

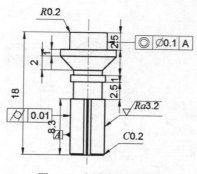

图 7-95　标注粗糙度符号

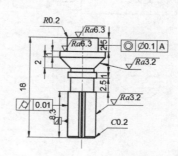

图 7-96　标注其余粗糙度符号

（13）绘制剖切符号。单击"默认"选项卡"绘图"面板中的"直线"按钮，绘制剖切符号，直线的长度设置为 2.5，如图 7-98 所示。

（14）标注直径。单击"默认"选项卡"注释"面板中的"直径"按钮，标注俯视图中的直径尺寸 ϕ8 和 ϕ5.4，其中 ϕ 为 Times New Roman 字体，并将其设置为倾斜，然后双击 ϕ5.4，输出 +0.02^0，标注极限偏差数值，结果如图 7-99 所示。

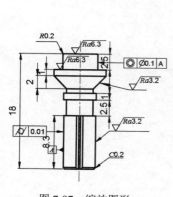

图 7-97　缩放图形

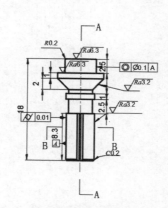

图 7-98　绘制剖切符号

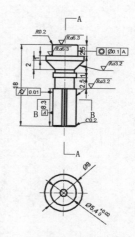

图 7-99　标注俯视图尺寸

使用相同的方法标注剖面图的尺寸，结果如图 7-85 所示。

练习提高　实例 114　标注泵轴尺寸

以标注泵轴尺寸为例，重点练习公差标注方法，标注流程如图 7-100 所示。

扫一扫，看视频

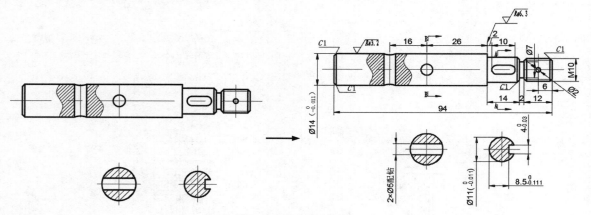

图 7-100　标注泵轴尺寸

思路点拨：

> **源文件：**源文件\第 7 章\泵轴.dwg
>
> 　本例中，综合运用了本章所学的一些尺寸标注命令，绘制的大体顺序是先设置绘图环境，即新建图层，设置文字样式，设置标注样式。接下来利用"尺寸标注""引线标注""几何公差"等命令来完成尺寸的标注，最后利用几个二维绘图和编辑命令以及"单行文字"命令，为图形添加粗糙度和剖切符号。

第8章 辅助绘图工具

内容简介

为了提高系统整体图形设计的效率，并有效地管理整个系统的所有图形设计文件，AutoCAD 推出了大量的集成化绘图工具。利用设计中心和工具选项板，用户可以建立自己的个性化图库，也可以利用其他用户提供的资源快速准确地进行图形设计。

本章主要介绍查询工具、图块、设计中心、工具选项板等内容。

8.1 对 象 查 询

在绘制图形或阅读图形的过程中，有时需要即时查询图形对象的相关数据，例如，对象之间的距离，建筑平面图的室内面积等。为了方便查询，AutoCAD 提供了相关的查询命令。下面以查询距离为例来介绍对象查询，其执行方式如下。

- 命令行：DIST。
- 菜单栏：选择菜单栏中的"工具"→"查询"→"距离"命令。
- 工具栏：单击"查询"工具栏中的"距离"按钮 ▤。
- 功能区：单击"默认"选项卡"实用工具"面板中的"距离"按钮 ▭。

完全讲解　实例 115 查询垫片属性

在图 8-1 中通过查询垫片的属性来熟悉查询命令的用法。

（1）打开"源文件\第 8 章\垫片.dwg"文件，如图 8-1 所示。

（2）选择菜单栏中的"工具"→"查询"→"点坐标"命令，查询点 1 的坐标值。命令行提示与操作如下：

```
命令: '_ID 指定点: X = 13.8748    Y = 40.7000    Z = 0.0000
```

要进行更多查询，重复以上步骤即可。

（3）单击"默认"选项卡"实用工具"面板中的"距离"按钮 ▭，快速计算出任意指定的两点间的距离，命令行提示与操作如下：

```
命令: _MEASUREGEOM
输入一个选项 [距离(D)/半径(R)/角度(A)/面积(AR)/体积(V)/快速(Q)/模式(M)/退出(X)]  <距离>:
_distance
指定第一点: (见图 8-1)
```

指定第二个点或 [多个点(M)]：（见图 8-2）
距离 = 86.0000，XY 平面中的倾角 = 251，与 XY 平面的夹角 = 0
X 增量 = -27.7496，Y 增量 = -81.4000，Z 增量 = 0.0000
输入一个选项 [距离(D)/半径(R)/角度(A)/面积(AR)/体积(V)/快速(Q)/模式(M)/退出(X)] <距离>:✓

（4）单击"默认"选项卡"绘图"面板中的"面域"按钮，选取中间的轴孔创建面域。

（5）单击"默认"选项卡"实用工具"面板中的"面积"按钮，计算一系列指定点之间的面积和周长，命令行提示与操作如下：

命令：_MEASUREGEOM
输入一个选项[距离(D)/半径(R)/角度(A)/面积(AR)/体积(V)/快速(Q)/模式(M)/退出(X)] <距离>: _area
指定第一个角点或 [对象(O)/增加面积(A)/减少面积(S)/退出(X)] <对象(O)>:o✓
选择对象：（选取步骤（4）创建的面域）
区域 = 768.0657，修剪的区域 = 0.0000，周长 = 115.3786
输入一个选项[距离(D)/半径(R)/角度(A)/面积(AR)/体积(V)/快速(Q)/模式(M)/退出(X)] <面积>: x✓

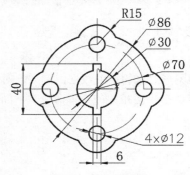
图 8-1　垫片零件图

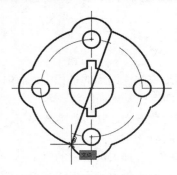
图 8-2　查询垫片两点间距离

练习提高　实例 116　查询挡圈属性

扫一扫，看视频

练习查询如图 8-3 所示的挡圈属性。

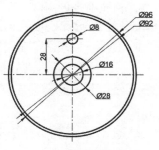
图 8-3　挡圈

思路点拨：

源文件：源文件\第 8 章\挡圈.dwg
我们可以通过上面所学的查询知识来查询挡圈内各点之间的距离、点坐标以及图形状态等。

8.2 图　　块

　　图块又称块，它是由一组图形对象组成的集合。一组对象一旦被定义为图块，它们将成为一个整体，选中图块中任意一个图形对象即可选中构成图块的所有对象。图块相关命令包括图块定义、图块保存、图块插入、动态块等。以其中的"插入块"命令为例，其执行方式如下。

- 命令行：INSERT（快捷命令：I）。
- 菜单栏：选择菜单栏中的"插入"→"块"命令。
- 工具栏：单击"插入点"工具栏中的"插入块"按钮 或"绘图"工具栏中的"插入块"按钮 。
- 功能区：单击"默认"选项卡"块"面板中的"插入"下拉菜单或单击"插入"选项卡"块"面板中的"插入"下拉菜单。

完全讲解　实例 117　绘制挂钟

　　本例绘制挂钟，如图 8-4 所示。首先利用"直线"命令绘制分、时、四分时刻度，然后利用"创建块"命令将其创建成块，再利用"定数等分"命令将分、时、四分时刻度插入到表盘中，利用"实线"命令绘制时针、分针和秒针。最后利用图案填充命令填充表盘，完成挂钟的绘制。

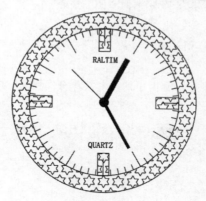

图 8-4　挂钟

　　（1）制作分刻度。单击"默认"选项卡"绘图"面板中的"直线"按钮 ，绘制端点坐标为{（200,200）（@5<90）}的直线。

　　（2）制作时刻度。单击"默认"选项卡"绘图"面板中的"直线"按钮 ，绘制端点坐标为{（220,200）（@15<90）}的直线。

　　（3）制作四分时刻度。单击"默认"选项卡"绘图"面板中的"矩形"按钮 ，以（260,260）为第一角点，以（270,240）为第二角点，绘制矩形，结果如图 8-5 所示。

　　（4）单击"默认"选项卡"块"面板中的"创建"按钮 ，系统弹出"块定义"对话框。在"名称"文本框中输入 quarter 作为该块的名称。单击"拾取点"按钮 ，返回绘图窗口，选中矩形底边中点作为基点。单击"选择对象"按钮⊕，返回绘图窗口，选中上述四分时刻度的矩形，按 Enter 键，返回到"块定义"对话框，如图 8-6 所示。单击"确定"按钮，完成块的创建。

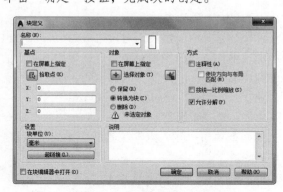

图 8-5　绘制的分、时刻度和四分时刻度　　　　　　图 8-6　"块定义"对话框

（5）重复上述操作，选取短竖直线为分刻度块，设定块名称为 minute，块的基点为线段下端点，创建分刻度块。

（6）重复上述操作，选取长竖直线为时刻度块，设定块名称为 hour，块的基点为线段的下端点，创建时刻度块。

（7）单击"默认"选项卡"绘图"面板中的"圆"按钮⊙，以坐标（290,150）为圆心，绘制半径为 80 的圆，结果如图 8-7 所示。

（8）单击"默认"选项卡"绘图"面板中的"圆"按钮⊙，绘制圆心坐标为（290,150）、半径为 65 的圆，结果如图 8-8 所示。

（9）单击"默认"选项卡"绘图"面板中的"定数等分"按钮⚛，对表盘内圆进行定数等分，命令行提示如下：

```
命令:divide
选择要定数等分的对象：(选中上述表盘的内圆)
输入线段数目或 [块(B)]: b✓
输入要插入的块名: minute✓
是否对齐块和对象？[是(Y)/否(N)] <Y>:✓
输入线段数目: 60✓
```

结果如图 8-9 所示。

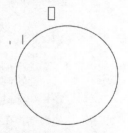

图 8-7　绘制表盘外框

图 8-8　绘制表盘内框

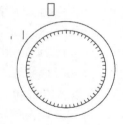

图 8-9　插入分刻度块

（10）单击"默认"选项卡"绘图"面板中的"定数等分"按钮 ，对表盘内圆进行定数等分，命令行提示与操作如下：

```
命令:divide↙
选择要定数等分的对象:（选中上述表盘的内圆）
输入线段数目或 [块(B)]: b↙
输入要插入的块名: hour↙
是否对齐块和对象? [是(Y)/否(N)] <Y>:↙
输入线段数目: 12↙
```

结果如图 8-10 所示。

（11）单击"默认"选项卡"绘图"面板中的"定数等分"按钮 ，对表盘内圆插入 quarter 块，数目为 4，结果如图 8-11 所示。

（12）单击"默认"选项卡"绘图"面板中的"圆环"按钮 ，以坐标点（290,150）为中心点，绘制内径为 0、外径为 8 的圆环，结果如图 8-12 所示。

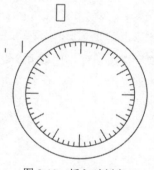

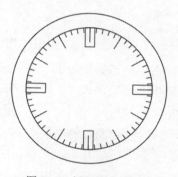

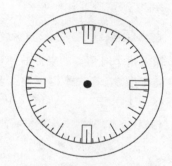

图 8-10　插入时刻度　　　　图 8-11　插入四分时刻度　　　　图 8-12　绘制表盘中心的转轴

（13）单击"默认"选项卡"绘图"面板中的"多段线"按钮 ，绘制时针，命令行提示与操作如下：

```
命令: _pline
指定起点: 290,150↙
当前线宽为 4.0000
指定下一个点或 [圆弧(A)/半宽(H)/长度(L)/放弃(U)/宽度(W)]: W↙
指定起点宽度 <0.0000>: 4↙
指定端点宽度 <4.0000>:↙
指定下一个点或 [圆弧(A)/半宽(H)/长度(L)/放弃(U)/宽度(W)]: 310,188↙
指定下一点或 [圆弧(A)/闭合(C)/半宽(H)/长度(L)/放弃(U)/宽度(W)]: ↙
```

结果如图 8-13 所示。

（14）单击"默认"选项卡"绘图"面板中的"多段线"按钮 ，以（290,150）为起点、（312,110）为终点绘制宽度为 2 的实线，结果如图 8-14 所示。

（15）单击"默认"选项卡"绘图"面板中的"直线"按钮 ，绘制端点为 {（290,150）（@40<135）} 的直线作为秒针，结果如图 8-15 所示。

图 8-13　绘制时针　　　　　　　图 8-14　绘制分针　　　　　　　图 8-15　绘制秒针

（16）单击"默认"选项卡"注释"面板中的"多行文字"按钮**A**，标注文字，命令行提示与操作如下：

```
命令：mtext↙
当前文字样式："Standard" 文字高度：2.5 注释性：否
指定第一角点：280,190↙
指定对角点或 [高度(H)/对正(J)/行距(L)/旋转(R)/样式(S)/宽度(W)/栏(C)]：302,180↙
```

输入两个对角点的坐标后回车，系统将自动弹出如图 8-16 所示的"文字编辑器"选项卡。设定文字高度为 5，在文本框中输入 RALTIM。然后单击"关闭"按钮✓。重复上述操作，在表盘上标注商标 QUARTZ，结果如图 8-17 所示。

图 8-16　"文字编辑器"选项卡　　　　　　　　　　　　　图 8-17　标注商标

（17）单击"默认"选项卡"注释"面板中的"图案填充"按钮▩，在打开的"图案填充创建"选项卡中，将图案设置成 STARS。依次选中表盘的内外圆和四个四分时刻度矩形填充图案，确认后生成如图 8-4 所示的图形。

练习提高　实例 118 定义并保存螺栓图块

练习将如图 8-18 所示的图形定义为图块，命名为"螺栓"，并保存。

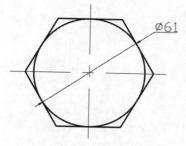

图 8-18　定义图块

思路点拨：

源文件：源文件\第 8 章\螺栓.dwg
通过"创建块"命令将螺栓创建为图块。然后利用 WBLOCK 命令，完成"螺栓"图块的存盘。

完全讲解　实例 119 绘制田间花园

如图 8-19 所示的花园，是由各式各样的花组成的。因此，可以将绘制的花朵图案定义为一个块，然后对该定义的块进行块的插入操作，就可以绘制出一个花园的图案，再将这个花园的图案定义为一个块，并将其插入到源文件"田间小屋"的图案中，即可形成一幅温馨的画面。

图 8-19　花园

1. 复制图形

（1）打开"源文件\第 8 章\花朵.dwg"文件，如图 8-20 所示。

（2）单击"默认"选项卡"修改"面板中的"复制"按钮 ⊙ ，选择花朵图形进行复制，如图 8-21 所示。

图 8-20 打开文件   图 8-21 复制花朵

2. 修改花瓣颜色

执行 DDMODIFY 命令，系统打开"特性"选项板，选择第二朵花的花瓣，在"特性"选项板中将其颜色改为洋红，如图 8-22 所示。同样方法改变另两朵花的颜色，如图 8-23 所示。

3. 创建图块

单击"默认"选项卡"块"面板中的"创建"按钮 ，方法同前，将所得到的 3 朵不同颜色的花，分别定义为块 flower1、flower2、flower3。

4. 插入图块

利用"插入块"命令，依次将块 flower1、flower2、flower3 以不同比例、不同角度插入，则形成了一个花园的图案，如图 8-24 所示。

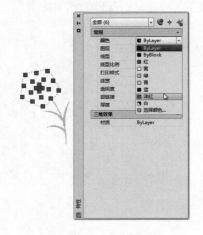

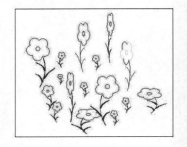

图 8-22 修改颜色   图 8-23 修改结果   图 8-24 花园

5. 写块

单击"插入"选项卡"块定义"面板中的"写块"按钮 ，弹出"写块"对话框，在"源"选项组中选中"整个图形"单选按钮，则将整个图形转换为块，在"目标"选项组中的"文件名和路径"中选择块存盘的位置并输入块的名称 garden，如图 8-25 所示。单击"确定"按钮，则形成了一个 garden.dwg 文件。

6. 将 garden 图块插入到"田间小屋"的图形中

（1）利用"打开"命令，打开源文件绘制的"田间小屋"图形文件，如图 8-26 所示。

图 8-25 "写块"对话框

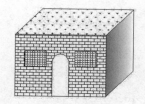

图 8-26 打开"田间小屋"图形文件

（2）单击"默认"选项卡"块"面板中的"插入"下拉菜单中"最近使用的块"命令，系统弹出"块"选项板，单击选项板顶部的 ■■■ 按钮，则打开"选择文件"对话框，从中选择文件 garden.dwg，设置后的"块"选项板如图 8-27 所示。对定义的块 garden 进行插入操作，结果如图 8-28 所示。

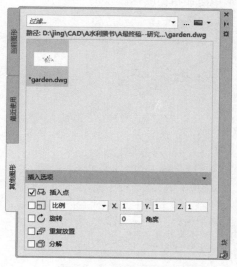

图 8-27 "块"选项板

图 8-28 插入图块结果

7. 保存文件

单击"快速访问"工具栏中的"另存为"按钮 ，保存文件。

练习提高　实例 120　绘制多极开关符号

练习利用"插入图块"命令绘制多极开关符号，绘制流程如图 8-29 所示。

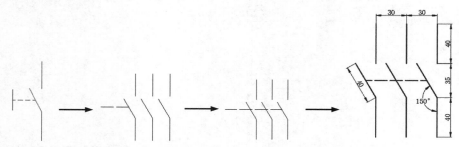

图 8-29　利用"插入图块"命令控制多极开关符号

思路点拨：

> 源文件：源文件\第 8 章\多极开关符号.dwg
> 本实例首先利用"插入"命令将多极开关所用到的图形符号插入到绘图区，然后将这些图形整理并连接，完成图形的绘制。

完全讲解　实例 121　标注手压阀阀体表面粗糙度

本实例标注如图 8-30 所示图形中的表面粗糙度符号。首先利用"直线"命令绘制粗糙度符号，然后利用 WBLOCK 命令以及"插入图块"命令在图形中添加粗糙度标注。

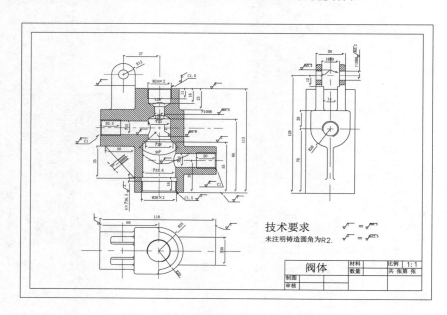

图 8-30　手压阀阀体表面粗糙度标注

（1）单击"默认"选项卡"绘图"面板中的"直线"按钮 ∕，绘制如图 8-31 所示的图形。

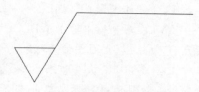

（2）在命令行内输入 WBLOCK 命令，打开"写块"对话框，抬取上面图形下尖点为基点，以上面图形为对象，输入图块名称并指定路径，单击"确定"按钮退出对话框。

图 8-31　绘制表面粗糙度符号

（3）单击"默认"选项卡"块"面板中的"插入"下拉菜单中"最近使用的块"选项，系统打开"块"选项板，缩放比例和旋转使用默认设置，在"最近使用"选项中单击"表面粗糙度符号.dwg"，将该图块插入到如图 8-30 所示的图形中。

（4）单击"默认"选项卡"注释"面板中的"多行文字"按钮 A，标注文字，标注时注意对文字进行旋转。

（5）同样利用插入图块的方法标注其他表面粗糙度。

练习提高　实例 122　标注球阀阀盖表面粗糙度

练习标注阀盖表面粗糙度，标注流程如图 8-32 所示。

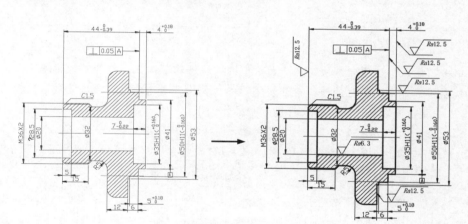

图 8-32　标注阀盖粗糙度

📋 **思路点拨：**

> 源文件：源文件\第 8 章\阀盖.dwg
>
> 利用"直线"命令绘制粗糙度符号，然后利用"写块"命令编辑为独立的块，最后利用"插入块"命令插入适当位置并添加文字注释。

完全讲解　实例 123　动态块功能标注手压阀阀体表面粗糙度

本实例利用动态块功能标注手压阀阀体表面粗糙度，如图 8-30 所示。

（1）单击"快速访问"工具栏中的"打开"按钮 📂，打开"源文件\第 8 章\动态块功能标注手压阀阀体表面粗糙度.dwg"文件。

（2）单击"默认"选项卡"绘图"面板中的"直线"按钮 ╱ ，绘制如图 8-31 所示的图形。

（3）在命令行中输入 WBLOCK 命令，打开"写块"对话框，如图 8-33 所示，拾取上面图形下尖点为基点，以上面图形为对象，输入图块名称并指定路径，确认退出。

（4）单击"默认"选项卡"块"面板中的"插入"下拉菜单中"最近使用的块"选项，打开"块"选项板，如图 8-34 所示。单击"控制选项"中的"浏览"按钮，找到刚才保存的图块，将该图块插入图 8-30 所示的图形中。

图 8-33　"写块"对话框

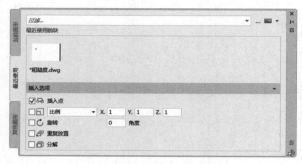

图 8-34　"块"选项板

（5）单击"插入"选项卡"块定义"面板中的"块编辑"按钮。打开"编辑块定义"对话框，如图 8-35 所示。选择刚才保存的块，打开块编辑界面和块编写选项板，在块编写选项板的"参数"选项卡下选择"旋转参数"选项，命令行提示与操作如下：

```
命令：_BParameter（旋转）
指定基点或 [名称(N)/标签(L)/链(C)/说明(D)/选项板(P)/值集(V)]：（指定粗糙度图块下角点为基点）
指定参数半径：（指定适当半径）
指定默认旋转角度或 [基准角度(B)] <0>：（指定适当角度）
指定标签位置：（指定适当位置）
```

在块编写选项板的"动作"选项卡选择"旋转动作"项，命令行提示与操作如下：

```
命令：_BActionTool
选择参数：（选择刚设置的旋转参数）
指定动作的选择集
选择对象：（选择粗糙度图块）
```

（6）关闭块编辑器，结果如图 8-36 所示。

（7）在当前图形中选择刚才标注的图块，系统显示图块的动态旋转标记，选中该标记，按住鼠标拖动，如图 8-37 所示。直到图块旋转到满意的位置为止，如图 8-38 所示。

（8）单击"默认"选项卡"注释"面板中的"多行文字"按钮 **A**，标注文字，标注时注意对文字进行旋转。

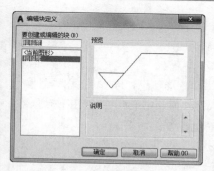

图 8-35 "编辑块定义"对话框　图 8-36 插入表面粗糙度符号　图 8-37 动态旋转　图 8-38 旋转结果

（9）同样利用插入图块的方法标注其他表面粗糙度。

练习提高　实例 124 动态块功能标注球阀阀盖表面粗糙度

练习利用动态块功能标注阀盖表面粗糙度，标注流程如图 8-39 所示。

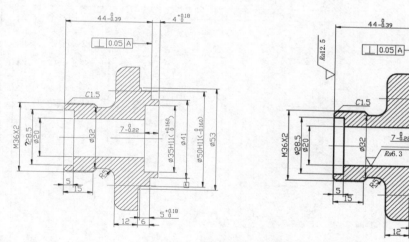

图 8-39 利用动态块功能标注阀盖粗糙度

思路点拨：

> **源文件**：源文件\第 8 章\阀盖粗糙度.dwg
>
> 首先利用"直线"命令绘制粗糙度符号；再利用 WBLOCK 命令，将粗糙度符号保存成块；然后利用"插入块"以及"块编辑器"命令完成粗糙度图块的插入；最后通过"多行文字"命令添加粗糙度数值。

8.3 图块属性

图块除了包含图形对象以外，还具有非图形信息。图块的这些非图形信息，叫作图块的属性，它是图块的一个组成部分，与图形对象一起构成一个整体。在插入图块时，AutoCAD 把图形对象连同属性一起插入图形中。以其中的"定义图块属性"命令为例，其执行方式如下。

- 命令行：ATTDEF（快捷命令：ATT）。
- 菜单栏：选择菜单栏中的"绘图"→"块"→"定义属性"命令。
- 功能区：单击"默认"选项卡"块"面板中的"定义属性"按钮 或单击"插入"选项卡"块定义"面板中的"定义属性"按钮 。

扫一扫，看视频

完全讲解　实例 125 属性功能标注手压阀阀体表面粗糙度

本实例利用属性功能标注图 8-40 所示表面粗糙度。

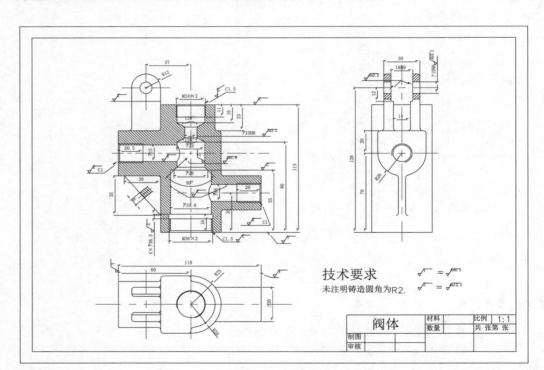

图 8-40　手压阀阀体表面粗糙度标注

（1）单击"默认"选项卡"绘图"面板中的"直线"按钮 ，绘制表面粗糙度符号图形。

（2）单击"默认"选项卡"块"面板中的"定义属性"按钮 ，系统打开"属性定义"对话框，进行如图 8-41 所示的设置，其中插入点为粗糙度符号水平线下方，确认退出。

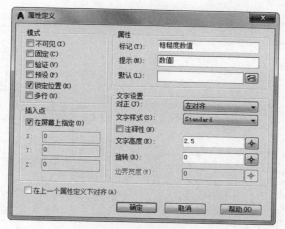

图 8-41　"属性定义"对话框

（3）在命令行中输入 WBLOCK 命令，按 Enter 键，打开"写块"对话框。单击"拾取点"按钮，选择图形的下尖点为基点，单击"选择对象"按钮，选择上面的图形为对象，输入图块名称并指定路径保存图块，单击"确定"按钮退出对话框。

（4）选择菜单栏中的"插入"→"块选项板"命令，打开"块"选项板。在"最近使用的块"选项组显示保存的"粗糙度.dwg"图块，在"插入选项"选项组选中"插入点"复选框，在绘图区指定插入点、比例和旋转角度，如图 8-42 所示。单击"粗糙度.dwg"图块将该图块插入绘图区的任意位置，这时打开"编辑属性"对话框，输入粗糙度数值为 3.2，单击"确定"按钮，就完成了一个粗糙度的标注。

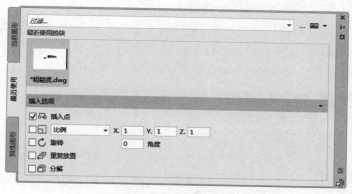

图 8-42　"块"选项板

（5）继续插入图块，输入不同属性值作为表面粗糙度数值，直到完成所有表面粗糙度标注。

练习提高　实例 126 属性功能标注球阀阀盖表面粗糙度

练习利用属性功能标注球阀阀盖表面粗糙度，标注流程如图 8-43 所示。

扫一扫，看视频

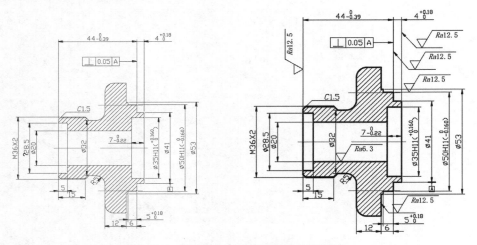

图 8-43　利用属性功能标注阀盖表面粗糙度

思路点拨：

> 源文件：源文件\第 8 章\阀盖表面粗糙度.dwg
>
> 首先利用"直线"命令绘制粗糙度符号，然后定义符号属性并写入图块，最后利用"插入图块"命令添加粗糙度标注。

8.4　外部参照

外部参照（Xref）是把已有的其他图形文件链接到当前图形文件中。与插入"外部块"的区别在于，插入"外部块"是将块的图形数据全部插入到当前图形中。

外部参照集中在"参照"与"参照编辑"工具栏中，如图 8-44 所示。

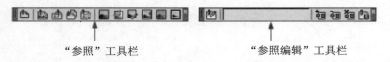

"参照"工具栏　　　　　　　　"参照编辑"工具栏

图 8-44　"参照"与"参照编辑"工具栏

利用外部参照的第一步是要将外部参照附着到宿主图形上，外部参照附着的方法有如下 4 种，其执行方式如下。

- 命令行：XATTACH（快捷命令：XA）。
- 菜单栏：选择菜单栏中的"插入"→"DWG 参照"命令。
- 工具栏：单击"参照"工具栏中的"附着外部参照"按钮。
- 功能区：单击"插入"选项卡"参照"面板中的"附着"按钮。

完全讲解　实例 127　外部参照方式绘制田间花园

外部参照只记录参照图形位置等链接信息，并不插入该参照图形的图形数据，如图 8-45 所示。

1．打开文件

打开"源文件\第 8 章\田间小屋.dwg"文件，如图 8-46 所示。

图 8-45　田间花园

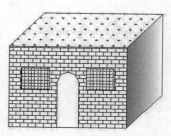

图 8-46　田间小屋

2．外部参照附着

在命令行中输入 XATTACH 命令，按 Enter 键后，打开"选择参照文件"对话框，如图 8-47 所示。从中选择要参照的图形文件 garden.dwg，单击"打开"按钮，弹出"附着外部参照"对话框，如图 8-48 所示。在"参照类型"选项组中选中"附着型"单选按钮，其他设置的方法与插入块相同，单击"确定"按钮后，则图形文件 garden 以外部参照的方式插入到"田间小屋"的图形中，如图 8-49 所示。

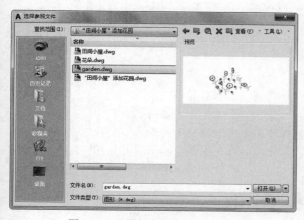

图 8-47　"选择参照文件"对话框

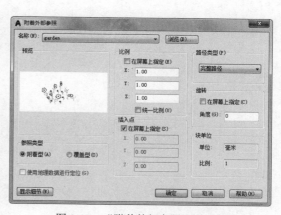

图 8-48　"附着外部参照"对话框

在命令行输入 SAVEAS（方法同前，将所形成的图形以 home1 为文件名保存在指定的路径中）保存文件。

3. 比较文件大小

打开计算机资源管理器，分别选择文件 home.dwg 与 home1.dwg，显示其属性，如图 8-50 和图 8-51 所示。比较后，会发现外部参照附着的图形比插入图块的图形小。

图 8-49 插入外部参照后的图形　　图 8-50 home.dwg 文件的属性　　图 8-51 home1.dwg 文件的属性

练习提高　实例 128 外部参照方式绘制多极开关符号

练习利用"外部参照"命令绘制多极开关符号，绘制流程如图 8-52 所示。

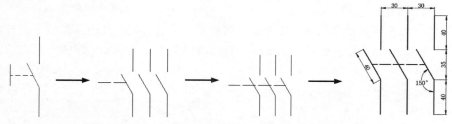

图 8-52 利用"外部参照"命令绘制多极开关

思路点拨：

> **源文件**：源文件\第 8 章\多极开关.dwg
> 　　首先利用 XATTACH 命令，插入参照图形，并利用"移动"命令调整各个图形的相对位置，最终完成多极开关符号的绘制。

8.5 光栅图像

所谓光栅图像是指由一些称为像素的小方块或点的矩形栅格组成的图像。AutoCAD 2020 支持多数常见图像格式，主要包括.bmp、.jpeg、.gif、.pcx 等。

光栅图像可以复制、移动或裁剪，也可以通过夹点操作修改图像、调整图像对比度、用矩形或多边形裁剪图像或将图像用作修剪操作的剪切边，下面以图像附着为例介绍图像的复制，其执行方式如下。

- 命令行：IMAGEATTACH（快捷命令：IAT）。
- 菜单栏：选择菜单栏中的"插入"→"光栅图像参照"命令。
- 工具栏：单击"参照"工具栏中的"附着图像"按钮 。

完全讲解 实例 129 睡莲满池

本例利用光栅图像的相关知识，绘制长满睡莲的水池图形，如图 8-53 所示。通过本例，读者可以体会到工程图与图像配合使用的好处。

（1）绘制多边形。单击"默认"选项卡"绘图"面板中的"多边形"按钮 ⬠，绘制一个正多边形。

（2）偏移多边形。单击"默认"选项卡"修改"面板中的"偏移"按钮 ⬛，向内偏移正多边形，结果如图 8-54 所示。

（3）附着图像。选择"插入"→"光栅图像参照"命令，打开如图 8-55 所示的"选择参照文件"对话框。在该对话框中选择需

图 8-53 绘制睡莲满池

要插入的光栅图像，单击"打开"按钮，打开"附着图像"对话框，如图 8-56 所示。设置完成后，单击"确定"按钮并退出，命令行提示与操作如下：

```
指定插入点 <0,0>：✓
基本图像大小：宽：211.666667，高：158.750000，Millimeters
指定缩放比例因子 <1>：✓
```

附着图像的图形如图 8-57 所示。

图 8-54 绘制水池外形

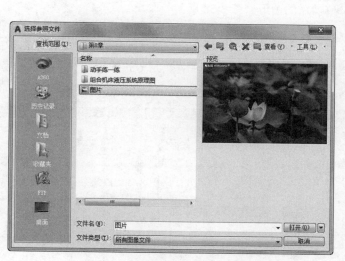

图 8-55 "选择参照文件"对话框

图 8-56 "附着图像"对话框

图 8-57 附着图像的图形

（4）裁剪光栅图像。选择菜单栏中的"修改"→"裁剪"→"图像"命令，裁剪光栅图像，命令行提示与操作如下：

```
命令：IMAGECLIP↙
选择要剪裁的图像：（框选整个图形）
指定对角点：↙
已滤除 1 个。
输入图像剪裁选项 [开(ON)/关(OFF)/删除(D)/新建边界(N)] <新建边界>：↙
外部模式 - 边界外的对象将被隐藏。
指定剪裁边界或选择反向选项 [选择多段线(S)/多边形(P)/矩形
(R)/反向剪裁(I)] <矩形>：P↙
指定第一点：<对象捕捉 开>（捕捉内部的正六边形的各个端点）
指定下一点或 [放弃(U)]：（捕捉下一点）
指定下一点或 [放弃(U)]：（捕捉下一点）
指定下一点或 [闭合(C)/放弃(U)]：↙
```

修剪后的图形如图 8-58 所示。

（5）图案填充。单击"默认"选项卡"绘图"面板中的"图案填充"按钮，打开"图案填充创建"选项卡，选择 GRAVEL 图案，如图 8-59 所示，填充到两个正六边形之间，作为水池边缘的铺石，最终结果如图 8-53 所示。

图 8-58 修剪后的图形

图 8-59 "图案填充创建"选项卡

练习提高 实例 130 装饰画

练习利用光栅图像功能绘制装饰画，绘制流程如图 8-60 所示。

图 8-60　绘制装饰画

思路点拨：

源文件：源文件\第 8 章\装饰画.dwg

利用"附着图像"命令，选择"兰花"作为附着图形，然后利用"矩形"命令以及"偏移"命令、"剪裁"命令创建画框，最后通过"图案填充"命令填充图形并更改线宽，最终完成装饰画的绘制。

8.6　CAD 标准

CAD 标准其实就是为命名对象（如图层和文本样式）定义一个公共特性集。所有用户在绘制图形时都应严格按照这个约定来创建、修改和应用 AutoCAD 图形。用户可以根据图形中使用的命名对象，如图层、文本样式、线型和标注样式来创建 CAD 标准。

在绘制复杂图形时，如果绘制图形的所有人员都遵循一个共同的标准，那么协调与沟通就会变得十分容易，出现的错误也容易纠正。为维护图形文件一致，可以创建标准文件以定义常用属性。标准为命名对象（如图层和文字样式）定义一组常用特性。为此，用户或用户的 CAD 管理员可以创建、应用和核查 AutoCAD 图形中的标准。因为标准可以帮助其他用户理解图形，所以在许多用户创建同一个图形的协作环境下很有效。

用户在定义一个标准之后，可以以样板的形式存储这个标准，并能够将一个标准文件与多个图形文件相关联，从而检查 CAD 图形文件是否与标准文件一致。

当用户以 CAD 标准文件来检查图形文件是否符合标准时，图形文件中所有上面提到的命名对象都会被检查到。如果用户在确定一个对象时使用了非标准文件中的名称，那么这个非标准的对象将被清除出当前的图形。任何一个非标准对象最终都被转换成标准对象。

完全讲解　实例 131　创建手压阀阀体与标准文件关联

当标准文件创建后，与当前图形还没有丝毫联系。要检验当前图形是否符合标准，必须使当前图形与标准文件相关联。

扫一扫，看视频

（1）打开"源文件\第 8 章\手压阀阀体.dwg"文件，如图 8-61 所示。

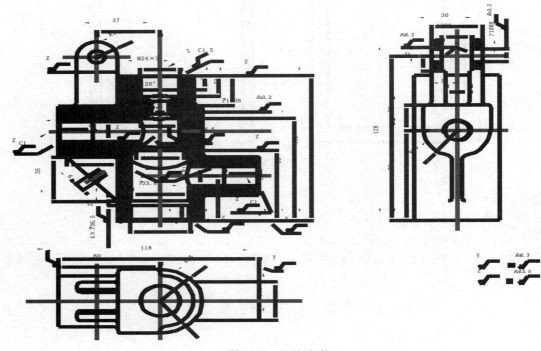

图 8-61　手压阀阀体

（2）单击"管理"选项卡"CAD 标准"面板中的"配置"按钮 ，打开如图 8-62 所示的"配置标准"对话框。

图 8-62　"配置标准"对话框

在"配置标准"对话框的"标准"选项卡中，单击"添加"按钮 添加标准文件，系统弹出如图 8-63 所示的"选择标准文件"对话框。在对话框中找到并选择"标准文件 1.dws"作为标准文件。

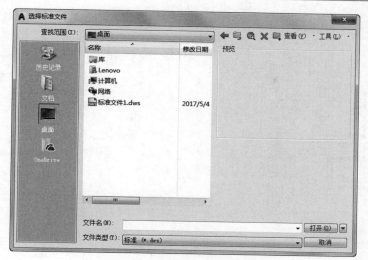

图 8-63 "选择标准文件"对话框

打开标准文件后，出现如图 8-64 所示的对话框，则当前图形与"标准文件 1"关联。

（3）单击"配置标准"对话框中的"设置"按钮，弹出如图 8-65 所示的"CAD 标准设置"对话框，可以对 CAD 的标准进行设置。

图 8-64 与标准文件建立关联

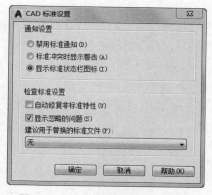

图 8-65 "CAD 标准设置"对话框

如果要使其他标准文件与当前图形相关联，重复执行以上步骤即可。

✍ 技巧：

> 可以使用通知功能警告用户在操作图形文件时是否发生标准冲突。此功能允许用户在发生标准冲突后立即对图形文件进行修改，从而使创建和维护遵从标准的图形更加容易。

练习提高 实例 132 创建球阀阀盖与标准文件关联

创建阀盖与标准文件关联，如图 8-66 所示。

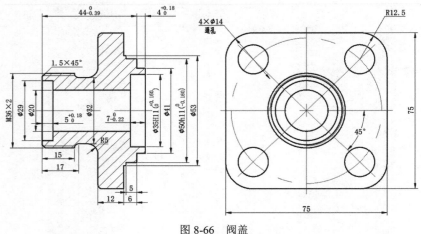

图 8-66　阀盖

扫一扫，看视频

📋 **思路点拨：**

> **源文件：** 源文件\第 8 章\阀盖.dwg
> 本例通过阀盖零件来创建标准文件的关联，具体操作方法已经在上面实例中详细介绍。

完全讲解　实例 133　对齿轮轴套进行 CAD 标准检验

本例通过学过的 CAD 标准检查功能来对齿轮轴套进行 CAD 标准检验。首先创建标准文件，然后将图形文件与标准文件关联，最后检查是否冲突，如图 8-67 所示。

（1）创建标准文件。要设置标准，可以创建定义图层特性、标注样式、线型和文字样式的文件，然后将其保存为扩展名为.dws 的标准文件。

① 单击"快速访问"工具栏中的"新建"按钮 📄，或者单击"标准"工具栏中的"新建"按钮 📄。

② 选择合适的样板文件，在本例中选择"自建样板 1.dwt"。

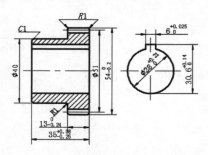

图 8-67　对齿轮轴套进行 CAD 标准检验

③ 在样板图形中，创建任何标准文件一部分的图层、标注样式、线型和文字样式。在图 8-68 中创建作为标准的几个图层，对图层的属性进行设置。

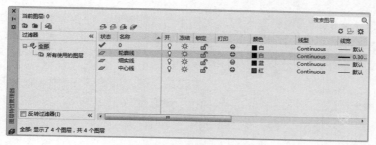

图 8-68　标准文件的图层

④ 单击"快速访问"工具栏中的"另存为"按钮 ，弹出如图 8-69 所示的对话框，将标准文件命名为"标准文件 1"，在"文件类型"下拉列表框中选择"AutoCAD 图形标准（*.dws）"选项，保存即可。

图 8-69　保存标准文件

✍ 技巧：

　　DWS 文件必须以当前图形文件格式进行保存。要创建以前图形格式的 DWS 文件，应以所需的 DWG 格式保存该文件，然后使用.dws 扩展名对 DWG 文件进行重命名。

　　根据工程的组织方式，可以决定是否创建多个工程特定标准文件并将其与单个图形关联。在核查图形文件时，标准文件中的各个设置间可能会产生冲突。例如，某个标准文件指定图层"墙"为黄色，而另一个标准文件指定该图层为红色。发生冲突时，第一个与图形关联的标准文件具有优先权。如果有必要，可以改变标准文件的顺序以改变优先级。

　　如果希望只使用指定的插入模块核查图形，可以在定义标准文件时指定插入模块。例如，如果最近只对图形进行文字更改，那么用户可能希望只使用图层和文字样式插入模块并核查图形，以节省时间。在默认情况下，核查图形是否与标准冲突时使用所有插入模块进行核查。

（2）使标准文件与当前图形相关联。标准文件创建后，与当前图形还没有丝毫联系。要检验当前图形是否符合标准，必须使当前图形与标准文件相关联。

① 打开"源文件\第 8 章\齿轮轴套"图形文件作为当前图形，如图 8-70 所示。

② 选择菜单栏中的"工具"→"CAD 标准"→"配置"命令，或者在命令行中输入 standards 命令，打开如图 8-71 所示的"配置标准"对话框。

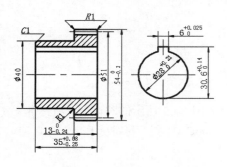

图 8-70　齿轮轴套

图 8-71　"配置标准"对话框

③ 在"配置标准"对话框的"标准"选项卡中，单击按钮 ⊕ 添加标准文件，系统弹出如图 8-72 所示的"选择标准文件"对话框。在对话框中找到并选择"标准文件 1.dws"作为标准文件。

④ 打开标准文件后，弹出如图 8-73 所示的对话框，则当前图形与"标准文件 1"关联。

图 8-72　"选择标准文件"对话框

图 8-73　"配置标准"对话框

⑤ 单击"配置标准"对话框中的"设置"按钮，弹出如图 8-74 所示的"CAD 标准设置"对话框，可以对 CAD 的标准进行设置。

如果要使其他标准文件与当前图形相关联，重复执行以上步骤即可。

（3）检查图形文件与标准是否冲突。将标准文件与图形相关联后，应该定期检查该图形，以确保它符合其标准。这在许多用户同时更新一个图形文件时尤为重要。

在如图 8-73 所示的"配置标准"对话框中，单击"检查标准"按钮，弹出如图 8-75 所示的"检查标准"对话框，在"问题"栏中注解当前图形与标准文件中相冲突的项目；单击"下一个"按钮，对当前图形的项目逐一检查。可以选中"将此问题标记为忽略"复选框，忽略当前冲突项目，也可以单击"修复"按钮，将当前图形中与标准文件相冲突的部分替换为标准文件。

　　检查完成后，弹出如图 8-76 所示的"检查标准-检查完成"对话框，此消息总结在图形中发现的标准冲突，还显示自动修复的冲突、手动修复的冲突和被忽略的冲突。若对检查结果不满意，可以继续进行检查和修复，直到当前图形的图层与标准文件一致为止。

图 8-74　"CAD 标准设置"
对话框

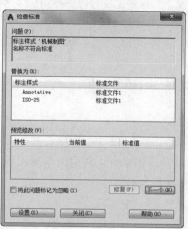

图 8-75　"检查标准"
对话框

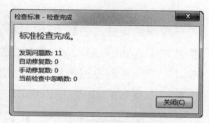

图 8-76　"检查标准-检查完成"
对话框

扫一扫，看视频

练习提高　实例 134　检查传动轴与标准文件是否冲突

检查传动轴与标准文件是否冲突，如图 8-77 所示。

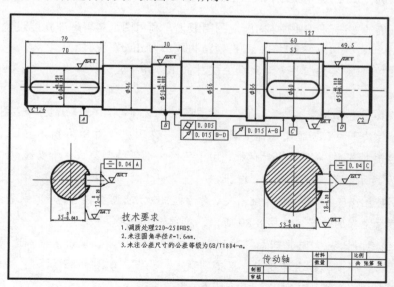

图 8-77　对传动轴进行 CAD 标准检验

思路点拨：

> 源文件：源文件\第 8 章\传动轴.dwg
>
> 单击"管理"选项卡"CAD 标准"面板中的"检查"按钮 📋，检查图形文件与标准文件是否冲突。将标准文件与图形文件相关联后，应该定期检查该图形文件，以确保它符合其标准。这在许多用户同时更新一个图形文件时尤为重要。

8.7 图 纸 集

整理图纸集是大多数设计项目的重要工作，然而，其通过手动组织非常耗时。为了提高组织图形集的效率，AutoCAD 2020 推出图纸集管理器功能，利用该功能可以在图纸集中为各个图纸自动创建布局，下面以创建图纸集为例介绍其执行方式。

- 命令行：NEWSHEETSET。
- 菜单栏：选择菜单栏中的"文件"→"新建图纸集"命令或选择菜单栏中的"工具"→"向导"→"新建图纸集"命令。
- 工具栏：单击"标准"工具栏中的"图纸集管理器"按钮 🔖。
- 功能区：单击"视图"选项卡"选项板"面板中的"图纸集管理器"按钮 📋。

扫一扫，看视频

完全讲解　实例 135 创建别墅结构施工图图纸集

利用创建图纸集的方法创建别墅结构施工图图纸集，利用图纸集管理器功能设置图纸。

（1）调用素材。打开"源文件\第 8 章\别墅结构施工图.dwg"文件。

（2）将绘制的别墅结构施工图移动到同一文件夹中，并将文件夹命名为"别墅结构施工图"，即可创建图纸集。

（3）单击"视图"选项卡"选项板"面板中的"图纸集管理器"按钮 📋，打开"图纸集管理器"选项板，然后在控件的下拉列表框中选择"新建图纸集"选项，如图 8-78 所示。

（4）打开"创建图纸集 - 开始"对话框，由于已经将图纸绘制完成，所以选中"现有图形"单选按钮，如图 8-79 所示。单击"下一步"按钮。

（5）打开"创建图纸集 - 图纸集详细信息"对话框，输入新图纸集名称为"别墅结构施工图"，设置保存图纸集数据文件的位置，如图 8-80 所示，单击"下一步"按钮。

（6）打开"创建图纸集 - 选择布局"对话框，如图 8-81 所示。单击"输入选项"按钮，打开"输入选项"对话框，将复选框全部选中，单击"确定"按钮，如图 8-82 所示。然后单击"浏览"按钮，选择"别墅结构施工图"文件夹，单击"下一步"按钮。

图 8-78　由图纸集管理器新建图纸集

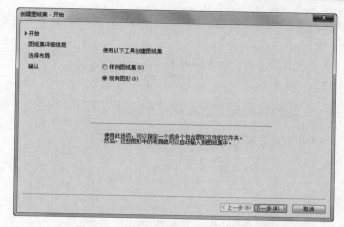

图 8-79　"创建图纸集 – 开始"对话框

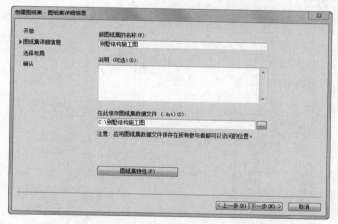

图 8-80　"创建图纸集 – 图纸集详细信息"对话框

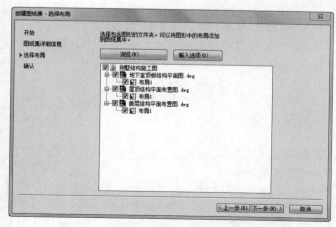

图 8-81　"创建图纸集 – 选择布局"对话框

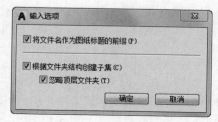

图 8-82　"输入选项"对话框

（7）打开"创建图纸集 - 确认"对话框，显示图纸集的详细确认信息，如图 8-83 所示。单击"完成"按钮。

（8）系统自动打开"图纸集管理器"选项板，在"图纸列表"选项卡中显示别墅结构施工图的布局，如图 8-84 所示。

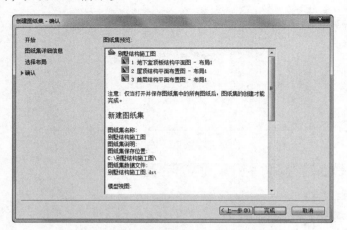

图 8-83 "创建图纸集 - 确认"对话框

图 8-84 "图纸列表"选项卡

（9）选择"模型视图"选项卡，如图 8-85 所示。双击"添加新位置"按钮，打开"浏览文件夹"对话框，然后选择事先保存好图形文件的文件夹，单击"打开"按钮，返回到"图纸集管理器"选项板，如图 8-86 所示。

图 8-85 "模型视图"选项卡

图 8-86 添加图纸

（10）建立图纸集后，可以利用图纸集的布局生成图纸文件。例如在图纸集中选择一个图布局，右击，在弹出的快捷菜单中选择"发布"→"发布为 DWFx"命令，AutoCAD 2020 弹出"指定DWFx 文件"对话框，如图 8-87 所示。选择适当路径，单击"选择"按钮，进行发布工作，同时在屏幕右下角显示发布状态图标，鼠标停留在上面，显示当前执行操作的状态。如不必打印，则关闭弹出的"打印 - 正在处理后台作业"对话框。

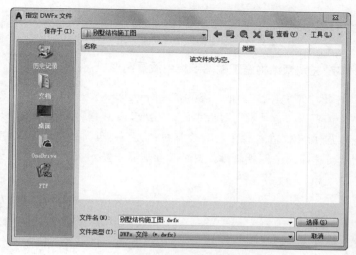

图 8-87 发布图纸

练习提高 实例 136 创建体育馆建筑结构施工图图纸集

练习创建体育馆建筑结构施工图图纸集，如图 8-88 所示。

扫一扫，看视频

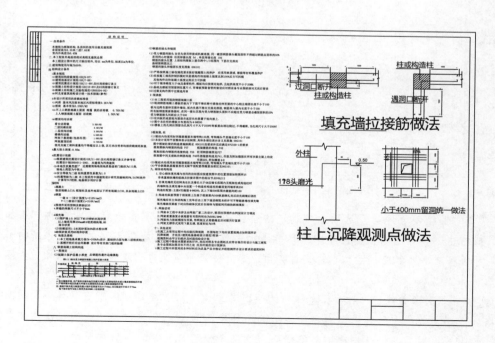

图 8-88 体育馆建筑结构施工图

📋**思路点拨：**

> **源文件：**源文件\第 8 章\体育馆建筑结构施工图.dwg
> 利用创建图纸集的方法创建体育馆建筑结构施工图图纸集，利用图纸集管理器功能设置图纸。

完全讲解　实例 137　在别墅结构施工图图纸集中放置图形

（1）调用素材。打开"源文件\第 8 章\别墅施工图.dwg"文件。

（2）单击"视图"选项卡"选项板"面板中的"图纸集管理器"按钮✎，系统打开"图纸集管理器"对话框，如图 8-78 所示。在控件下拉列表框中选择"打开"选项，系统打开"打开图纸集"对话框，如图 8-89 所示。选择一个图纸集后，图纸集管理器中显示该图纸集的图纸列表，如图 8-90 所示。

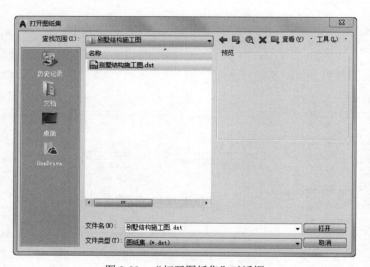

图 8-89　"打开图纸集"对话框

图 8-90　显示图纸列表

（3）选择"图纸集管理器"选项板中的"模型视图"选项卡，双击位置目录中的"添加新位置"按钮，或右击，在弹出的快捷菜单中选择"添加新位置"命令，如图 8-91 所示。系统打开"浏览文件夹"对话框，如图 8-92 所示。选择文件夹后，该文件夹所有文件出现在位置目录中，如图 8-93 所示。

（4）选择一个图形文件后，右击，在弹出的快捷菜单中选择"放置到图纸上"命令，如图 8-94 所示。选择的图形文件的布局就出现在当前图纸的布局中，右击，系统打开"比例"快捷菜单，选择一个合适的比例，拖动鼠标，指定一个位置后，该布局就插入到当前图形布局中。

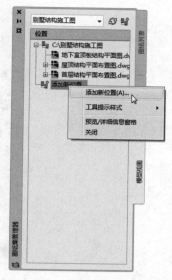

图 8-91 "添加新位置"命令

图 8-92 "浏览文件夹"对话框

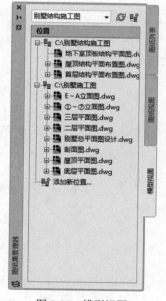

图 8-93 模型视图

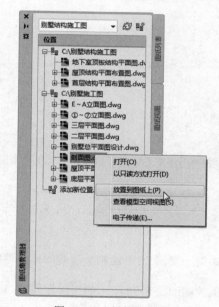

图 8-94 右键快捷菜单

注意:

图纸集管理器中打开和添加的图纸必须是布局空间图形，不能是模型空间图形。如果不是布局空间图形，必须事先进行转换。

练习提高　实例 138　在体育馆建筑结构施工图图纸集中放置图形

练习在体育馆建筑结构施工图图纸集中插入如图 8-95 所示布局。

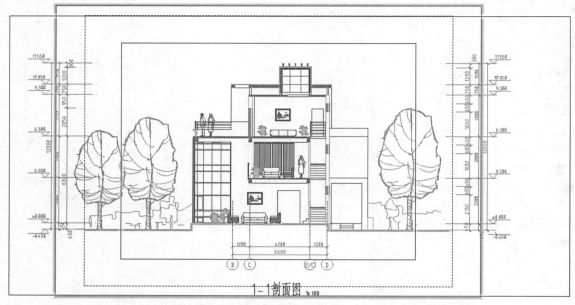

图 8-95　插入布局结果

思路点拨：

源文件：源文件\第 8 章\插入布局结果.dwg
创建好图纸集后，可以根据需要对图纸集进行管理或添加图形到图纸集中。

8.8　综合实例

完全讲解　实例 139　绘制手压阀阀体零件图

本实例绘制如图 8-96 所示的阀体零件图。零件图是设计者用以表达对零件设计意图的一种技术文件。完整的零件图包括一组视图、尺寸、技术要求、标题栏等内容，如图 8-96 所示。本实例以手压阀阀体这个典型的机械零件的设计和绘制过程为例讲述零件图的绘制方法和过程。

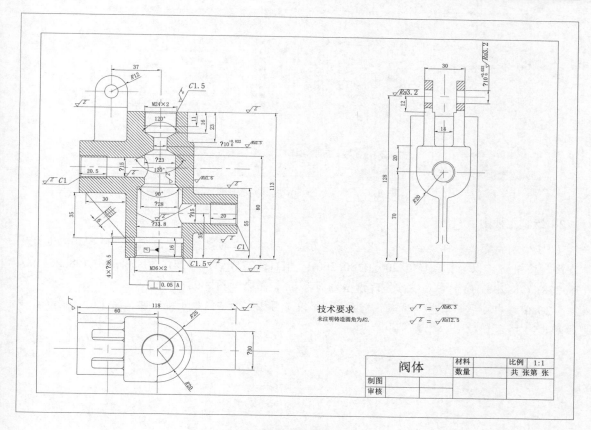

图 8-96 阀体零件图

1．配置绘图环境

（1）创建新文件。启动 AutoCAD 2020 应用程序，打开"源文件\第 8 章\A3 样板图.dwg"文件，将其命名为"阀体.dwg"并另保存。

（2）创建图层。单击"默认"选项卡"图层"面板中的"图层特性"按钮，打开"图层特性管理器"选项板，新建如下 5 个图层。

① 中心线：颜色为红色，线型为 CENTER，线宽为 0.15 毫米。

② 粗实线：颜色为白色，线型为 Continuous，线宽为 0.30 毫米。

③ 细实线：颜色为白色，线型为 Continuous，线宽为 0.15 毫米。

④ 尺寸标注：颜色为蓝色，线型为 Continuous，线宽为默认。

⑤ 文字说明：颜色为白色，线型为 Continuous，线宽为默认。

设置结果如图 8-97 所示。

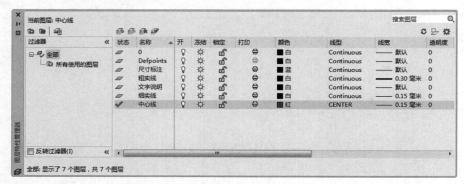

图 8-97 "图层特性管理器"选项板

2. 绘制主视图

（1）绘制中心线。将"中心线"图层设定为当前图层。单击"默认"选项卡"绘图"面板中的"直线"按钮 ／ ，以坐标点 {(50, 200), (180, 200)}、{(115, 275), (115, 125)}、{(58, 258), (98, 258)}、{(78, 278), (78, 238)} 绘制中心线，修改线型比例为 0.5，结果如图 8-98 所示。

（2）偏移中心线。单击"默认"选项卡"修改"面板中的"偏移"按钮 ⊆ ，将中心线偏移，结果如图 8-99 所示。

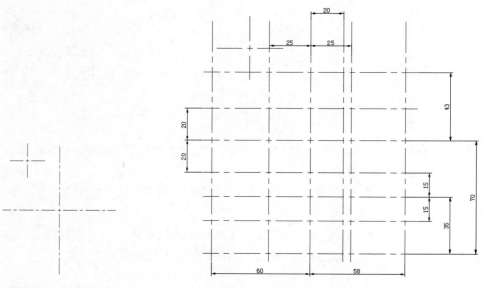

图 8-98 绘制中心线　　　　　　　　　图 8-99 偏移中心线

（3）修剪图形。单击"默认"选项卡"修改"面板中的"修剪"按钮 ，修剪图形，并将剪切后的图形修改图层为"粗实线"，结果如图 8-100 所示。

（4）创建圆角。单击"默认"选项卡"修改"面板中的"圆角"按钮 ，创建半径为 2 的圆角，结果如图 8-101 所示。

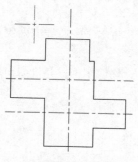

图 8-100　修剪图形

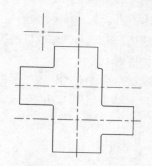

图 8-101　创建圆角

（5）绘制圆。将"粗实线"图层设定为当前图层。单击"默认"选项卡"绘图"面板中的"圆"按钮⊙，以中心线交点为圆心，分别绘制半径为 5 和 12 的圆，结果如图 8-102 所示。

（6）绘制直线。单击"默认"选项卡"绘图"面板中的"直线"按钮╱，绘制与圆相切的直线，结果如图 8-103 所示。

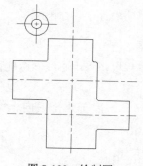

图 8-102　绘制圆

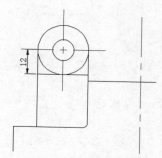

图 8-103　绘制切线

（7）剪切图形。单击"默认"选项卡"修改"面板中的"修剪"按钮，剪切图形，结果如图 8-104 所示。

（8）创建圆角。单击"默认"选项卡"修改"面板中的"圆角"按钮，创建半径为 2 的圆角，并单击"默认"选项卡"绘图"面板中的"直线"按钮╱，将缺失的图形补全，结果如图 8-105 所示。

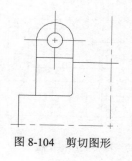

图 8-104　剪切图形

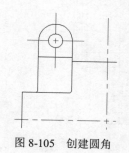

图 8-105　创建圆角

（9）创建水平孔。

① 单击"默认"选项卡"修改"面板中的"偏移"按钮 ⊑，将水平中心线向两侧偏移，偏移距离为 7.5，结果如图 8-106 所示。

② 单击"默认"选项卡"修改"面板中的"修剪"按钮 ⌁，修剪图形，并将剪切后的图形修改图层为"粗实线"，结果如图 8-107 所示。

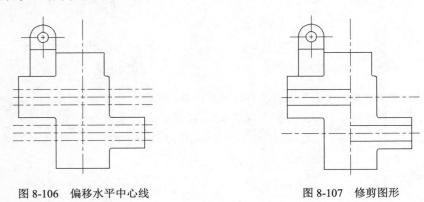

图 8-106　偏移水平中心线　　　　　　　图 8-107　修剪图形

（10）创建竖直孔。

① 单击"默认"选项卡"修改"面板中的"偏移"按钮 ⊑，将竖直中心线向两侧偏移，结果如图 8-108 所示。

② 单击"默认"选项卡"修改"面板中的"偏移"按钮 ⊑，底部水平线向上偏移，结果如图 8-109 所示。

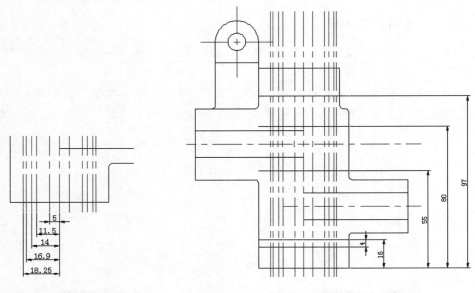

图 8-108　偏移竖直中心线　　　　　　　图 8-109　偏移底部水平线

③ 单击"默认"选项卡"修改"面板中的"修剪"按钮，修剪图形，并将剪切后的图形修改图层为"粗实线"，结果如图 8-110 所示。

④ 将"粗实线"图层设定为当前图层。单击"默认"选项卡"绘图"面板中的"直线"按钮，绘制线段。单击"默认"选项卡"修改"面板中的"修剪"按钮，修剪图形，结果如图 8-111 所示。

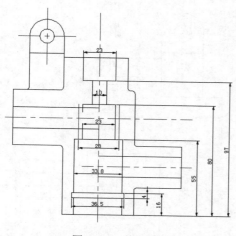

图 8-110　剪切图形

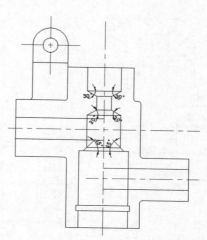

图 8-111　绘制线段

（11）绘制螺纹线。

① 单击"默认"选项卡"修改"面板中的"偏移"按钮，偏移线段，结果如图 8-112 所示。

② 单击"默认"选项卡"修改"面板中的"修剪"按钮，剪切图形，并将剪切后的图形修改图层为"细实线"，结果如图 8-113 所示。

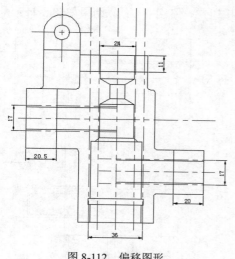

图 8-112　偏移图形

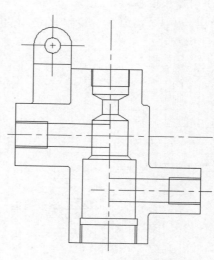

图 8-113　剪切图形

（12）创建倒角。

① 单击"默认"选项卡"修改"面板中的"偏移"按钮 ⌒，偏移线段，结果如图 8-114 所示。

② 单击"默认"选项卡"绘图"面板中的"直线"按钮 ╱，绘制线段，并单击"默认"选项卡"修改"面板中的"修剪"按钮 ✂，剪切图形，结果如图 8-115 所示。

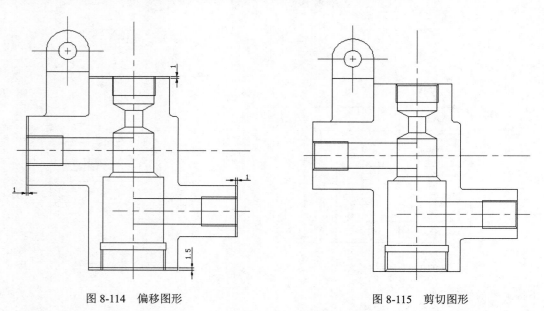

图 8-114　偏移图形　　　　　　　　　　图 8-115　剪切图形

（13）创建孔之间的连接线。单击"默认"选项卡"绘图"面板中的"圆弧"按钮 ╭，创建圆弧，并单击"默认"选项卡"修改"面板中的"修剪"按钮 ✂，剪切图形，结果如图 8-116 所示。

（14）创建加强筋。

① 单击"默认"选项卡"修改"面板中的"偏移"按钮 ⌒，偏移中心线，结果如图 8-117 所示。

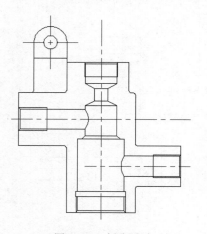

图 8-116　创建圆弧

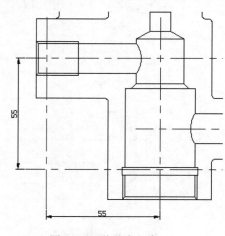

图 8-117　偏移中心线

② 单击"默认"选项卡"绘图"面板中的"直线"按钮／，连接线段交点，并将多余的辅助线删除，结果如图 8-118 所示。

③ 单击"默认"选项卡"绘图"面板中的"直线"按钮／，绘制与步骤②绘制的直线相垂直的线段，并将绘制的直线图层修改为"中心线"，结果如图 8-119 所示。

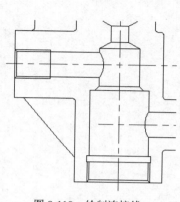

图 8-118　绘制连接线

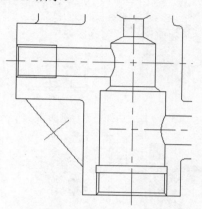

图 8-119　绘制中心线

④ 单击"默认"选项卡"修改"面板中的"偏移"按钮 ⊆，偏移线段，结果如图 8-120 所示。

⑤ 单击"默认"选项卡"修改"面板中的"修剪"按钮，剪切图形，并将剪切后的图形修改图层为"粗实线"，结果如图 8-121 所示。

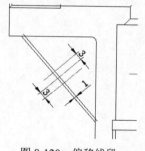

图 8-120　偏移线段

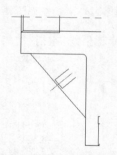

图 8-121　修改图形

⑥ 单击"默认"选项卡"修改"面板中的"圆角"按钮，创建半径为 2 的圆角，并单击"默认"选项卡"修改"面板中的"移动"按钮 ✛，将绘制好的加强筋重合剖面图移动到指定的点位置，结果如图 8-122 所示。

⑦ 单击"默认"选项卡"绘图"面板中的"直线"按钮／，绘制辅助线，结果如图 8-123 所示。

（15）绘制剖面线。将"细实线"图层设定为当前图层。单击"默认"选项卡"绘图"面板中的"图案填充"按钮，系统弹出"图案填充创建"选项卡，单击"图案"面板中的"图案填充图案"按钮，选择填充图案为 ANSI31，如图 8-124 所示。设置图案填充角度为 90，填充图案比例为 0.5，如图 8-125 所示。在图形中选取填充范围，绘制剖面线，最终完成主视图的绘制，结果如图 8-126 所示。

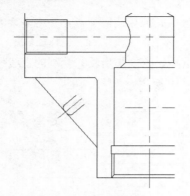

图 8-122 加强筋重合剖面图

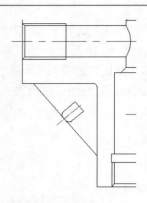

图 8-123 绘制辅助线

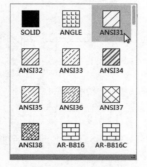

图 8-124 选择填充图案

图 8-125 设置"特性"面板

（16）删除辅助线。将辅助线删除，结果如图 8-127 所示。

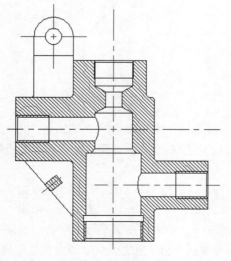

图 8-126 主视图图案填充

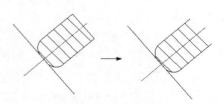

图 8-127 删除辅助线

3．绘制左视图

（1）绘制中心线。将"中心线"图层设定为当前图层。单击"默认"选项卡"绘图"面板中的"直线"按钮╱。首先在如图 8-128 所示的中心线的延长线上绘制一段中心线，再绘制相垂直的中心线，结果如图 8-129 所示。

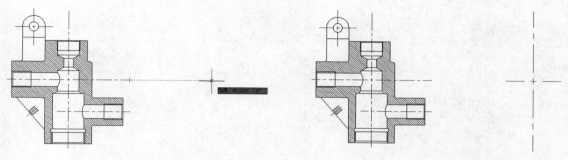

图 8-128　绘制基准

图 8-129　绘制中心线

（2）偏移中心线。单击"默认"选项卡"修改"面板中的"偏移"按钮 ⊆，将绘制的中心线向两侧偏移，结果如图 8-130 所示。

（3）剪切图形。单击"默认"选项卡"修改"面板中的"修剪"按钮 ✔，剪切图形，并将剪切后的图形修改图层为"粗实线"，结果如图 8-131 所示。

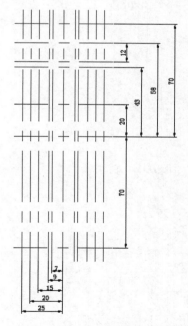

图 8-130　偏移中心线

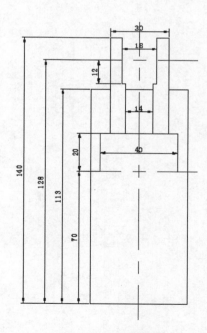

图 8-131　剪切图形

（4）创建圆。将"粗实线"图层设定为当前图层。单击"默认"选项卡"绘图"面板中的"圆"按钮⊙，创建半径分别为 7.5、8.5 和 20 的圆，并将半径为 8.5 的圆修改图层为"细实线"，结果如图 8-132 所示。

（5）旋转中心线。单击"默认"选项卡"修改"面板中的"旋转"按钮↻，将中心线旋转，命令行提示与操作如下：

```
命令: _rotate
UCS 当前的正角方向: ANGDIR=逆时针  ANGBASE=0
选择对象: 找到 1 个
选择对象: 找到 1 个, 总计 2 个（选取两条中心线）
选择对象: ↙
指定基点:（选取中心线交点）
指定旋转角度, 或 [复制(C)/参照(R)] <0>: C↙
旋转一组选定对象。
指定旋转角度, 或 [复制(C)/参照(R)] <0>: 15↙
```

结果如图 8-133 所示。

（6）修剪图形。单击"默认"选项卡"修改"面板中的"修剪"按钮▼，剪切图形，并将多余的中心线删除，结果如图 8-134 所示。

（7）偏移中心线。单击"默认"选项卡"修改"面板中的"偏移"按钮⊑，将绘制的中心线向两侧偏移，结果如图 8-135 所示。

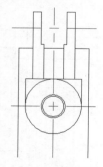

图 8-132　创建圆

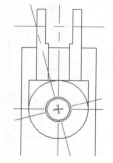

图 8-133　旋转中心线

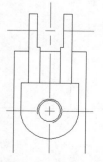

图 8-134　剪切图形

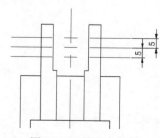

图 8-135　偏移中心线

（8）剪切图形。单击"默认"选项卡"修改"面板中的"修剪"按钮，剪切图形，并将剪切后的图形修改图层为"粗实线"，结果如图 8-136 所示。

（9）偏移中心线。单击"默认"选项卡"修改"面板中的"偏移"按钮，将中心线偏移，结果如图 8-137 所示。

（10）剪切图形。单击"默认"选项卡"修改"面板中的"修剪"按钮，剪切图形，并将剪切后的图形修改图层为"粗实线"，结果如图 8-138 所示。

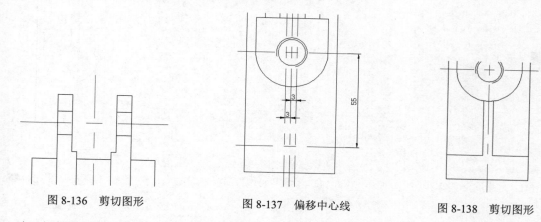

图 8-136　剪切图形　　　　图 8-137　偏移中心线　　　　图 8-138　剪切图形

（11）创建圆角。单击"默认"选项卡"修改"面板中的"圆角"按钮，创建半径为 2 的圆角，并单击"默认"选项卡"绘图"面板中的"直线"按钮，将缺失的图形补全，结果如图 8-139 所示。

（12）绘制局部剖切线。单击"默认"选项卡"绘图"面板中的"样条曲线拟合"按钮，绘制局部剖切线，结果如图 8-140 所示。

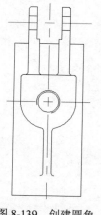
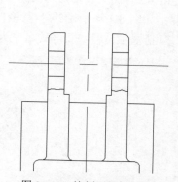

图 8-139　创建圆角　　　　　　图 8-140　绘制局部剖切线

（13）绘制剖面线。将"细实线"图层设置为当前图层。单击"默认"选项卡"绘图"面板中的"图案填充"按钮，弹出"图案填充创建"选项卡，单击"图案"面板"图案填充图案"按钮，选择填充图案为 ANSI31，如图 8-141 所示。设置图案填充角度为 0，填充图案比例为 0.5，如图 8-142 所示。在图形中选取填充范围，绘制剖面线，最终完成左视图的绘制，结效果如图 8-143 所示。

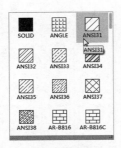
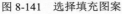

图 8-141　选择填充图案

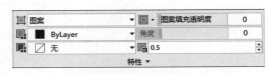

图 8-142　设置"特性"面板

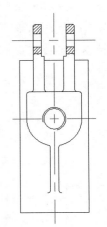

图 8-143　左视图图案填充

4．绘制俯视图

俯视图的绘制已在第 5 章中详细介绍，此处不再赘述。

5．标注尺寸

（1）设置标注样式。

① 单击"快速访问"工具栏中的"打开"按钮 ，打开"源文件\第 9 章\标注手压阀阀体.dwg"文件。

② 将"尺寸标注"图层设定为当前图层。单击"默认"选项卡"注释"面板中的"标注样式"按钮 ，系统弹出如图 8-144 所示的"标注样式管理器"对话框。单击"新建"按钮，在弹出的"创建新标注样式"对话框中设置"新样式名"为"机械制图"，如图 8-145 所示。

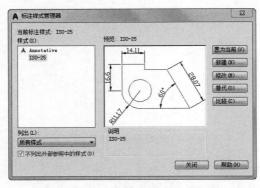

图 8-144　"标注样式管理器"对话框

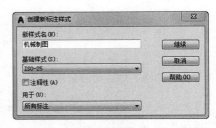

图 8-145　"创建新标注样式"对话框

③ 单击"继续"按钮，系统弹出"新建标注样式：机械制图"对话框。在如图 8-146 所示的"线"选项卡中，设置"基线间距"为 2，"超出尺寸线"为 1.25，"起点偏移量"为 0.625，其他设置保持默认。

④ 在如图 8-147 所示的"符号和箭头"选项卡中，设置箭头为"实心闭合"，箭头大小为 2.5，其他设置保持默认。

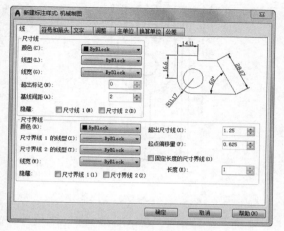

图 8-146 "线"选项卡

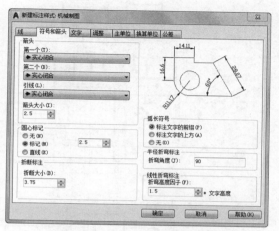

图 8-147 "符号和箭头"选项卡

⑤ 在如图 8-148 所示的"文字"选项卡中，设置"文字高度"为 3，单击"文字样式"后面的 按钮，弹出"文字样式"对话框，设置字体名为"仿宋-GB2312"，其他设置保持默认。

⑥ 在如图 8-149 所示的"主单位"选项卡中，设置"精度"为 0.0，"小数分隔符"为"句点"，其他设置保持默认。设置完成后单击"确认"按钮退出对话框。在"标注样式管理器"对话框中将"机械制图"样式设置为当前样式，单击"关闭"按钮退出对话框。

图 8-148 "文字"选项卡

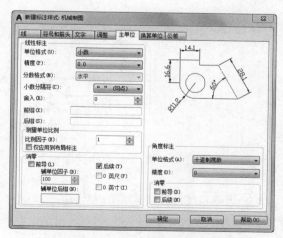

图 8-149 "主单位"选项卡

（2）标注尺寸。

① 单击"默认"选项卡"注释"面板中的"线性"按钮┌┐，标注线性尺寸，结果如图 8-150 所示。

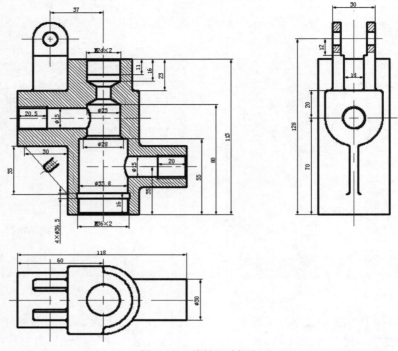

图 8-150　线性尺寸标注

② 单击"默认"选项卡"注释"面板中的"半径"按钮，标注半径尺寸，结果如图 8-151 所示。

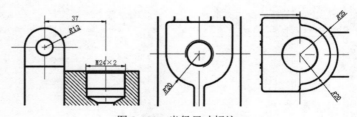

图 8-151　半径尺寸标注

③ 单击"默认"选项卡"注释"面板中的"对齐"按钮，标注对齐尺寸，结果如图 8-152 所示。

④ 设置角度标注样式。单击"默认"选项卡"注释"面板中的"角度"按钮△，标注角度尺寸，结果如图 8-153 所示。

⑤ 设置公差尺寸替代标注样式。单击"默认"选项卡"注释"面板中的"线性"按钮┌┐，标注公差尺寸，结果如图 8-154 所示。

图 8-152　对齐尺寸标注

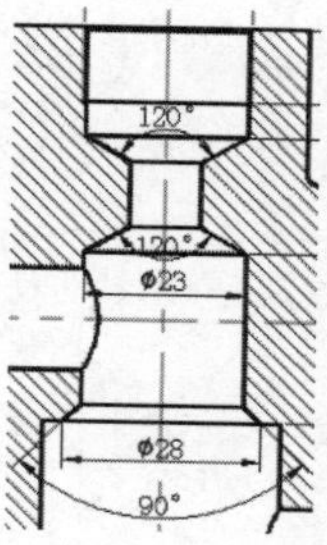

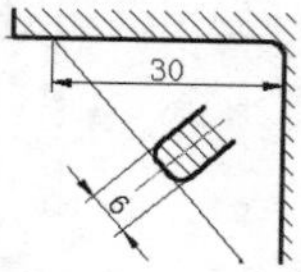

图 8-153　角度尺寸标注

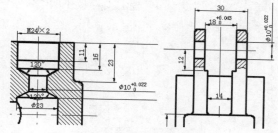
图 8-154　公差尺寸标注

（3）标注倒角尺寸。

先利用 QLEADER 命令设置引线，再利用 LEADER 命令绘制引线，命令行提示与操作如下：

```
命令：QLEADER↙
指定第一个引线点或 [设置(S)]<设置>：↙
```

弹出"引线设置"对话框，在"引线和箭头"选项卡中选择箭头为"无"，如图 8-155 所示，单击"确定"按钮，命令行提示与操作如下：

```
指定第一个引线点或 [设置(S)]<设置>：按"Esc"键
命令：LEADER↙
指定引线起点：(选择引线起点)
指定下一点：(指定第二点)
指定下一点或 [注释(A)/格式(F)/放弃(U)]<注释>：(指定第三点)
指定下一点或 [注释(A)/格式(F)/放弃(U)]<注释>：A↙
输入注释文字的第一行或 <选项>：C1.5↙
输入注释文字的下一行：↙
```

重复上述操作，标注其他倒角尺寸。将完成倒角标注后的文字 C 改为斜体，最后结果如图 8-156 所示。

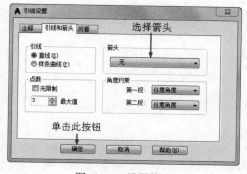
图 8-155　设置箭头

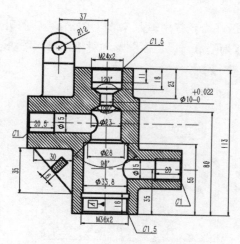
图 8-156　倒角尺寸标注

单击"注释"选项卡"标注"面板中的"公差"按钮 ⊞，标注形位公差，并利用"直线""矩形"和"多行文字"等命令绘制基准符号，结果如图 8-157 所示。

（4）插入粗糙度符号。

① 单击"默认"选项卡"绘图"面板中的"直线"按钮╱，绘制如图 8-158 所示的表面粗糙度符号。

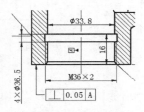

图 8-157　倒角形位公差

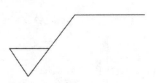

图 8-158　绘制表面粗糙度符号

② 单击"默认"选项卡"块"面板中的"定义属性"按钮 ◈，系统打开"属性定义"对话框，进行如图 8-159 所示的设置，单击"确定"按钮后关闭对话框，将标记放置在适当的位置，结果如图 8-160 所示。

图 8-159　"属性定义"对话框

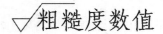

图 8-160　标记属性

③ 在命令行中输入 WBLOCK 命令，打开如图 8-161 所示的"写块"对话框，拾取上面图形的下尖点为基点，以上面图形为对象，输入图块名称并指定路径，单击"确定"按钮后退出。

图 8-161　"写块"对话框

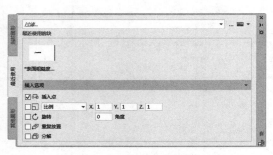

图 8-162　"块"选项板

④ 单击"默认"选项卡"块"面板中"插入"下拉菜单中的"最近使用的块"选项，打开如图 8-162 所示的"块"选项板，在"最近使用的块"选项中单击保存的图块，在屏幕上指定插入点，打开如图 8-163 所示的"编辑属性"对话框，输入所需的粗糙度数值，单击"确定"按钮，完成表面粗糙度符号的标注，将标注的表面粗糙度符号数值的字母改为斜体，结果如图 8-164 所示。按照同样的方法完成其他粗糙度的标注，最终结果如图 8-165 所示。

图 8-163 "编辑属性"对话框

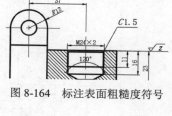

图 8-164 标注表面粗糙度符号

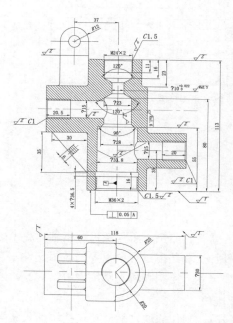

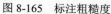

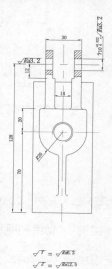

图 8-165 标注粗糙度

练习提高　实例 140　绘制球阀阀盖零件图

练习绘制球阀阀盖零件图，绘制流程如图 8-166 所示。

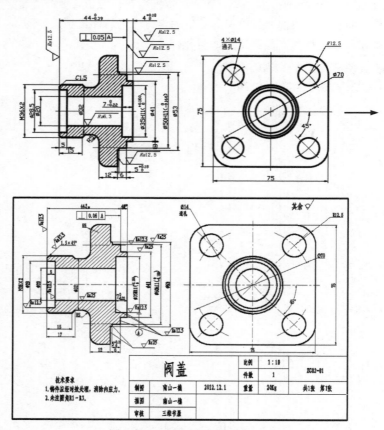

图 8-166　绘制球阀阀盖零件

📋 **思路点拨：**

> **源文件**：源文件\第 8 章\阀盖.dwg
> 利用上面所学习的知识首先绘制阀盖零件图，然后对其进行尺寸标注以及文字注释。

完全讲解　实例 141　绘制手压阀装配图

手压阀装配图由阀体、阀杆、手把、底座、弹簧、胶垫、压紧螺母、销轴、胶木球、密封垫的零件图组成，如图 8-167 所示。装配图是零部件加工和装配过程中重要的技术文件。在设计过程中要用到剖视以及放大等表达方式，还要标注装配尺寸，绘制和填写明细表等。因此，通过手压阀装配平面图的绘制，可以提高我们的综合设计能力。

本实例的制作思路：将零件图的视图进行修改，制作成块，然后将这些块插入装配图中。

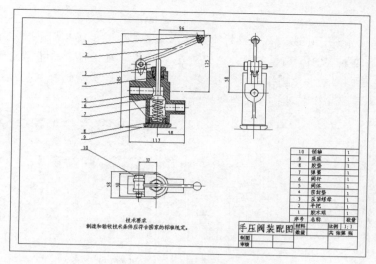

图 8-167　手压阀装配平面图

1. 配置绘图环境

（1）建立新文件。启动 AutoCAD 2020 应用程序，打开"源文件\第 8 章\A3 样板图.dwg"文件，将其命名为"手压阀装配平面图.dwg"并另保存。

（2）创建新图层。单击"图层"面板中的"图层特性"按钮，打开"图层特性管理器"选项板，设置图层。

① 各零件名：颜色为"白色"，其余设置为默认。

② 尺寸标注：颜色为"蓝色"，其余设置为默认。

③ 名称为文字说明：颜色为"白色"，其余设置为默认。

设置结果如图 8-168 所示。

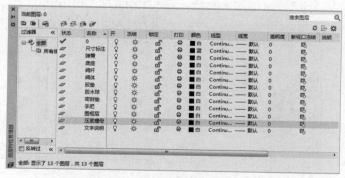

图 8-168　"图层特性管理器"选项板

2. 创建图块

（1）打开"源文件\装配体"文件夹中的"阀体.dwg"文件，将阀体平面图中的"尺寸标注和文字说明"图层关闭。

（2）对阀体平面图进行修改，将多余的线条删除，结果如图 8-169 所示。

（3）在命令行输入 WBLOCK 命令，系统弹出"写块"对话框。单击"拾取点"按钮，在主视图中选取基点，再单击"选择对象"按钮，选取主视图，最后选择保存路径，输入名称，如图 8-170 所示。单击"确定"按钮，保存图块。

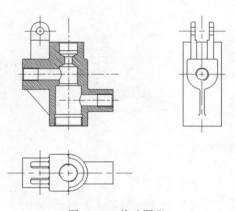

图 8-169　修改图形

图 8-170　"写块"对话框

（4）同理，将其余的平面图保存为图块。

3．装配零件图

（1）插入阀体平面图。

① 将"阀体"图层设定为当前图层。单击"默认"选项卡"块"面板中的"插入"下拉菜单，系统弹出"块"选项板，单击"浏览"按钮，系统弹出"选择图形文件"对话框，选取"阀体主视图图块.dwg"文件，如图 8-171 所示。将图形插入到手压阀装配平面图中，结果如图 8-172 所示。

图 8-171　"选择图形文件"对话框

② 同理，将左视图图块和俯视图图块插入到图形中，对齐中心线，结果如图 8-173 所示。

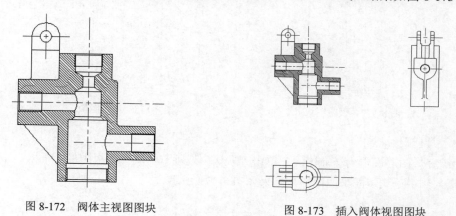

图 8-172　阀体主视图图块　　　　　　图 8-173　插入阀体视图图块

（2）插入胶垫平面图。

① 将"胶垫"图层设定为当前图层。单击"默认"选项卡"块"面板中的"插入"下拉菜单，系统弹出"块"选项板，将胶垫图块插入到手压阀装配平面图中，结果如图 8-174 所示。

② 单击"默认"选项卡"修改"面板中的"旋转"按钮 ↻ 和"移动"按钮 ✢，将胶垫图块调整到适当位置，结果如图 8-175 所示。

③ 单击"默认"选项卡"块"面板中的"插入"下拉菜单，将胶垫图块插入到手压阀装配平面图中，结果如图 8-176 所示。

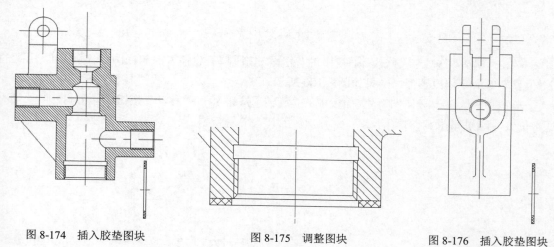

图 8-174　插入胶垫图块　　　　　图 8-175　调整图块　　　　　图 8-176　插入胶垫图块

④ 单击"默认"选项卡"修改"面板中的"旋转"按钮 ↻ 和"移动"按钮 ✢，将胶垫图块调整到适当位置，结果如图 8-177 所示。

⑤ 单击"默认"选项卡"修改"面板中的"分解"按钮 ⬚，将插入的胶垫图块分解，删除多余线条，结果如图 8-178 所示。

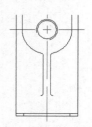
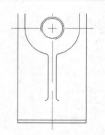

图 8-177　调整图块　　　　　　　　　　图 8-178　修改图块

（3）插入阀杆平面图。

① 将"阀杆"图层设定为当前图层。单击"默认"选项卡"块"面板中的"插入"下拉菜单，将阀杆图块插入到手压阀装配平面图中，结果如图 8-179 所示。

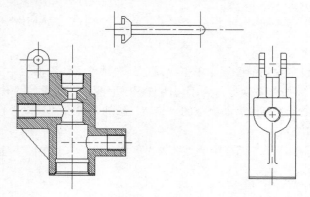

图 8-179　插入阀杆图块

② 单击"默认"选项卡"修改"面板中的"分解"按钮 🗗，将插入的阀杆图块分解，并利用"直线""偏移"等命令修改图形，结果如图 8-180 所示。

③ 单击"默认"选项卡"修改"面板中的"旋转"按钮 ↻ 和"移动"按钮 ✛，将阀杆图块调整到适当位置，结果如图 8-181 所示。

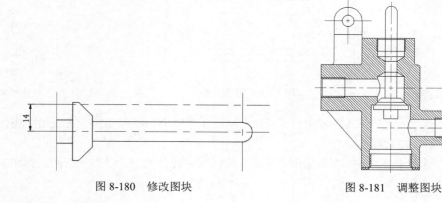

图 8-180　修改图块　　　　　　　　　　图 8-181　调整图块

④ 单击"默认"选项卡"修改"面板中的"分解"按钮，将插入的阀体主视图图块分解，并利用"直线""修剪"等命令修改图形，结果如图 8-182 所示。

⑤ 单击"默认"选项卡"修改"面板中的"复制"按钮，将主视图中阀杆复制到左视图中，结果如图 8-183 所示。

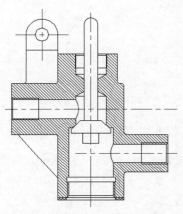

图 8-182　修改阀体主视图

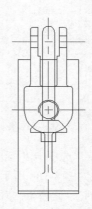

图 8-183　复制阀杆

⑥ 单击"默认"选项卡"修改"面板中的"修剪"按钮和"删除"按钮，修改图形，结果如图 8-184 所示。

⑦ 单击"默认"选项卡"绘图"面板中的"圆"按钮，在阀体俯视图中以中心线交点为圆心，以 5 为半径绘制圆，结果如图 8-185 所示。

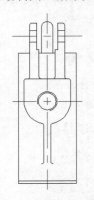

图 8-184　修改阀杆

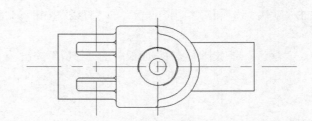

图 8-185　在俯视图中创建阀杆视图

（4）插入弹簧平面图。

① 将"弹簧"图层设定为当前图层。单击"默认"选项卡"块"面板中的"插入"下拉菜单，将弹簧图块插入到手压阀装配平面图中，结果如图 8-186 所示。

② 单击"默认"选项卡"修改"面板中的"分解"按钮，将插入的弹簧图块分解，并利用"修剪""复制"等命令修改图形，结果如图 8-187 所示。

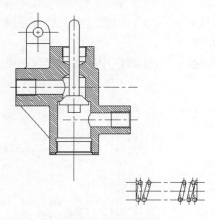

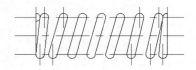

图 8-186　插入弹簧图块　　　　　　　　　　　图 8-187　修改图块

③ 单击"默认"选项卡"修改"面板中的"旋转"按钮 C 和"移动"按钮 ✛，将弹簧图块调整到适当位置，结果如图 8-188 所示。

④ 利用"移动""修剪""复制""删除"等命令修改图形，结果如图 8-189 所示。

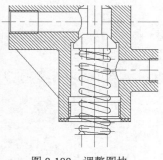

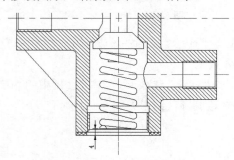

图 8-188　调整图块　　　　　　　　　　　　　图 8-189　修改弹簧

⑤ 单击"默认"选项卡"绘图"面板中的"直线"按钮 ∕，将弹簧图形补充完整，结果如图 8-190 所示。

⑥ 单击"默认"选项卡"修改"面板中的"修剪"按钮 ✂，剪切图形，结果如图 8-191 所示。

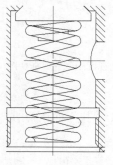

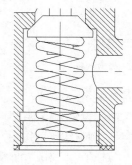

图 8-190　补充图形　　　　　　　　　　　　　图 8-191　剪切图形

（5）插入底座平面图。

① 将"底座"图层设定为当前图层。单击"默认"选项卡"块"面板中的"插入"下拉菜单，将底座右视图图块插入到手压阀装配平面图中，结果如图 8-192 所示。

② 单击"默认"选项卡"修改"面板中的"旋转"按钮 ↺ 和"移动"按钮 ✛，将底座图块调整到适当位置，结果如图 8-193 所示。

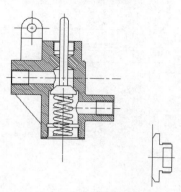

图 8-192　插入底座右视图图块

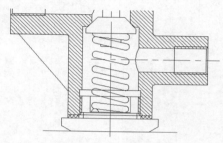

图 8-193　调整图块

③ 利用"分解""修剪"等命令修改图形，结果如图 8-194 所示。

④ 单击"绘图"面板中的"图案填充"按钮▨，设置填充图案为 ANSI31，图案填充角度为 0，填充图案比例为 0.5，选取填充范围，为底座图块添加剖面线，结果如图 8-195 所示。

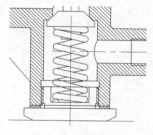

图 8-194　修改底座

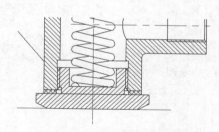

图 8-195　底座图块图案填充

⑤ 单击"默认"选项卡"块"面板中的"插入"下拉菜单，将底座右视图图块插入到手压阀装配平面图中，结果如图 8-196 所示。

⑥ 单击"默认"选项卡"修改"面板中的"旋转"按钮↺和"移动"按钮✛，将底座图块调整到适当位置，结果如图 8-197 所示。

⑦ 单击"默认"选项卡"块"面板中的"插入"下拉菜单，将底座主视图图块插入到手压阀装配平面图中，然后单击"默认"选项卡"修改"面板中的"旋转"按钮 ↺ 和"移动"按钮 ✛，将底座图块调整到适当位置，结果如图 8-198 所示。

⑧ 单击"默认"选项卡"绘图"面板中的"直线"按钮╱，由底座主视图向手压阀左视图绘制辅助线，结果如图 8-199 所示。

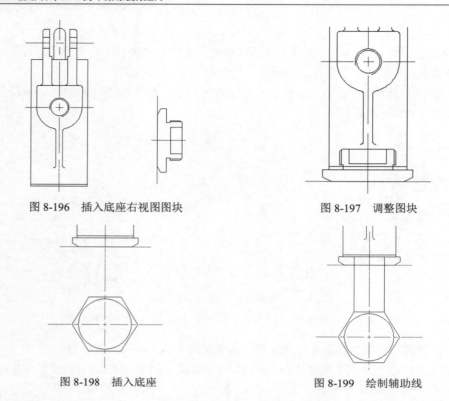

图 8-196 插入底座右视图图块 　　　　　图 8-197 调整图块

图 8-198 插入底座 　　　　　图 8-199 绘制辅助线

⑨ 单击"默认"选项卡"修改"面板中的"修剪"按钮 ，修剪图形并将多余图形删除，结果如图 8-200 所示。

⑩ 单击"默认"选项卡"块"面板中的"插入"下拉菜单，将底座主视图图块插入到手压阀装配平面图中，结果如图 8-201 所示。

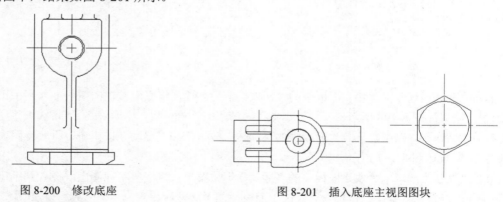

图 8-200 修改底座 　　　　　图 8-201 插入底座主视图图块

⑪ 单击"默认"选项卡"修改"面板中的"移动"按钮 ，将底座图块调整到适当位置，结果如图 8-202 所示。

⑫ 利用"分解""修剪"等命令修改图形，结果如图 8-203 所示。

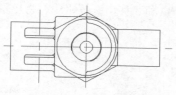

图 8-202　调整图块

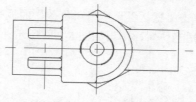

图 8-203　修改底座

（6）插入密封垫平面图。

① 将"密封垫"图层设定为当前图层。单击"默认"选项卡"块"面板中的"插入"下拉菜单，将密封垫图块插入到手压阀装配平面图中，结果如图 8-204 所示。

② 单击"默认"选项卡"修改"面板中的"移动"按钮✛，将密封垫图块调整到适当位置，结果如图 8-205 所示。

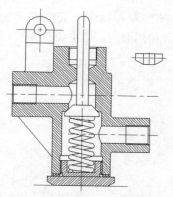

图 8-204　插入密封垫图块

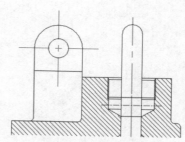

图 8-205　调整图块

③ 利用"分解""修剪"等命令修改图形，结果如图 8-206 所示。

④ 单击"默认"选项卡"绘图"面板中的"图案填充"按钮▨，设置填充图案为 NET，图案填充角度为 45，填充图案比例为 0.5，选取填充范围，为密封垫图块添加剖面线。结果如图 8-207 所示。

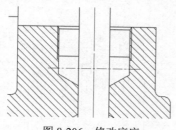

图 8-206　修改底座

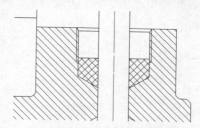

图 8-207　密封垫图块图案填充

（7）插入压紧螺母平面图。

① 将"压紧螺母"图层设定为当前图层。单击"默认"选项卡"块"面板中的"插入"下拉菜单，将压紧螺母右视图图块插入到手压阀装配平面图中，结果如图 8-208 所示。

② 单击"默认"选项卡"修改"面板中的"旋转"按钮 ↻ 和"移动"按钮 ✛，将压紧螺母图块调整到适当位置，结果如图 8-209 所示。

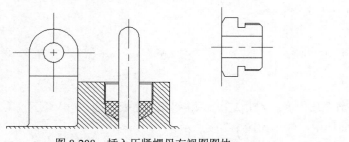

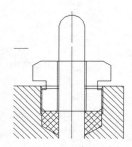

图 8-208　插入压紧螺母右视图图块　　　　　　　　图 8-209　调整图块

③ 利用"分解""修剪"等命令修改图形，结果如图 8-210 所示。

④ 单击"绘图"面板中的"图案填充"按钮 ▨，设置填充图案为 ANSI31，图案填充角度为 0，填充图案比例为 0.5，选取填充范围，为压紧螺母右视图图块添加剖面线，结果如图 8-211 所示。

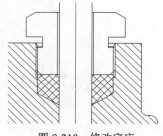

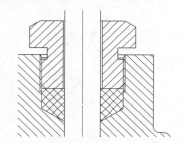

图 8-210　修改底座　　　　　　　　图 8-211　压紧螺母右视图图块图案填充

⑤ 单击"默认"选项卡"块"面板中的"插入"下拉菜单，将压紧螺母右视图图块插入到手压阀装配平面图中，结果如图 8-212 所示。

⑥ 单击"默认"选项卡"修改"面板中的"旋转"按钮 ↻ 和"移动"按钮 ✛，将压紧螺母图块调整到适当位置，结果如图 8-213 所示。

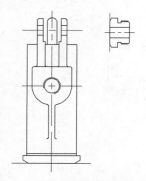

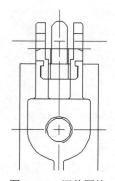

图 8-212　插入压紧螺母右视图图块　　　　　　　　图 8-213　调整图块

⑦ 利用 "分解" "修剪" "直线" 等命令修改图形，结果如图 8-214 所示。

⑧ 首先单击 "默认" 选项卡 "块" 面板中的 "插入" 下拉菜单，将压紧螺母主视图图块插入到手压阀装配平面图中，然后单击 "默认" 选项卡 "修改" 面板中的 "旋转" 按钮 ↻ 和 "移动" 按钮 ✛，将底座图块调整到适当位置，结果如图 8-215 所示。

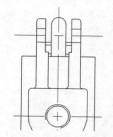

图 8-214　修改压紧螺母

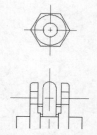

图 8-215　插入压紧螺母

⑨ 单击 "默认" 选项卡 "绘图" 面板中的 "直线" 按钮 ╱，由压紧螺母主视图向手压阀左视图绘制辅助线，结果如图 8-216 所示。

⑩ 单击 "默认" 选项卡 "修改" 面板中的 "修剪" 按钮 ✄，修改图形并将多余图形删除，结果如图 8-217 所示。

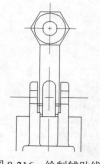

图 8-216　绘制辅助线

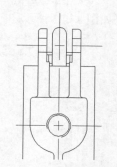

图 8-217　修改压紧螺母

⑪ 单击 "默认" 选项卡 "块" 面板中的 "插入" 下拉菜单，将压紧螺母主视图图块插入到手压阀装配平面图中，结果如图 8-218 所示。

⑫ 单击 "默认" 选项卡 "修改" 面板中的 "移动" 按钮 ✛，将压紧螺母图块调整到适当位置，结果如图 8-219 所示。

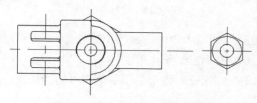

图 8-218　插入压紧螺母主视图图块

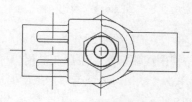

图 8-219　调整图块

⑬ 利用"分解""修剪"等命令修改图形，结果如图 8-220 所示。

（8）插入手把平面图。

① 将"手把"图层设定为当前图层。单击"默认"选项卡"块"面板中的"插入"下拉菜单，将手把主视图图块插入到手压阀装配平面图中，结果如图 8-221 所示。

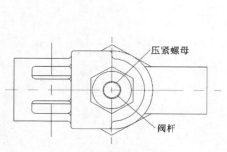

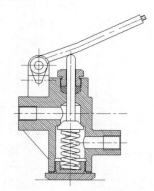

图 8-220　修改压紧螺母　　　　　　　　图 8-221　插入手把主视图图块

② 单击"默认"选项卡"修改"面板中的"修剪"按钮，修改图形，结果如图 8-222 所示。

③ 将"中心线"图层设定为当前图层。单击"默认"选项卡"绘图"面板中的"直线"按钮，绘制辅助线，结果如图 8-223 所示。

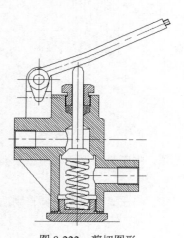

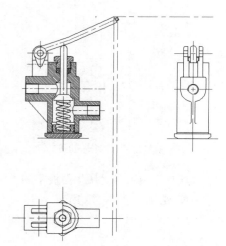

图 8-222　剪切图形　　　　　　　　　　图 8-223　绘制辅助线

④ 将"手把"图层设定为当前图层。单击"默认"选项卡"块"面板中的"插入"下拉菜单，将手把左视图图块插入到手压阀装配平面图中，结果如图 8-224 所示。

⑤ 单击"默认"选项卡"修改"面板中的"移动"按钮，将手把图块调整到适当位置，结果如图 8-225 所示。

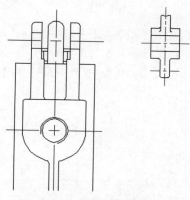

图 8-224 插入手把左视图图块

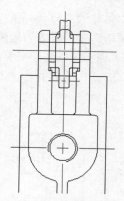

图 8-225 调整图块

⑥ 利用"分解""修剪""直线"等命令修改图形，结果如图 8-226 所示。

⑦ 单击"默认"选项卡"绘图"面板中的"直线"按钮╱，由手把主视图向手把俯视图绘制辅助线，结果如图 8-227 所示。

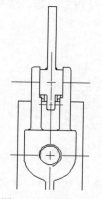

图 8-226 修改手把

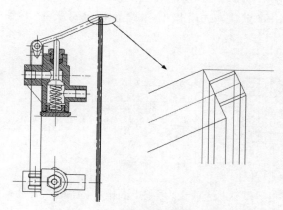

图 8-227 绘制辅助线

⑧ 单击"默认"选项卡"修改"面板中的"偏移"按钮⊏，将俯视图中的水平中心线向两侧偏移，偏移距离分别为 3、2.5 和 2，结果如图 8-228 所示。

⑨ 利用"修剪""椭圆""偏移""直线"等命令，修改图形，并将修改得到的图形修改图层为"粗实线"，结果如图 8-229 所示。

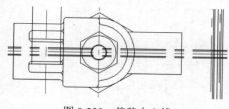

图 8-228 偏移中心线

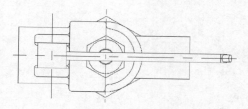

图 8-229 修改手把

（9）插入销轴平面图。

① 将"销轴"图层设定为当前图层。单击"默认"选项卡"块"面板中的"插入"下拉菜单，将销轴图块插入到手压阀装配平面图中，结果如图 8-230 所示。

② 单击"默认"选项卡"修改"面板中的"旋转"按钮 ↻ 和"移动"按钮 ✛，将销轴图块调整到适当位置，结果如图 8-231 所示。

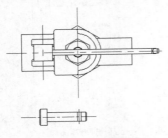

图 8-230　插入销轴图块

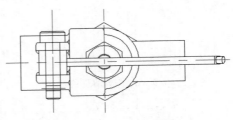

图 8-231　调整图块

③ 利用"分解""修剪"等命令修改图形，结果如图 8-232 所示。

④ 单击"默认"选项卡"绘图"面板中的"圆"按钮 ⊙，绘制半径为 2 的圆，结果如图 8-233 所示。

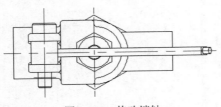

图 8-232　修改销轴

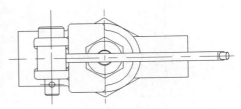

图 8-233　绘制销孔

⑤ 单击"默认"选项卡"绘图"面板中的"圆"按钮 ⊙，在阀体主视图中以中心线交点为圆心，分别以 4.2 和 5 为半径绘制圆，结果如图 8-234 所示。

⑥ 单击"默认"选项卡"块"面板中的"插入"下拉菜单，将销轴图块插入到手压阀装配平面图中，结果如图 8-235 所示。

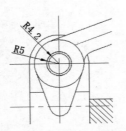

图 8-234　在主视图中创建销轴视图

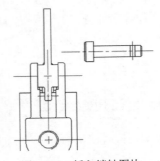

图 8-235　插入销轴图块

⑦ 单击"默认"选项卡"修改"面板中的"移动"按钮 ✛，将销轴图块调整到适当位置，结果如图 8-236 所示。

⑧ 利用"分解""修剪"等命令修改图形，结果如图 8-237 所示。

图 8-236　调整图块　　　　　　　　图 8-237　修改销轴

（10）插入胶木球平面图。

① 将"胶木球"图层设定为当前图层。单击"默认"选项卡"块"面板中的"插入"下拉菜单，将胶木球图块插入到手压阀装配平面图中，结果如图 8-238 所示。

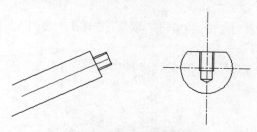

图 8-238　插入胶木球图块

② 单击"默认"选项卡"修改"面板中的"旋转"按钮 ↻ 和"移动"按钮 ✛，将胶木球图块调整到适当位置，结果如图 8-239 所示。

③ 单击"默认"选项卡"绘图"面板中的"图案填充"按钮 ▨，设置填充图案为 ANSI31，图案填充角度为 0，填充图案比例为 0.5，选取填充范围，为胶木球图块添加剖面线。结果如图 8-240 所示。

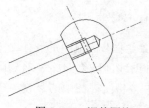
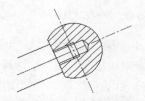

图 8-239　调整图块　　　　　　　　图 8-240　胶木球图块图案填充

④ 将"中心线"图层设定为当前图层。单击"默认"选项卡"绘图"面板中的"直线"按钮 ✏，由胶木球主视图向俯视图绘制辅助线，结果如图 8-241 所示。

⑤ 单击"默认"选项卡"修改"面板中的"偏移"按钮 ⟘，将俯视图中的水平中心线向两侧偏移，偏移距离为 9，结果如图 8-242 所示。

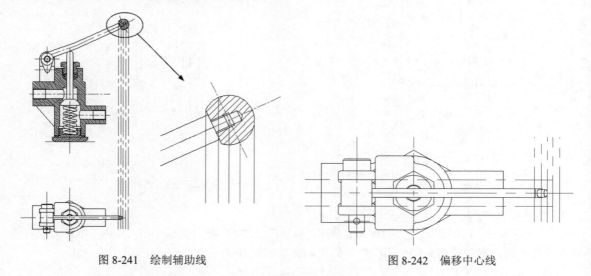

图 8-241　绘制辅助线　　　　　　　　　　　　　图 8-242　偏移中心线

⑥ 将"胶木球"图层设定为当前图层。单击"默认"选项卡"绘图"面板中的"椭圆"按钮 ⬭，绘制胶木球俯视图，结果如图 8-243 所示。

⑦ 单击"默认"选项卡"修改"面板中的"修剪"按钮 ✂，修改图形并将多余的辅助线删除，结果如图 8-244 所示。

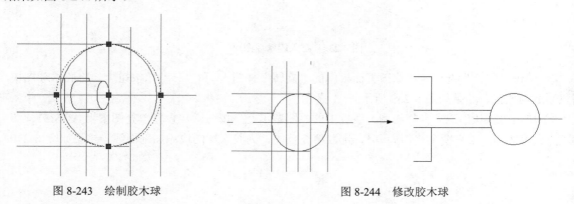

图 8-243　绘制胶木球　　　　　　　　　　　图 8-244　修改胶木球

⑧ 将"中心线"图层设定为当前图层。单击"默认"选项卡"绘图"面板中的"直线"按钮 ✏，由胶木球主视图向左视图绘制辅助线，并在左视图中同样绘制辅助线，结果如图 8-245 所示。

⑨ 单击"默认"选项卡"修改"面板中的"偏移"按钮 ⟘，将左视图中的竖直中心线向两侧偏移，偏移距离为 9，结果如图 8-246 所示。

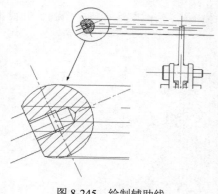

图 8-245　绘制辅助线

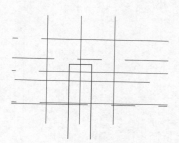

图 8-246　偏移中心线

⑩ 将"胶木球"图层设定为当前图层。单击"默认"选项卡"块"面板中的"插入"下拉菜单，将胶木球图块插入到手压阀装配平面图中，结果如图 8-247 所示。

⑪ 单击"默认"选项卡"修改"面板中的"移动"按钮✛，将胶木球图块调整到适当位置，结果如图 8-248 所示。

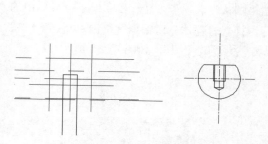

图 8-247　插入胶木球图块

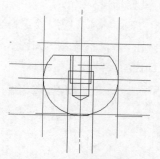

图 8-248　调整图块

⑫ 将"中心线"图层设定为当前图层。单击"默认"选项卡"绘图"面板中的"直线"按钮╱，在左视图中绘制辅助线，结果如图 8-249 所示。

⑬ 将"胶木球"图层设定为当前图层。单击"默认"选项卡"绘图"面板中的"椭圆"按钮◯，绘制胶木球左视图，结果如图 8-250 所示。

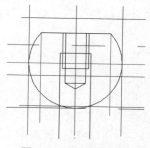

图 8-249　绘制辅助线

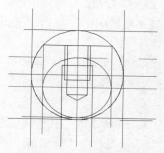

图 8-250　绘制胶木球左视图

⑭ 单击"默认"选项卡"修改"面板中的"修剪"按钮 ✂️，修改图形并将多余的辅助线删除，结果如图 8-251 所示。

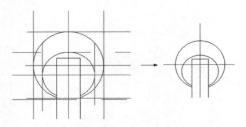

图 8-251　修改胶木球

4．标注手压阀装配平面图

在装配图中，不需要将每个零件的尺寸全部标注出来。其中，需要标注的尺寸有：规格尺寸、装配尺寸、外形尺寸、安装尺寸以及其他重要尺寸。在本例中，只需要标注一些装配尺寸，而且其都为线性标注。

（1）设置标注样式。

① 将"尺寸标注"图层设定为当前图层。单击"默认"选项卡"注释"面板下拉菜单中的"标注样式"按钮 📐，系统弹出如图 8-252 所示的"标注样式管理器"对话框。单击"新建"按钮，在弹出的"创建新标注样式"对话框中设置"新样式名"为"装配图"，如图 8-253 所示。

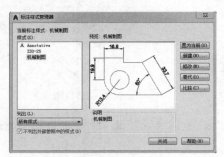

图 8-252　"标注样式管理器"对话框　　　　　图 8-253　"创建新标注样式"对话框

② 单击"继续"按钮，系统弹出"新建标注样式：装配图"对话框。在如图 8-254 所示的"线"选项卡中，设置"基线间距"为 2，"超出尺寸线"为 1.25，"起点偏移量"为 0.625，其他设置保持默认。

③ 在如图 8-255 所示的"符号和箭头"选项卡中，设置"箭头"为"实心闭合"，"箭头大小"为 2.5，其他设置保持默认。

④ 在如图 8-256 所示的"文字"选项卡中，设置"文字高度"为 3，其他设置保持默认。

⑤ 在如图 8-257 所示的"主单位"选项卡中，设置"精度"为 0.0，"小数分隔符"为"句点"，其他设置保持默认。设置完成后单击"确认"按钮退出对话框。在"标注样式管理器"对话框中将"装配图"样式设置为当前样式，单击"关闭"按钮退出对话框。

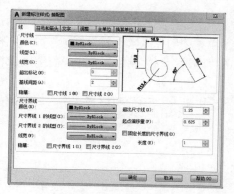

图 8-254　"线"选项卡

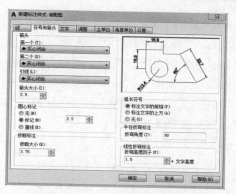

图 8-255　"符号和箭头"选项卡

图 8-256　"文字"选项卡

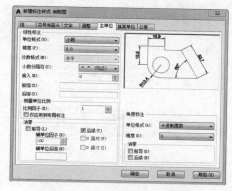

图 8-257　"主单位"选项卡

（2）标注尺寸。单击"默认"选项卡"注释"面板中的"线性"按钮├─┤，标注线性尺寸，结果如图 8-258 所示。

（3）标注零件序号。将"文字说明"图层设定为当前图层。单击"默认"选项卡"绘图"面板中的"直线"按钮╱和"多行文字"按钮 **A**，标注零件序号，结果如图 8-259 所示。

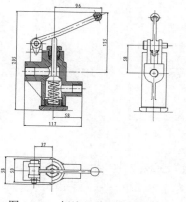

图 8-258　标注尺寸后的装配图

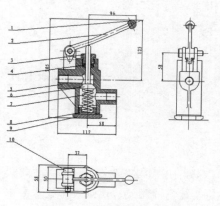

图 8-259　标注零件序号

（4）制作明细表。

① 打开"源文件\第 8 章\明细表.dwg"文件，选择菜单栏中的"编辑"→"复制"命令，将明细表复制；返回到手压阀装配平面图中，选择菜单栏中的"编辑"→"粘贴"命令，将明细表粘贴到手压阀装配平面图中，结果如图 8-260 所示。

② 单击"默认"选项卡"注释"面板中的"多行文字"按钮 **A**，添加明细表文字内容并调整表格宽度，结果如图 8-261 所示。

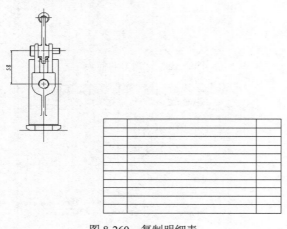

10	销轴	1
9	底座	1
8	胶垫	1
7	弹簧	1
6	阀杆	1
5	阀体	1
4	密封垫	1
3	压紧螺母	1
2	手把	1
1	胶木球	1
序号	名称	数量

图 8-260　复制明细表　　　　　　　　图 8-261　装配图明细表

（5）填写技术要求。单击"注释"面板中的"多行文字"按钮 **A**，添加技术要求，结果如图 8-262 所示。

技术要求
制造和验收技术条件应符合国家的标准规定。

图 8-262　添加技术要求

（6）填写标题栏。单击"默认"选项卡"注释"面板中的"多行文字"按钮 **A**，填写标题栏，结果如图 8-263 所示。

手压阀装配图	材料		比例	1:1
	数量		共 张第 张	
制图				
审核				

图 8-263　填写好的标题栏

（7）完善手压阀装配平面图。单击"默认"选项卡"修改"面板中的"缩放"按钮和"移动"按钮，将创建好的图形、明细表、技术要求移动到图框中的适当位置，完成手压阀装配平面图的绘制，结果如图 8-264 所示。

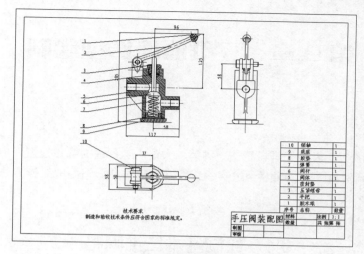

图 8-264 手压阀装配图

练习提高 实例 142 绘制球阀装配图

练习绘制球阀装配图，绘制流程如图 8-265 所示。

扫一扫，看视频

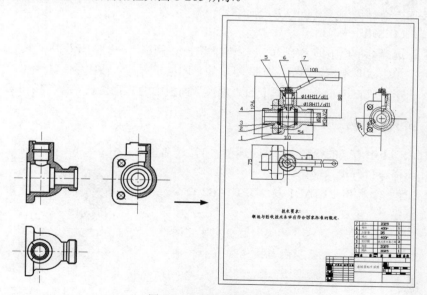

图 8-265 绘制球阀装配图

思路点拨：

源文件：源文件\第 8 章\球阀装配图.dwg

利用手压阀装配图中所介绍的绘图知识来绘制球阀装配图。首先绘制球阀的各个视图，然后添加尺寸标注及文字注释。

第9章　三维曲面造型绘制

内容简介

曲面造型是 AutoCAD 表达三维模型的一种简单方法。这种曲面网格造型只能表达形体结构，不能赋予材质、质量等属性。本章将通过实例介绍不同三维曲面造型的绘制方法、曲面操作和曲面编辑方法。

9.1　绘制基本三维网格

网格模型使用多边形来定义，由三维形状的顶点、边和面组成。三维基本图元与三维基本形体表面类似，有长方体表面、圆柱体表面、棱锥面、楔体表面、球面、圆锥面、圆环面等。这里以其中的"长方体表面"命令为例，其执行方式如下。

- 命令行：MESH。
- 菜单栏：选择菜单栏中的"绘图"→"建模"→"网格"→"图元"→"长方体(B)"命令。
- 工具栏：单击"平滑网格图元"工具栏中的"网格长方体"按钮 。
- 功能区：单击"三维工具"选项卡的"建模"面板中的"网格长方体"按钮 。

完全讲解　实例 143 绘制壁灯立体图

本实例绘制如图 9-1 所示的壁灯立体图。通过本例，读者能对基本三维网格相关命令进行灵活应用。

（1）在命令行中输入 SURFTAB1 和 SURFTAB2 命令，设置对象上每个曲面的轮廓线数目为 10。

（2）单击"三维工具"选项卡"建模"面板中的"网格圆环体"按钮 ，创建圆环体，命令行提示与操作如下：

图 9-1　壁灯立体图

```
命令：_MESH
当前平滑度设置为：0✓
输入选项 [长方体(B)/圆锥体(C)/圆柱体(CY)/棱锥体(P)/球体
(S)/楔体(W)/圆环体(T)/设置(SE)] <圆柱体>：_TORUS
指定中心点或 [三点(3P)/两点(2P)/切点、切点、半径(T)]：0,0,0✓
指定半径或 [直径(D)] <187.3118>：50✓
指定圆管半径或 [两点(2P)/直径(D)]：5✓
```

结果如图 9-2 所示。

重复"网格圆环体"命令，绘制圆环体，命令行提示与操作如下：

```
命令：_MESH
当前平滑度设置为：0✓
输入选项 [长方体(B)/圆锥体(C)/圆柱体(CY)/棱锥体(P)/球体(S)/楔体(W)/圆环体(T)/设置(SE)] <
圆环体>：_TORUS
指定中心点或 [三点(3P)/两点(2P)/切点、切点、半径(T)]：0,0,-8✓
指定半径或 [直径(D)] <187.3118>：45✓
指定圆管半径或 [两点(2P)/直径(D)]：4.5✓
```

结果如图 9-3 所示。

（3）单击"三维工具"选项卡"建模"面板中的"网格圆锥体"按钮▲，创建圆锥体，命令行提示与操作如下：

```
命令：_MESH
当前平滑度设置为：0✓
输入选项 [长方体(B)/圆锥体(C)/圆柱体(CY)/棱锥体(P)/球体(S)/楔体(W)/圆环体(T)/设置(SE)] <圆
锥体>：_CONE
指定底面的中心点或 [三点(3P)/两点(2P)/切点、切点、半径(T)/椭圆(E)]：0,0,-9.5✓
指定底面半径或 [直径(D)] <187.3118>：45✓
指定高度或 [两点(2P)/轴端点(A)/顶面半径(T)] <17.2705>：t✓
指定顶面半径 <0.0000>：30✓
指定高度或 [两点(2P)/轴端点(A)] <17.2705>：-20✓
```

结果如图 9-4 所示。

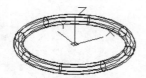
图 9-2 绘制网格圆环体（1）

图 9-3 绘制网格圆环体（2）

图 9-4 壁灯

练习提高 实例 144 绘制公园桌椅立体图

练习"网格长方体和网格圆柱体"命令的使用方法，绘制公园桌椅立体图的流程如图 9-5 所示（尺寸自行适当选取，后面所有练习提高实例的尺寸都自行选取，不再赘述）。

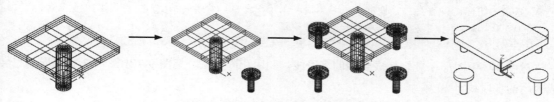
图 9-5 公园桌椅立体图绘制流程

思路点拨：

（1）用"网格圆柱体"和"网格长方体"命令绘制桌子。
（2）利用"网格圆柱体"命令绘制凳子。
（3）阵列凳子。

9.2　绘制三维网格

三维网格包括直纹网格、平移网格、边界网格、旋转网格等。这里以其中的"旋转网格"命令为例，其执行方式如下。

- 命令行：REVSURF。
- 菜单栏：选择菜单栏中的"绘图"→"建模"→"网格"→"旋转网格"命令。

完全讲解　实例 145 绘制圆柱滚子轴承立体图

本实例主要练习使用三维网格曲面相关命令，绘制如图 9-6 所示的圆柱滚子轴承立体图。

（1）设置线框密度，命令行提示与操作如下：

```
命令: surftab1✓
输入 SURFTAB1 的新值 <6>: 20✓
命令: surftab2✓
输入 SURFTAB2 的新值 <6>: 20✓
```

（2）创建截面。用前面介绍的二维图形绘制方法，利用"直线"以及"偏移""镜像""修剪""延伸"等命令绘制如图 9-7 所示的 3 个平面图形及辅助轴线。

（3）生成多段线。利用"修改"→"对象"→"多段线"命令，命令行提示与操作如下：

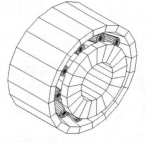

图 9-6　圆柱滚子轴承立体图

```
命令: _pedit
选择多段线或 [多条(M)]: ✓
选定的对象不是多段线
是否将其转换为多段线? <Y>: y✓
输入选项 [闭合(C)/合并(J)/宽度(W)/编辑顶点(E)/拟合(F)/样条曲线(S)/非曲线化(D)/线型生成(L)/
放弃(U)]: j✓
选择对象: (选择图 9-7 中图形 1 的其他线段)
```

这样图 9-7 中图形 1 就转换成封闭的多段线，利用相同方法，把图 9-7 中图形 2 和图形 3 也转换成封闭的多段线。

（4）旋转多段线，创建轴承内外圈，命令行提示与操作如下：

```
命令: Revsurf✓
当前线框密度: SURFTAB1=10  SURFTAB2=10
```

选择要旋转的对象：（分别选取面域 1 及 3，然后按 Enter 键）
选择定义旋转轴的对象：（选取水平辅助轴线）
指定起点角度 <0>:✓
指定包含角 (+=逆时针，-=顺时针) <360>:✓

结果如图 9-8 所示。

（5）创建滚动体。方法同上，以多段线 2 的上边延长的斜线为轴线，旋转多段线 2，创建滚动体。

（6）切换到左视图。选择菜单栏中的"视图"→"三维视图"→"左视"命令，结果如图 9-9 所示。

（7）阵列滚动体，命令行提示与操作如下：

命令：ARRAY✓
选择对象：（滚动球）
选择对象：✓
输入阵列类型 [矩形(R)/路径(PA)/极轴(PO)] <矩形>:PO✓
类型 = 矩形 关联 = 是
指定阵列的中心点或 [基点(B)/旋转轴(A)]：（选择坐标原点）
选择夹点以编辑阵列或 [关联(AS)/基点(B)/项目(I)/项目间角度(A)/填充角度(F)/行(ROW)/层(L)/旋
转项目(ROT)/退出(X)] <退出>：I✓
输入阵列中的项目数或 [表达式(E)] <6>: 10✓
选择夹点以编辑阵列或 [关联(AS)/基点(B)/项目(I)/项目间角度(A)/填充角度(F)/行(ROW)/层(L)/旋
转项目(ROT)/退出(X)] <退出>：F✓
指定填充角度(+=逆时针，-=顺时针)或 [表达式(EX)] <360>:✓
选择夹点以编辑阵列或 [关联(AS)/基点(B)/项目(I)/项目间角度(A)/填充角度(F)/行(ROW)/层(L)/旋
转项目(ROT)/退出(X)] <退出>：✓

结果如图 9-10 所示。

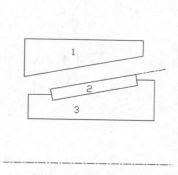

图 9-7 绘制二维图形

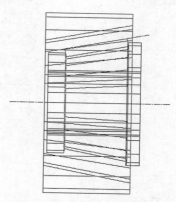

图 9-8 旋转多段线

（8）切换视图。选择菜单栏中的"视图"→"三维视图"→"西南等轴侧"命令，切换到西南等轴测图。

（9）删除轴线。利用"删除"命令，删除辅助轴线，结果如图 9-11 所示。

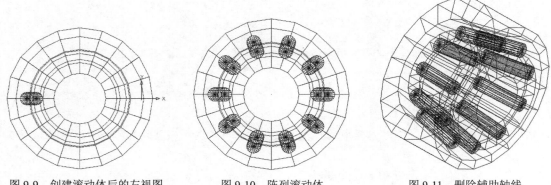

图 9-9　创建滚动体后的左视图　　　图 9-10　阵列滚动体　　　图 9-11　删除辅助轴线

（10）删除与消隐。利用"渲染"命令进行消隐处理后的图形如图 9-6 所示。

扫一扫，看视频

练习提高　实例 146　绘制弹簧立体图

练习运用"圆柱体"和"球体"等命令绘制弹簧立体图，绘制流程如图 9-12 所示。

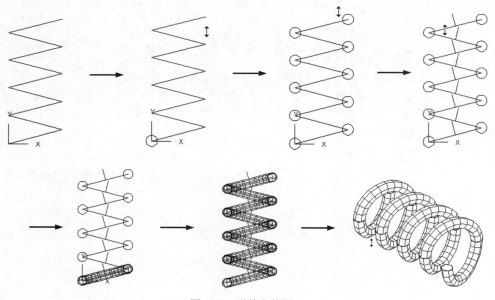

图 9-12　弹簧立体图

📋 **思路点拨：**

（1）绘制多段线和圆。

（2）复制圆。

（3）利用"旋转网格"命令绘制弹簧的一段，并重复绘制。

（4）删除多余线段。

9.3　绘制三维曲面

AutoCAD 提供了基本命令来创建和编辑曲面，包括平面曲面、偏移曲面、过渡曲面、圆角曲面、网络曲面、修补曲面等。这里以"网络曲面"为例，其执行方式如下。

- 命令行：SURFNETWORK。
- 菜单栏：选择菜单栏中的"绘图"→"建模"→"曲面"→"网络"命令。
- 工具栏：单击"曲面创建"工具栏中的"曲面网络"按钮 。
- 功能区：单击"三维工具"选项卡"曲面"面板中的"曲面网络"按钮。

完全讲解　实例 147 绘制高跟鞋立体图

本实例绘制如图 9-13 所示的高跟鞋立体图。主要利用"网络曲面"命令来实现。

扫一扫，看视频

1．绘制鞋面

（1）创建图层。单击"默认"选项卡"图层"面板中的"图层特性"按钮，打开"图层特性管理器"选项板，创建"曲面模型（鞋面）""曲面模型（鞋跟）"和"曲面模型（鞋底）"3 个图层，将"曲面模型（鞋面）"图层置为当前图层，如图 9-14 所示。

图 9-13　高跟鞋立体图

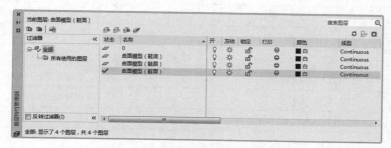

图 9-14　"图层特性管理器"选项板

（2）选择菜单栏中的"视图"→"三维视图"→"西南等轴测"命令，将当前视图设置为西南等轴测视图。

（3）单击"默认"选项卡"绘图"面板中的"样条曲线拟合"按钮，绘制样条曲线 1，各点的坐标见表 9-1。

表 9-1　样条曲线 1

点	坐　标	点	坐　标
点 1	0.0948,−0.3697,6.858	点 3	−0.7752,−0.8383,5.9116
点 2	−0.2121,−0.413,6.7784	点 4	−0.8436,−1.0828,5.415

续表

点	坐 标	点	坐 标
点 5	−0.914,−1.9186,3.7269	点 13	1.0005,−3.4556,2.009
点 6	−0.9323,−2.2815,3.0409	点 14	0.9889,−2.31,3.001
点 7	−0.9541,−3.3122,2.0538	点 15	0.9671,−1.8516,3.8574
点 8	−0.9038,−3.9471,1.9782	点 16	0.9133,−1.113,5.3517
点 9	−0.7293,−4.3168,2.0353	点 17	0.8698,−0.8855,5.8154
点 10	0.1345,−4.5456,2.0753	点 18	0.3679,−0.422,6.7629
点 11	0.7896,−4.3319,2.0391	点 19	C（闭合）
点 12	0.9554,−3.9815,1.9822		

结果如图 9-15 所示。

（4）重复"样条曲线拟合"命令，绘制其余 3 条闭合的样条曲线，3 条样条曲线各点的坐标见表 9-2～表 9-4。

图 9-15　样条曲线 1

表 9-2　样条曲线 2

点	坐 标	点	坐 标
点 1	0.0711,0.8625,5.5223	点 10	0.8864,−5.506,0.558
点 2	−0.428,0.6982,5.3977	点 11	1.1071,−4.2658,0.4227
点 3	−0.772, −0.5858,4.0908	点 12	0.9705,−3.1464,0.4538
点 4	−0.74,−1.0844,3.3983	点 13	0.857,−1.8407,2.0035
点 5	−0.7714,−1.8076,2.0864	点 14	0.8435,−1.1121,3.3431
点 6	−0.9428,−3.148,0.4616	点 15	0.872,−0.6073,4.0646
点 7	−1.0358,−4.2897,0.4227	点 16	0.5314,0.6779,5.3813
点 8	−0.6451,−5.462,0.5548	点 17	C（闭合曲线）
点 9	0.3193,−6.6924,0.7023		

表 9-3　样条曲线 3

点	坐 标	点	坐 标
点 1	0.0427,0.8544,5.6824	点 8	−0.7399,−5.492,0.667
点 2	−0.4723,0.6933,5.5436	点 9	0.3359,−6.8205,0.8373
点 3	−0.8353,−0.6989,4.1107	点 10	1.0143,−5.3865,0.6507
点 4	−0.8264,−1.083,3.596	点 11	1.2121,−4.1477,0.5282
点 5	−0.8659,−1.647,2.6112	点 12	1.0859,−3.2662,0.538
点 6	−1.0505,−3.2139,0.5571	点 13	0.9308,−1.6905,2.527
点 7	−1.1613,−4.1076,0.5282	点 14	0.9137,−1.113,3.5465

续表

点	坐　标	点	坐　标
点 15	0.9267,−0.632,4.1909	点 17	C（闭合曲线）
点 16	0.5024,0.73,5.5753		

表 9-4　样条曲线 4

点	坐　标	点	坐　标
点 1	0.0696,0.5735,6.2413	点 10	0.9563,−5.2293,1.4889
点 2	−0.4385,0.4823,6.1578	点 11	1.2156,−4.2658,1.3803
点 3	−1.0213,−0.628,5.0022	点 12	1.1944,−3.1464,1.4113
点 4	−1.0292,−1.0845,4.352	点 13	1.1246,−1.8407,2.961
点 5	−1.0569,−1.8566,2.943	点 14	1.0807,−1.113,4.2978
点 6	−1.1545,−3.148,1.4191	点 15	1.0665,−0.6252,5.0003
点 7	−1.1601,−4.2897,1.3803	点 16	0.5308,0.474,6.1514
点 8	−0.7294,−5.2339,1.4896	点 17	C（闭合曲线）
点 9	0.3193,−5.8253,1.5639		

结果如图 9-16 所示。

（5）单击"默认"选项卡"绘图"面板中的"样条曲线拟合"按钮 ，绘制 8 条样条曲线，各点坐标见表 9-5～表 9-12。

图 9-16　绘制样条曲线

表 9-5　样条曲线 5

点	坐　标	点	坐　标
点 1	0.0844,−0.3697,6.8581	点 3	0.0697,0.854,5.6821
点 2	0.0597,0.5737,6.2414	点 4	0.0526,0.8629,5.5227

表 9-6　样条曲线 6

点	坐　标	点	坐　标
点 1	0.9133,−1.113,5.3517	点 3	0.9137,−1.113,3.5465
点 2	1.0807,−1.113,4.2978	点 4	0.8435,−1.1121,3.3431

表 9-7　样条曲线 7

点	坐　标	点	坐　标
点 1	0.9889,−2.31,3.001	点 3	0.9596,−2.3096,1.3437
点 2	1.1494,−2.3142,2.129	点 4	0.877,−2.3098,1.175

表 9-8　样条曲线 8

点	坐　标	点	坐　标
点 1	0.8759,−4.2068,2.0153	点 3	1.209,−4.4067,0.5519
点 2	1.2035,−4.4035,1.395	点 4	1.1067,−4.3456,0.4311

表 9-9　样条曲线 9

点	坐　标	点	坐　标
点 1	0.2557,−4.5372,2.0743	点 3	0.3363,−6.8204,0.8373
点 2	0.3124,−5.8268,1.5641	点 4	0.3398,−6.6863,0.7015

表 9-10　样条曲线 10

点	坐　标	点	坐　标
点 1	−0.7847,−4.2438,2.0211	点 3	−1.1257,−4.4862,0.5601
点 2	−1.1195,−4.4822,1.4011	点 4	−1.0217,−4.4198,0.4363

表 9-11　样条曲线 11

点	坐　标	点	坐　标
点 1	−0.9323,−2.2815,3.0409	点 3	−0.9195,−2.2819,1.3622
点 2	−1.0846,−2.2831,2.1872	点 4	−0.8226,−2.2847,1.2208

表 9-12　样条曲线 12

点	坐　标	点	坐　标
点 1	−0.8436,−1.0828,5.415	点 3	−0.8264,−1.083,3.596
点 2	−1.0292,−1.0845,4.352	点 4	−0.74,−1.0844,3.3983

结果如图 9-17 所示。

（6）单击"默认"选项卡"修改"面板中的"直线"按钮 ╱，分别捕捉样条曲线 6 和样条曲线 8 的起点和终点绘制 2 条直线，结果如图 9-18 所示。

（7）单击"默认"选项卡"修改"面板中的"复制"按钮 ❖，将全部样条曲线进行复制，基点坐标为（0,0,0），第二个点的坐标为（10,0,0），结果如图 9-19 所示。

（8）单击"默认"选项卡"修改"面板中的"修剪"按钮 ✂，将曲线进行修剪。将多余的线段删除，结果如图 9-20 所示。

图 9-17　绘制连接曲线

图 9-18　绘制直线

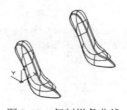

图 9-19　复制样条曲线

图 9-20　修剪曲线

（9）选择菜单栏中的"修改"→ "移动"命令，将复制的曲线移动到原来的位置，移动的基点坐标为（10,0,0），第二个点的坐标为（0,0,0），结果如图 9-21 所示。

（10）单击"三维工具"选项卡"曲面"面板中的"曲面网络"按钮，选择如图 9-22 所示的样条曲线为第一个方向上的曲线，选择样条曲线 5、样条曲线 6、样条曲线 12 为第二个方向上的曲线，创建网格曲面 1，结果如图 9-23 所示，命令行提示与操作如下：

```
命令：_SURFNETWORK
沿第一个方向选择曲线或曲面边：（选择图 9-22 所示的 4 条样条曲线）
沿第一个方向选择曲线或曲面边：✓
沿第二个方向选择曲线或曲面边：（样条曲线 5、样条曲线 6、样条曲线 12）
沿第二个方向选择曲线或曲面边：✓
```

（11）重复单击"曲面网络"按钮，创建网格曲面 2，结果如图 9-24 所示。至此高跟鞋鞋面绘制完成。

图 9-21　移动曲线

图 9-22　第一个方向上的曲线

图 9-23　创建网格曲面 1

图 9-24　创建网格曲面 2

2. 绘制鞋跟

（1）将"曲面模型（鞋跟）"图层置为当前图层。单击"默认"选项卡"绘图"面板中的"样条曲线拟合"按钮，绘制 3 条竖向的样条曲线，各点坐标见表 9-13～表 9-15。

表 9-13　样条曲线 13

点	坐　　标	点	坐　　标
点 1	0.0526,0.8629,5.5227	点 5	0.0526,0.3247,2.3997
点 2	0.0526,0.8322,5.2672	点 6	0.0526,0.3009,1.5697
点 3	0.0526,0.5002,3.8367	点 7	0.055,0.3092,−0.0014
点 4	0.0526,0.3678,2.9727		

表 9-14　样条曲线 14

点	坐　　标	点	坐　　标
点 1	−0.7637,−0.6724,3.9819	点 5	−0.1658,0.0014,3.3915
点 2	−0.7614,−0.5675,4.0021	点 6	−0.1524,0.0014,3.2695
点 3	−0.659,−0.3343,4.0068	点 7	−0.1028,−0.0003,0.2441
点 4	−0.3032,−0.0529,3.795	点 8	−0.1052,0,0.0001

表 9-15 样条曲线 15

点	坐 标	点	坐 标
点 1	0.8665,−0.6719,3.9819	点 5	0.2709,0.0014,3.3915
点 2	0.8665,−0.5675,4.0021	点 6	0.2575,0.0014,3.2695
点 3	0.7641,−0.3343,4.0068	点 7	0.2079,−0.0003,0.2441
点 4	0.4084,−0.0529,3.795	点 8	0.2103,0,−0.0002

结果如图 9-25 所示。

（2）关闭"曲面模型（鞋面）"图层，单击"默认"选项卡"绘图"面板中的"样条曲线拟合"按钮 ∿，绘制轮廓曲线，各点坐标见表 9-16～表 9-21。

图 9-25 绘制竖直方向上的曲线

表 9-16 样条曲线 16

点	坐 标	点	坐 标
点 1	0.8665,−0.6719,3.9819	点 5	−0.428,0.6982,5.3977
点 2	0.872,−0.6073,4.0646	点 6	−0.772,−0.5858,4.0908
点 3	0.5314,0.6779,5.3813	点 7	−0.7637,−0.6724,3.9819
点 4	0.0711,0.8625,5.5223		

表 9-17 样条曲线 17

点	坐 标	点	坐 标
点 1	0.867,−0.573,4.0012	点 4	−0.4283,0.6893,5.2853
点 2	0.5034,0.6928,5.2689	点 5	−0.762,−0.5732,4.0012
点 3	0.0526,0.8499,5.4058		

表 9-18 样条曲线 18

点	坐 标	点	坐 标
点 1	0.7337,−0.2972,4.0001	点 4	−0.4875,0.4604,4.6009
点 2	0.6172,0.429,4.5762	点 5	−0.6327,−0.3019,4.0011
点 3	0.0526,0.7417,4.8015		

表 9-19 样条曲线 19

点	坐 标	点	坐 标
点 1	0.4528,−0.0771,3.8455	点 4	−0.2549,0.3986,4.0337
点 2	0.3659,0.4011,4.0337	点 5	−0.3489,−0.0778,3.8467
点 3	0.0526,0.5652,4.1125		

表 9-20　样条曲线 20

点	坐　标	点	坐　标
点 1	0.2985,−0.0043,3.5422	点 4	−0.1231,0.3568,3.5422
点 2	0.2429,0.3609,3.5428	点 5	−0.1928,−0.0041,3.5403
点 3	0.0526,0.4449,3.5391		

表 9-21　样条曲线 21

点	坐　标	点	坐　标
点 1	0.2103,0,−0.0002	点 4	−0.0239,0.286,−0.0019
点 2	0.1316,0.2886,−0.0019	点 5	−0.1052,0,0.0001
点 3	0.0526,0.3092,−0.0014		

结果如图 9-26 所示。

（3）单击"默认"选项卡"绘图"面板中的"样条曲线拟合"按钮 ，绘制连接曲线，结果如图 9-27 所示。

（4）单击"三维工具"选项卡"曲面"面板中的"曲面网络"按钮 ，选择样条曲线 16～样条曲线 21 为第一个方向上的曲线，选择竖直方向上的 3 条样条曲线为第二个方向上的曲线，创建网格曲面 3，将"视觉样式"设置为"概念"，结果如图 9-28 所示。

（5）单击"三维工具"选项卡"曲面"面板中的"曲面网络"按钮 ，选择步骤（3）创建的连接曲线为第一个方向上的曲线，选择样条曲线 14 和样条曲线 15 为第二个方向上的曲线，创建网格曲面 4，结果如图 9-29 所示。

图 9-26　绘制轮廓曲线

图 9-27　绘制连接线

图 9-28　创建网格曲面 3

图 9-29　创建网格曲面 4

（6）单击"三维工具"选项卡"曲面"面板中的"曲面修补"按钮 ，创建鞋跟底面，命令行提示与操作如下：

```
命令：SURFPATCH
连续性 = G0 - 位置，凸度幅值 = 0.5
选择要修补的曲面边或 [链(CH)/曲线(CU)] <曲线>：cu↙
选择要修补的曲线或 [链(CH)/边(E)] <边>：（选择样条曲线 21）
选择要修补的曲线或 [链(CH)/边(E)] <边>：（选择鞋跟底部连接线）
选择要修补的曲线或 [链(CH)/边(E)] <边>：↙
按 Enter 键接受修补曲面或 [连续性(CON)/凸度幅值(B)/导向(G)]：↙
```

结果如图 9-30 所示。至此高跟鞋鞋跟绘制完成。

3. 绘制鞋底

（1）将"曲面模型（鞋底）"图层置为当前图层，将"视觉样式"设置为"二维线框"模式。

图 9-30　鞋跟底面

（2）单击"默认"选项卡"绘图"面板中的"样条曲线拟合"按钮，绘制样条曲线 22 和样条曲线 23，各点的坐标见表 9-22 和表 9-23。

表 9-22　样条曲线 22

点	坐　标	点	坐　标
点 1	0.8665,−0.6719,3.9819	点 7	−0.6451,−5.462,0.5548
点 2	0.857,−1.8407,2.0035	点 8	−1.0358,−4.2897,0.4227
点 3	0.9705,−3.1464,0.4538	点 9	−0.9428,−3.148,0.4616
点 4	1.1071,−4.2658,0.4227	点 10	−0.7714,−1.8076,2.0864
点 5	0.8864,−5.506,0.558	点 11	−0.7637,−0.6724,3.9819
点 6	0.3193,−6.6924,0.7023		

表 9-23　样条曲线 23

点	坐　标	点	坐　标
点 1	0.867,−0.573,4.0012	点 7	−0.6091,−5.462,0.4423
点 2	0.8437,−1.7974,1.891	点 8	−1.0086,−4.2897,0.3103
点 3	0.9481,−3.1464,0.3414	点 9	−0.9184,−3.148,0.3492
点 4	1.0811,−4.2658,0.3103	点 10	−0.7568,−1.7611,1.974
点 5	0.8654,−5.506,0.4456	点 11	−0.762,−0.5732,4.0012
点 6	0.3193,−6.586,0.5765		

结果如图 9-31 所示。

（3）将图层"曲面模型（鞋跟）"图层关闭。单击"默认"选项卡"绘图"面板中的"样条曲线拟合"按钮，绘制连接线，结果如图 9-32 所示。

（4）单击"三维工具"选项卡"曲面"面板中的"曲面网络"按钮，创建网格曲面 5，将"视觉样式"设置为"概念"，结果如图 9-33 所示。

（5）将"视觉样式"设置为"二维线框"。单击"默认"选项卡"绘图"面板中的"样条曲线拟合"按钮，绘制连接线，结果如图 9-34 所示。

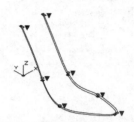

图 9-31　绘制鞋底样条曲线　　图 9-32　绘制连接线　　图 9-33　创建网格曲面　　图 9-34　绘制连接线

（6）单击"三维工具"选项卡"曲面"面板中的"曲面修补"按钮，创建鞋底网格曲面 5，结果如图 9-35 所示。

（7）打开"网格模型（鞋跟）"图层，单击"三维工具"选项卡"曲面"面板中的"曲面修补"按钮，创建鞋底网格曲面，将"视觉样式"设置为"概念"，结果如图 9-36 所示。

（8）关闭"网格模型（鞋底）"图层，打开"网格模型（鞋面）"图层，单击"三维工具"选项卡"实体编辑"面板中的"合并"按钮，将鞋面曲面和鞋跟曲面合并。打开"网格模型（鞋底）"图层，至此高跟鞋绘制完成，结果如图 9-37 所示。

图 9-35　绘制网格曲面 5　　　图 9-36　绘制网格曲面　　　图 9-37　高跟鞋

（9）单击"默认"选项卡"图层"面板中的"图层特性"按钮，打开"图层特性管理器"选项板，新建"高跟鞋"图层，将其置为当前，将所有网格曲面转换到"高跟鞋"图层，关闭其余 3 个图层。

（10）单击"默认"选项卡"选项板"面板中的"特性"按钮，打开"特性"选项板，为高跟鞋模型着色，将"视觉样式"设置为"真实"，最终结果如图 9-13 所示。

练习提高　实例 148　绘制灯罩立体图

绘制灯罩立体图，绘制流程如图 9-38 所示。

扫一扫，看视频

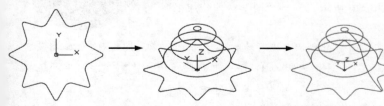

图 9-38　灯罩立体图绘制流程

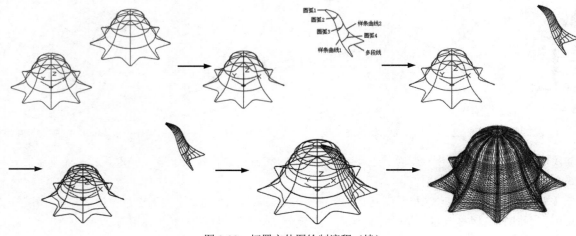

图 9-38　灯罩立体图绘制流程（续）

思路点拨：

（1）用"多段线"和"修改多段线"命令绘制灯罩下沿截面，同时在不同高度绘制 4 个圆形截面。

（2）用"样条曲线"绘制引导线，同时阵列引导线。

（3）复制图形，并修剪。

（4）绘制网络曲面。

（5）移动网络曲面，并集处理。

9.4　综 合 实 例

本节通过两个实例对三维曲面造型命令进行综合练习。

完全讲解　实例 149　绘制茶壶立体图

扫一扫，看视频

本实例绘制如图 9-39 所示的茶壶立体图，主要练习使用各种三维曲面造型命令。

1．绘制茶壶拉伸截面

（1）单击"默认"选项卡"图层"面板中的"图层特性"按钮⊜，打开"图层特性管理器"选项板，如图 9-40 所示。利用"图层特性管理器"创建辅助线层和茶壶层。

（2）单击"默认"选项卡"绘图"面板中的"直线"按钮╱，在"辅助线"层上绘制一条竖直线段，作为旋转直线，如图 9-41 所示。然后单击"视图"选项卡"导航"面板上的"范围"下拉菜单中的"实时"图标±ₐ，将所绘直线区域放大。

图 9-39　茶壶立体图

（3）将"茶壶"图层设置为当前图层。单击"默认"选项卡"绘图"面板中的"多段线"按钮，绘制茶壶半轮廓线，如图 9-42 所示。

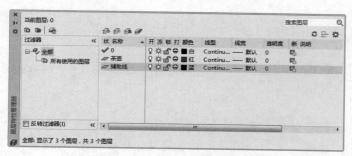

图 9-40　"图层特性管理器"选项板

图 9-41　绘制旋转轴

（4）单击"默认"选项卡"修改"面板中的"镜像"按钮⚠，将茶壶半轮廓线以辅助线为对称轴镜像到直线的另外一侧。

（5）单击"默认"选项卡"绘图"面板中的"多段线"按钮⟿，按照图 9-43 所示的样式绘制壶嘴和壶把轮廓线。

（6）单击"视图"选项卡"视图"面板中的"西南等轴测"按钮◈，将当前视图切换为西南等轴测视图，如图 9-44 所示。

图 9-42　绘制茶壶半轮廓线　　图 9-43　绘制壶嘴和壶把轮廓线　　图 9-44　西南等轴测视图

（7）在命令行中输入 UCS 命令，设置用户坐标系，新建如图 9-45 所示的坐标系。

（8）在命令行输入 UCSICON 命令，使用默认设置。

（9）在命令行中输入 UCS 命令，设置用户坐标系，坐标系绕 X 轴旋转 90°，新建如图 9-46 所示的坐标系。

（10）单击"默认"选项卡"绘图"面板中的"圆弧"按钮⌒，绘制如图 9-46 所示的圆弧。

（11）在命令行中输入 UCS 命令，新建坐标系。新坐标以壶嘴与壶体连接处的上端点为新的原点，以连接处的下端点为 X 轴，Y 轴方向取默认值。

（12）在命令行中输入 UCS 命令，旋转坐标系，使当前坐标系绕 X 轴旋转 225°。

（13）单击"默认"选项卡"绘图"面板中的"椭圆弧"按钮⊙，以壶嘴和壶体的两个交点作为圆弧的两个端点，选择合适的切线方向绘制图形，如图 9-47 所示。

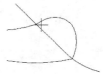

图 9-45　新建坐标系　　　　图 9-46　绘制圆弧　　　　图 9-47　绘制壶嘴与壶身交接处圆弧

2. 拉伸茶壶截面

（1）在命令行中输入 surftab1、surftab2 并将系统变量的值设为 20。

（2）选择菜单栏中的"绘图"→"建模"→"网格"→"边界网格"命令，绘制壶嘴曲面，命令行提示与操作如下：

```
命令：EDGESURF✓
当前线框密度：SURFTAB1=20 SURFTAB2=20
选择用作曲面边界的对象 1：（依次选择壶嘴的四条边界线）
选择用作曲面边界的对象 2：（依次选择壶嘴的四条边界线）
选择用作曲面边界的对象 3：（依次选择壶嘴的四条边界线）
选择用作曲面边界的对象 4：（依次选择壶嘴的四条边界线）
```

得到如图 9-48 所示壶嘴半曲面。

（3）选择菜单栏中的"修改"→"三维操作"→"三维镜像"命令，创建壶嘴下半部分曲面，命令行操作如下：

```
命令：_mirror3d
选择对象：找到 1 个（选取绘制的壶嘴半曲面）
选择对象：✓
指定镜像平面（三点）的第一个点或[对象(O)/最近的(L)/Z 轴(Z)/视图(V)/XY 平面(XY)/YZ 平面
(YZ)/ZX 平面(ZX)/三点(3)] <三点>：（捕捉壶嘴半曲面下平面上一点）
在镜像平面上指定第二点：（捕捉壶嘴半曲面下平面上一点）✓
在镜像平面上指定第三点：（捕捉壶嘴半曲面下平面上一点）✓
是否删除源对象？[是(Y)/否(N)] <否>：✓
```

结果如图 9-49 所示。

（4）在命令行中输入 UCS 命令，设置用户坐标系，新建坐标系。利用"捕捉到端点"的捕捉方式，选择壶把与壶体的上部交点作为新的原点，壶把多段线的第一段直线的方向作为 X 轴正方向，按 Enter 键接受 Y 轴的默认方向。

（5）在命令行中输入 UCS 命令，设置用户坐标系，将坐标系绕 Y 轴旋转-90°，即沿顺时针方向旋转 90°，得到如图 9-50 所示的新坐标系。

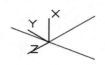

图 9-48　绘制壶嘴半曲面　　　　图 9-49　壶嘴下半部分曲面　　　　图 9-50　新建坐标系

（6）单击"默认"选项卡"绘图"面板中的"椭圆"按钮◯，绘制壶把的椭圆截面，如图 9-51 所示。

（7）单击"三维工具"选项卡"建模"面板中的"拉伸"按钮▣，将椭圆截面沿壶把轮廓线拉伸成壶把，创建壶把，如图 9-52 所示。

（8）选择菜单栏中的"修改"→"对象"→"多段线"命令，将壶体轮廓线合并成一条多段线。

（9）选择菜单栏中的"绘图"→"建模"→"网格"→"旋转网格"命令，旋转壶体曲线得到壶体表面，命令行提示与操作如下：

```
命令：REVSURF↙
当前线框密度：SURFTAB1=20  SURFTAB2=20
选择要旋转的对象 1：（指定壶体轮廓线）
选择定义旋转轴的对象：（指定已绘制好用作旋转轴的辅助线）
指定起点角度<0>：↙
指定夹角（+=逆时针，—=顺时针）<360>：↙
```

旋转结果如图 9-53 所示。

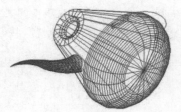

图 9-51　绘制壶把的椭圆截面　　　　图 9-52　拉伸壶把　　　　图 9-53　建立壶体表面

（10）在命令行输入 UCS 命令，设置用户坐标系，返回世界坐标系，然后再次执行 UCS 命令将坐标系统 X 轴旋转-90°，如图 9-54 所示。

（11）选择菜单栏中的"修改"→"三维操作"→"三维旋转"命令，命令行提示与操作如下：

```
命令：_3drotate
UCS 当前的正角方向：  ANGDIR=逆时针  ANGBASE=0
选择对象：找到 1 个(选择茶壶)
选择对象：↙
指定基点：（指定茶壶底为基点）
拾取旋转轴：（以茶壶底到茶壶盖的直线为旋转轴）
指定角的起点或键入角度：90°↙
```

结果如图 9-54 所示。

（12）关闭"辅助线"图层。单击"视图"选项卡"视觉样式"面板中的"隐藏"按钮▣，对模型进行消隐处理，结果如图 9-55 所示。

图 9-54　世界坐标系下的视图

图 9-55　消隐处理后的茶壶模型

3. 绘制茶壶盖

（1）在命令行中输入 UCS 命令，设置用户坐标系，新建坐标系，将坐标系切换到世界坐标系，并将坐标系放置在中心线端点。

（2）单击"视图"选项卡"视图"面板中的"前视"按钮📷。单击"默认"选项卡"绘图"面板中的"多段线"按钮⤳，绘制壶盖轮廓线，如图 9-56 所示。

（3）选择菜单栏中的"绘图"→"建模"→"网格"→"旋转网格"，将步骤（2）绘制的多段线绕中心线旋转 360°。

（4）单击"视图"选项卡"视觉样式"面板中的"西南等轴测"按钮◈。单击"视图"选项卡"视觉样式"面板中的"隐藏"按钮📦，将已绘制的图形消隐，消隐后的结果如图 9-57 所示。

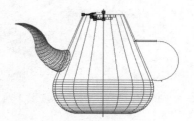

图 9-56　绘制壶盖轮廓线

图 9-57　消隐处理

（5）单击"视图"选项卡"视觉样式"面板中的"前视"按钮📷，将视图方向设定为前视图。单击"默认"选项卡"绘图"面板中的"多段线"按钮⤳，绘制如图 9-58 所示的多段线。

（6）选择菜单栏中的"绘图"→"建模"→"网格"→"旋转网格"命令，将绘制好的多段线绕多段线旋转 360°，如图 9-59 所示。

图 9-58　绘制壶盖上端

图 9-59　旋转网格

（7）单击"视图"选项卡"视图"面板中的"西南等轴测"按钮◈，单击"视图"选项卡"视觉样式"面板中的"隐藏"按钮⬢，将已绘制的图形消隐，消隐后的结果如图 9-60 所示。

（8）单击"默认"选项卡"修改"面板中的"删除"按钮✎，选中视图中多余的线段，删除多余的线段。

（9）单击"默认"选项卡"修改"面板中的"移动"按钮✛，将壶盖向上移动，单击"视图"选项卡"视觉样式"面板中的"隐藏"按钮⬢，对实体进行消隐，消隐后结果如图 9-61 所示。

图 9-60　茶壶消隐后的结果

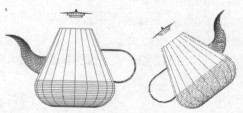

图 9-61　移动壶盖后

练习提高　实例 150　绘制足球门立体图

练习"旋转"命令的运用，绘制足球门立体图的流程如图 9-62 所示。

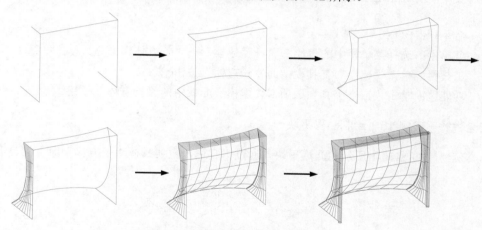

图 9-62　足球门立体图绘制流程

📋 **思路点拨：**

（1）利用"直线"命令绘制球门框架。

（2）利用"圆弧"命令绘制球门后边界。

（3）利用"边界网格"命令绘制球网。

（4）利用"网格圆柱体"命令绘制立柱。

第 10 章　三维实体造型绘制

内容简介

实体建模是 AutoCAD 三维建模中比较重要的一部分。实体模型是能够完整描述对象的 3D 模型，具有形象具体、生动直观的优点。

本章将通过实例深入介绍一些三维实体造型的绘制方法。

10.1　绘制基本三维实体

复杂的三维实体都是由最基本的实体单元，如长方体、圆柱体等通过各种方式组合而成的。本节将通过实例简要讲述这些基本实体单元的绘制方法。这里以其中的"长方体"命令为例，其执行方式如下。

- 命令行：BOX。
- 菜单栏：选择菜单栏中的"绘图"→"建模"→"长方体"命令。
- 工具栏：单击"建模"工具栏中的"长方体"按钮▭。
- 功能区：单击"三维工具"选项卡"建模"面板中的"长方体"按钮▭。

扫一扫，看视频

完全讲解　实例 151 绘制凸形平块

本实例绘制如图 10-1 所示的凸形平块。通过本实例，主要掌握"长方体"命令的灵活应用。

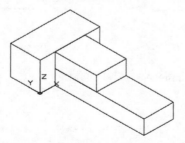

图 10-1　凸形平块

（1）单击"可视化"选项卡"视图"面板中的"西南等轴测"按钮◈，将当前视图切换到西南等轴测视图。

（2）单击"三维工具"选项卡"建模"面板中的"长方体"按钮▭，绘制长方体，如图 10-2 所示。命令行提示与操作如下：

```
命令：_box
指定第一个角点或 [中心(C)]：0,0,0↙
指定其他角点或 [立方体(C)/长度(L)]：100,50,50↙（注意观察坐标，与向右和向上侧为正值，相反则为
负值）
```

（3）单击"三维工具"选项卡"建模"面板中的"长方体"按钮📦，绘制长方体，如图 10-3 所示，命令行提示与操作如下：

```
命令：_box
指定第一个角点或 [中心(C)]：25,0,0↙
指定其他角点或 [立方体(C)/长度(L)]：L↙
指定长度 <100.0000>：<正交 开> 50↙（鼠标位置指定在 X 轴的右侧）
指定宽度 <150.0000>：150↙（鼠标位置指定在 Y 轴的右侧）
指定高度或 [两点(2P)] <50.0000>：25↙（鼠标位置指定在 Z 轴的上侧）
```

（4）单击"三维工具"选项卡"建模"面板中的"长方体"按钮📦，绘制长方体，如图 10-4 所示，命令行提示与操作如下：

```
命令：_box
指定第一个角点或 [中心(C)]：（指定点 1）
指定其他角点或 [立方体(C)/长度(L)]：L↙
指定长度 <50.0000>：<正交 开>（指定点 2）
指定宽度 <70.0000>：70↙
指定高度或 [两点(2P)] <50.0000>：25↙
```

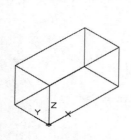

图 10-2 绘制长方体

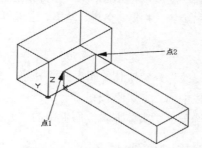

图 10-3 绘制长方体

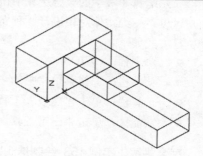

图 10-4 绘制长方体

（5）在命令行输入 HIDE 命令，对图形进行处理，最终结果如图 10-1 所示。

练习提高 实例 152 绘制簸箕立体图

练习"长方体"命令的使用，绘制簸箕的流程如图 10-5 所示（尺寸自行适当选取，后面所有练习提高实例的尺寸都自行适当选取，不再赘述）。

扫一扫，看视频

📋 **思路点拨：**

（1）用"楔体"命令绘制垃圾斗外形。
（2）绘制长方体，并进行布尔运算。
（3）绘制圆柱体、圆环体和球体。

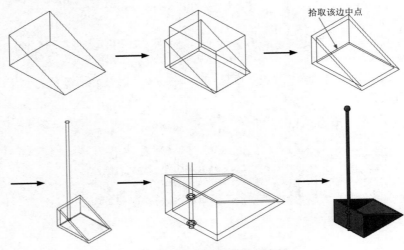

拾取该边中点

图 10-5 簸箕立体图的绘制流程

10.2 布 尔 运 算

布尔运算在数学的集合运算中得到广泛应用，AutoCAD 也将该运算应用到实体的创建过程中。用户可以对三维实体对象进行 3 种布尔运算：并集、交集、差集。这里以其中的"并集"命令为例，其执行方式如下。

- 命令行：UNION。
- 菜单栏：选择菜单栏中的"修改"→"实体编辑"→"并集"命令。
- 工具栏：单击"建模"工具栏中的"并集"按钮 ⬛。
- 功能区：单击"三维工具"选项卡"实体编辑"面板中的"并集"按钮 ⬛。

完全讲解 实例 153 绘制球阀密封圈立体图

本实例主要练习使用布尔运算相关命令，绘制如图 10-6 所示的球阀密封圈立体图。

扫一扫，看视频

1. 设置线框密度

在命令行中输入 ISOLINES 命令，设置线框密度为 10。单击"视图"面板中的"西南等轴测"按钮 ⬛，切换到西南等轴测视图。

图 10-6 球阀密封圈立体图

2. 绘制密封圈

（1）绘制圆柱体。单击"三维工具"选项卡"建模"面板中的"圆柱体"按钮 ⬛，采用指定底面的中心点、底面半径和高度的模式绘制圆柱体。以原点为底面圆心、半径为 17.5、高度为 6 绘制圆柱体，结果如图 10-7 所示。继续单击"三维工具"选项卡"建模"面板中的"圆柱体"按钮 ⬛，以坐标原点为圆心，创建半径为 10、高度为 2 的圆柱体，结果如图 10-8 所示。

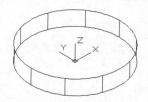

图 10-7　绘制一个圆柱体

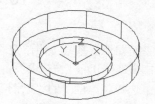

图 10-8　绘制两个圆柱体后的图形

（2）绘制球体。单击"三维工具"选项卡"建模"面板中的"球体"按钮◯，以点(0,0,19)为圆心、半径为 20 绘制球，结果如图 10-9 所示。

（3）差集处理。单击"三维工具"选项卡"实体编辑"面板中的"差集"按钮◪，将外形轮廓和内部轮廓进行差集处理，结果如图 10-10 所示。

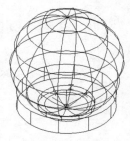

图 10-9　绘制球体

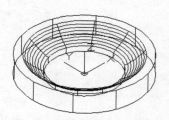

图 10-10　差集处理后的图形

练习提高　实例 154　绘制深沟球轴承立体图

练习运用"圆柱体"和"球体"等命令绘制深沟球轴承立体图，绘制流程如图 10-11 所示。

扫一扫，看视频

图 10-11　深沟球轴承立体图

　思路点拨：

（1）绘制 4 个圆柱体并分别进行布尔运算。

（2）绘制圆环体并进行布尔运算。

（3）绘制球体并进行环形阵列。

10.3 拉　　伸

拉伸是指在平面图形的基础上沿一定路径生成三维实体的过程，其执行方式如下。

- 命令行：EXTRUDE（快捷命令：EXT）。
- 菜单栏：选择菜单栏中的"绘图"→"建模"→"拉伸"命令。
- 工具栏：单击"建模"工具栏中的"拉伸"按钮 。
- 功能区：单击"三维工具"选项卡"建模"面板中的"拉伸"按钮 。

扫一扫，看视频

完全讲解　实例 155 绘制胶垫立体图

本实例绘制如图 10-12 所示的胶垫立体图，主要利用"拉伸"命令来实现。

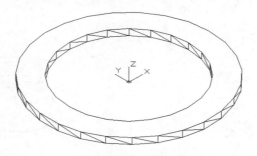

图 10-12　胶垫立体图

（1）选择菜单栏中的"文件"→"新建"命令，弹出"选择样板"对话框，单击"打开"按钮右侧的 下拉按钮，以"无样板打开—公制"（毫米）方式建立新文件；将新文件命名为"胶垫.dwg"并保存。

（2）在命令行输入 ISOLINES 命令，设置线框密度，默认值是 4，更改设定值为 10。

（3）绘制图形。

① 单击"默认"选项卡"绘图"面板中的"圆"按钮 ，在坐标原点分别绘制半径为 25 和 18.5 的两个圆，如图 10-13 所示。

② 将视图切换到西南轴测。单击"三维工具"选项卡"建模"面板中的"拉伸"按钮 ，将两个圆拉伸为 2，如图 10-14 所示，命令行提示与操作如下：

```
命令: _extrude
当前线框密度:  ISOLINES=10,闭合轮廓创建模式 = 实体
选择要拉伸的对象或 [模式(MO)]: （选取两个圆）
选择要拉伸的对象或 [模式(MO)]: ✓
指定拉伸的高度或 [方向(D)/路径(P)/倾斜角(T)/表达式(E)]: 2✓
```

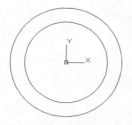

图 10-13　绘制轮廓线

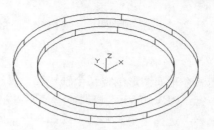

图 10-14　拉伸实体

③ 单击"三维工具"选项卡"实体编辑"面板中的"差集"按钮 🔲，将拉伸后的大圆减去小圆，命令行提示与操作如下：

```
命令：_subtract
选择要从中减去的实体、曲面和面域...
选择对象：（选取拉伸后的大圆柱体）
选择对象：↙
选择要减去的实体、曲面和面域...
选择对象：（选取拉伸后的小圆体）
选择对象：↙
```

结果如图 10-12 所示。

练习提高　实例 156　绘制六角形拱顶立体图

绘制六角形拱顶立体图，绘制流程如图 10-15 所示。

扫一扫，看视频

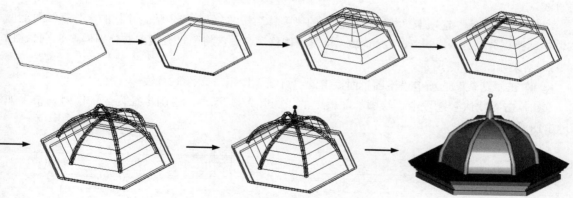

图 10-15　绘制六角形拱顶立体图流程

📋 **思路点拨：**

（1）绘制 2 个正六边形，拉伸并进行并集处理。

（2）绘制直线和圆弧，并生成旋转网格。

（3）绘制圆，并沿圆弧拉伸，进行环形阵列。

（4）绘制圆锥体和球体。

10.4 旋 转

旋转是指一个平面图形围绕某个轴转过一定角度形成实体的过程，其执行方式如下。

- 命令行：REVOLVE（快捷命令：REV）。
- 菜单栏：选择菜单栏中的"绘图"→"建模"→"旋转"命令。
- 工具栏：单击"建模"工具栏中的"旋转"按钮 。
- 功能区：单击"三维工具"选项卡"建模"面板中的"旋转"按钮 。

完全讲解 实例 157 绘制手压阀阀杆立体图

本实例绘制如图 10-16 所示的手压阀阀杆立体图，主要练习使用三维建模功能中的"旋转"命令。

（1）选择菜单栏中的"文件"→"新建"命令，弹出"选择样板"对话框，单击"打开"按钮右侧的 下拉按钮，以"无样板打开—公制"（毫米）方式建立新文件；将新文件命名为"阀杆.dwg"并保存。

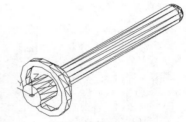

图 10-16 手压阀阀杆立体图

（2）在命令行输入 ISOLINES 设置线框密度，默认值是 4，更改设定值为 10。

（3）绘制平面图形。

① 单击"默认"选项卡"绘图"面板中的"直线"按钮 ，在坐标原点绘制一条水平直线和竖直直线。

② 单击"默认"选项卡"修改"面板中的"偏移"按钮 ，将步骤①绘制的水平直线向上偏移，偏移距离分别为 5、6、8、12 和 15；重复"偏移"命令，将竖直直线向右分别偏移 8、11、18 和 93，结果如图 10-17 所示。

③ 单击"默认"选项卡"绘图"面板中的"直线"按钮 ，绘制直线。

④ 单击"默认"选项卡"绘图"面板中的"圆弧"按钮 ，绘制半径为 5 的圆弧，结果如图 10-18 所示。

图 10-17 偏移直线

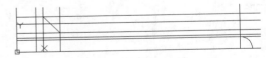

图 10-18 绘制直线和圆弧

⑤ 单击"默认"选项卡"修改"面板中的"修剪"按钮 ，修剪多余线段，结果如图 10-19 所示。

⑥ 单击"默认"选项卡"绘图"面板中的"面域"按钮 ，将修剪后的图形创建成面域。

图 10-19　修剪多余线段

（4）旋转实体。单击"三维工具"选项卡"建模"面板中的"旋转"按钮 ，将创建的面域沿 X 轴进行旋转操作，命令行提示与操作如下：

```
命令: _revolve
当前线框密度: ISOLINES=4，闭合轮廓创建模式 = 实体
选择要旋转的对象或 [模式(MO)]: 找到 1 个
选择要旋转的对象或 [模式(MO)]: ✓
指定轴起点或根据以下选项之一定义轴 [对象(O)/X/Y/Z] <对象>: x✓
指定旋转角度或 [起点角度(ST)/反转(R)/表达式(EX)] <360>: ✓
```

结果如图 10-16 所示。

练习提高　实例 158 绘制弯管立体图

练习"旋转"命令的运用，绘制弯管立体图的流程如图 10-20 所示。

扫一扫，看视频

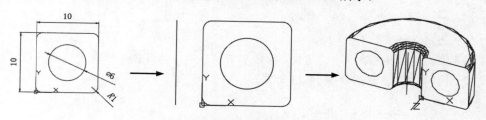

图 10-20　弯管立体图绘制流程

思路点拨：

（1）绘制截面和轴线。

（2）进行旋转。

10.5　扫　　掠

"扫掠"命令通过沿指定路径延伸轮廓形状来创建实体或曲面。沿路径扫掠轮廓时，轮廓将被移动并与路径垂直对齐，其执行方式如下。

● 　命令行：SWEEP。

● 　菜单栏：选择菜单栏中的"绘图"→"建模"→"扫掠"命令。

● 　工具栏：单击"建模"工具栏中的"扫掠"按钮 。

● 　功能区：单击"三维工具"选项卡"建模"面板中的"扫掠"按钮 。

完全讲解　实例 159 绘制压紧螺母立体图

本实例绘制如图 10-21 所示的压紧螺母立体图，主要练习使用三维建模功能中的"扫掠"命令。

1．建立新文件

选择菜单栏中的"文件"→"新建"命令，弹出"选择样板"对话框，单击"打开"按钮右侧的 ▾ 下拉按钮，以"无样板打开－公制"（毫米）方式建立新文件；将新文件命名为"压紧螺母.dwg"并保存。

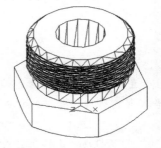

图 10-21　压紧螺母立体图

2．设置线框密度

默认设置是 8，有效值的范围为 0～2047。设置对象上每个曲面的轮廓线数目，命令行提示与操作如下：

```
命令：ISOLINES✓
输入 ISOLINES 的新值 <8>：10✓
```

3．拉伸六边形

（1）单击"默认"选项卡"绘图"面板中的"正多边形"按钮⬡，在坐标原点处绘制外切于圆、半径为 13 的六边形，结果如图 10-22 所示。

（2）单击"三维工具"选项卡"建模"面板中的"拉伸"按钮▧，将步骤（1）绘制的六边形进行拉伸，拉伸距离为 8，结果如图 10-23 所示。

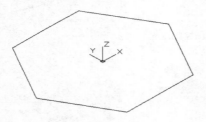
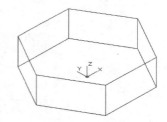

图 10-22　绘制六边形　　　　　　　　　　图 10-23　拉伸六边形

4．创建圆柱体

单击"三维工具"选项卡"建模"面板中的"圆柱体"按钮⬚，绘制半径分别为 10.5、12 和 5.5 的圆柱体，命令行提示与操作如下：

```
命令：_cylinder
指定底面的中心点或 [三点(3P)/两点(2P)/切点、切点、半径(T)/椭圆(E)]：0,0,8✓
指定底面半径或 [直径(D)] <9.0000>：10.5✓
指定高度或 [两点(2P)/轴端点(A)] <8.0000>：3.4✓
命令：_cylinder
指定底面的中心点或 [三点(3P)/两点(2P)/切点、切点、半径(T)/椭圆(E)]：0,0,11.4✓
```

```
指定底面半径或 [直径(D)] <10.5000>: 12✓
指定高度或 [两点(2P)/轴端点(A)] <3.4000>: 8.6✓
命令: _cylinder
指定底面的中心点或 [三点(3P)/两点(2P)/切点、切点、半径(T)/椭圆(E)]: 0,0,0✓
指定底面半径或 [直径(D)] <12.0000>: 5.5✓
指定高度或 [两点(2P)/轴端点(A)] <8.6000>: 20✓
```

结果如图 10-24 所示。

5. 布尔运算应用

（1）单击"三维工具"选项卡"实体编辑"面板中的"并集"按钮 🔳，将六棱柱和两个大圆柱体进行并集处理。

（2）单击"三维工具"选项卡"实体编辑"面板中的"差集"按钮 🔳，将并集处理后的图形和小圆柱体进行差集处理，结果如图 10-25 所示。

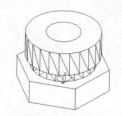

图 10-24　创建圆柱体

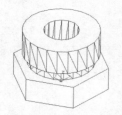

图 10-25　并集及差集处理

6. 创建旋转体

（1）在命令行中输入 UCS 命令，将坐标系绕 X 轴旋转 90°。

（2）选择菜单栏中的"视图"→"三维视图"→"平面视图"→"当前 UCS"命令，将视图切换到当前坐标系。

（3）单击"默认"选项卡"绘图"面板中的"直线"按钮 ╱，绘制如图 10-26 所示的图形。

（4）单击"默认"选项卡"绘图"面板中的"面域"按钮 ◙，将步骤（3）绘制的图形创建为面域。

（5）单击"三维工具"选项卡"建模"面板中的"旋转"按钮 🛋，将步骤（4）创建的面域绕 Y 轴进行旋转，结果如图 10-27 所示。

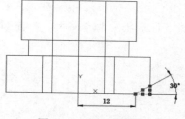

图 10-26　创建圆柱体

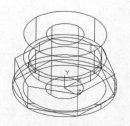

图 10-27　创建旋转实体

7. 布尔运算应用

单击"三维工具"选项卡"实体编辑"面板中的"差集"按钮 🔃，将并集处理后的图形和小圆柱体进行差集处理，结果如图 10-28 所示。

8. 创建螺纹

（1）在命令行输入 UCS 命令，将坐标系恢复。

（2）单击"默认"选项卡"绘图"面板中的"螺旋"按钮 🗟，创建螺旋线，命令行提示与操作如下：

```
命令：_Helix
圈数 = 3.0000        扭曲=CCW
指定底面的中心点: 0,0,22↙
指定底面半径或 [直径(D)] <1.0000>: 12↙
指定顶面半径或 [直径(D)] <12.0000>:↙
指定螺旋高度或 [轴端点(A)/圈数(T)/圈高(H)/扭曲(W)] <1.0000>: h↙
指定圈间距 <4.3333>: 0.58↙
指定螺旋高度或 [轴端点(A)/圈数(T)/圈高(H)/扭曲(W)] <13.0000>: -11↙
```

结果如图 10-29 所示。

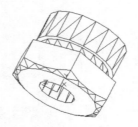

图 10-28　差集处理

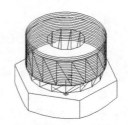

图 10-29　创建螺旋线

（3）在命令行输入 UCS 命令，将坐标系恢复。

（4）单击"可视化"选项卡"视图"面板中的"前视"按钮 🔲，将视图切换到前视图。

（5）绘制牙型截面轮廓。单击"默认"选项卡"绘图"面板中的"直线"按钮 ∕，捕捉螺旋线的上端点绘制牙型截面轮廓，尺寸参照图 10-30；单击"默认"选项卡"绘图"面板中的"面域"按钮 ⬡，将其创建成面域。

（6）扫掠形成实体。单击"可视化"选项卡"视图"面板中的"西南等轴测"按钮 ◈，将视图切换到西南等轴测视图。单击"三维工具"选项卡"建模"面板中的"扫掠"按钮 🗗，命令行提示与操作如下：

```
命令：_sweep
当前线框密度: ISOLINES=4，闭合轮廓创建模式 = 实体
选择要扫掠的对象或 [模式(MO)]: （选择三角牙型轮廓）
选择要扫掠的对象或 [模式(MO)]: ↙
选择扫掠路径或 [对齐(A)/基点(B)/比例(S)/扭曲(T)]: （选择螺纹线）
```

结果如图 10-31 所示。

（7）布尔运算处理。单击"三维工具"选项卡"实体编辑"面板中的"差集"按钮 ，从主体中减去步骤（6）绘制的扫掠体，结果如图 10-32 所示。

图 10-30　创建牙型截面轮廓

图 10-31　扫掠实体

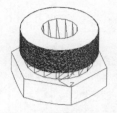

图 10-32　差集处理

（8）在命令行输入 UCS 命令，将坐标系恢复。

（9）单击"可视化"选项卡"视图"面板中的"左视"按钮，将视图切换到左视图。

（10）单击"默认"选项卡"绘图"面板中的"直线"按钮，绘制如图 10-33 所示的图形。

（11）单击"默认"选项卡"绘图"面板中的"面域"按钮，将步骤（10）绘制的图形创建为面域。

（12）单击"三维工具"选项卡"建模"面板中的"旋转"按钮，将步骤（11）创建的面域绕 Y 轴进行旋转，结果如图 10-34 所示。

（13）单击"三维工具"选项卡"实体编辑"面板中的"差集"按钮，将旋转体与主体进行差集处理，结果如图 10-21 所示。

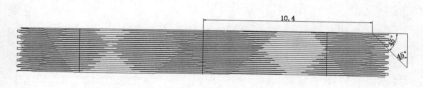

图 10-33　绘制截面轮廓

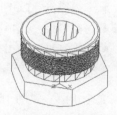

图 10-34　创建旋转实体

练习提高　实例 160　绘制锁立体图

练习"扫掠"命令的运用，绘制锁立体图的流程如图 10-35 所示。

 思路点拨：

（1）绘制平面图形并拉伸。

（2）绘制圆和圆弧形多段线并旋转该多段线。

（3）扫掠生成锁栓。

（4）绘制楔体，并进行差集处理。

扫一扫，看视频

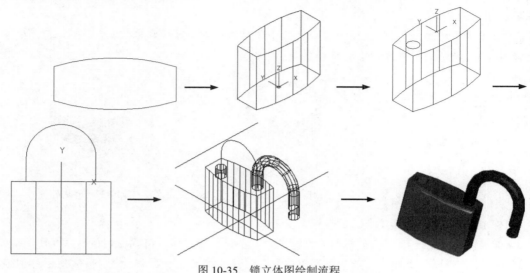

图 10-35　锁立体图绘制流程

10.6　放　　样

"放样"命令通过指定一系列横截面来创建三维实体或曲面，其中至少指定两个截面。横截面定义了实体或曲面的形状，其执行方式如下。

- 命令行：LOFT。
- 菜单栏：选择菜单栏中的"绘图"→"建模"→"放样"命令。
- 工具栏：单击"建模"工具栏中的"放样"按钮。
- 功能区：单击"三维工具"选项卡"建模"面板中的"放样"按钮。

完全讲解　实例 161　绘制显示器立体图

本实例绘制如图 10-36 所示的显示器立体图，主要练习使用三维建模功能中的"放样"命令。

（1）单击"可视化"选项卡"视图"面板中的"西南等轴测"按钮，将当前视图设置为西南等轴测视图。

（2）单击"三维工具"选项卡"建模"面板中的"长方体"按钮，绘制中心点坐标在原点，长度为 460，宽度为 420，高度为 15 的长方体 1。重复"长方体"命令，绘制中心点坐标为（0,0,–7.5），长度为 420，宽度为 380，高度为 10 的长方体 2，结果如图 10-37 所示。

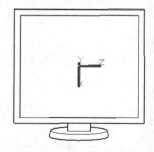

图 10-36　显示器立体图

（3）单击"三维工具"选项卡"实体编辑"面板中的"差集"按钮，将长方体 2 从长方体 1 中减去。

（4）单击"可视化"选项卡"视图"面板中的"俯视"按钮◲，将当前视图方向设置为俯视图，单击"默认"选项卡"绘图"面板中的"直线"按钮╱、"修改"面板中的"偏移"按钮⬰和"修改"面板中的"修剪"按钮✂，绘制如图 10-38 所示的 2 个四边形。

（5）选择菜单栏中的"修改"→"对象"→"多段线"命令，将大四边形合并为多段线 1，将小四边形合并为多段线 2。

（6）单击"可视化"选项卡"视图"面板中的"西南等轴测"按钮◈，将当前视图设置为西南等轴测视图。单击"默认"选项卡"修改"面板中的"移动"按钮✥，将多段线 1 沿 Z 轴方向移动 7.5，多段线 2 沿 Z 轴方向移动 47.5，结果如图 10-39 所示。

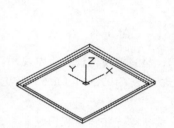

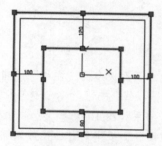

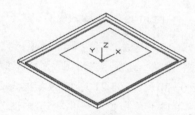

图 10-37　绘制长方体　　　　图 10-38　绘制四边形　　　　图 10-39　移动多段线

（7）单击"三维工具"选项卡"建模"面板中的"放样"按钮🗑，将多段线 1 和多段线 2 进行放样操作，命令行提示与操作如下：

```
命令：_loft
当前线框密度： ISOLINES=4，闭合轮廓创建模式 = 实体
按放样次序选择横截面或 [点(PO)/合并多条边(J)/模式(MO)]：找到 1 个（选择多段线1）
按放样次序选择横截面或 [点(PO)/合并多条边(J)/模式(MO)]：找到 1 个，总计 2 个（选择多段线2）
按放样次序选择横截面或 [点(PO)/合并多条边(J)/模式(MO)]：✓
选中了 2 个横截面
输入选项 [导向(G)/路径(P)/仅横截面(C)/设置(S)/连续性(CO)/凸度幅值(B)] <仅横截面>：✓
```

单击"视图"选项卡"视觉样式"面板中的"隐藏"按钮⬡，消隐后结果如图 10-40 所示。

（8）单击"可视化"选项卡"视图"面板中的"左视"按钮⬒，将当前视图设置为左视图。单击"默认"选项卡"绘图"面板中的"多段线"按钮⌐⊃，绘制如图 10-41 所示的多段线 1。

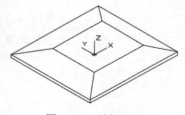

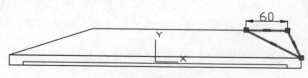

图 10-40　放样操作　　　　　　图 10-41　绘制多段线 1

（9）单击"可视化"选项卡"视图"面板中的"西南等轴测"按钮◈，将当前视图设置为西南

等轴测方向。单击"默认"选项卡"修改"面板中的"移动"按钮✛，将创建的多段线 1 沿 Z 轴方向移动 75，结果如图 10-42 所示。

（10）单击"三维工具"选项卡"建模"面板中的"拉伸"按钮▣，将多段线 1 沿 Z 轴拉伸 -150，结果如图 10-43 所示。

（11）单击"三维工具"选项卡"实体编辑"面板中的"并集"按钮▰，将放样实体和拉伸实体合并，结果如图 10-44 所示。

 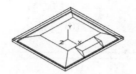 

图 10-42　移动多段线 1 　　　　图 10-43　拉伸面域 3 　　　　图 10-44　合并运算

（12）单击"可视化"选项卡"视图"面板中的"左视"按钮▤，将当前视图设置为左视图。单击"默认"选项卡"绘图"面板中的"多段线"按钮，绘制坐标点依次为（197,34）、（@55<30）、（@0,-30）、（203,21）、C 的多段线 2，结果如图 10-45 所示。

（13）单击"可视化"选项卡"视图"面板中的"西南等轴测"按钮◈，将当前视图设置为西南等轴测视图。单击"默认"选项卡"修改"面板中的"移动"按钮✛，将多段线 2 沿 Z 轴方向移动 40。

（14）单击"三维工具"选项卡"建模"面板中的"拉伸"按钮▣，将多段线 2 沿 Z 轴拉伸-80，结果如图 10-46 所示。

（15）单击"三维工具"选项卡"建模"面板中的"圆锥体"按钮△，以底面中心点坐标为（245,47,0）、底面半径为 100、顶面半径为 105.5、高度为 20 绘制圆锥体，结果如图 10-47 所示。

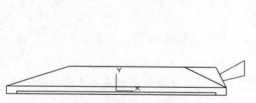 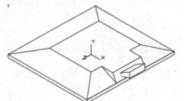 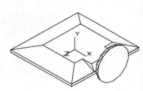

图 10-45　绘制多段线 2 　　　　图 10-46　拉伸多段线 2 　　　　图 10-47　绘制圆锥体

（16）单击"三维工具"选项卡"实体编辑"面板中的"并集"按钮▰，将拉伸的多段线 2 和圆锥体合并。单击"视图"选项卡"导航"面板上的"动态观察"下拉列表中的"自由动态观察"按钮⟳，将模型旋转到适当的角度，完成显示器的创建，最终结果如图 10-36 所示。

练习提高　实例 162　绘制太阳伞立体图

练习"放样"命令的运用，绘制太阳伞立体图的流程如图 10-48 所示。

扫一扫，看视频

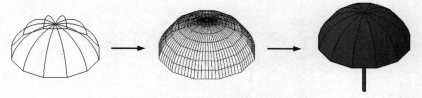

图 10-48　太阳伞立体图绘制流程

思路点拨：

（1）绘制截面和路径。

（2）放样处理。

（3）利用"圆柱体"命令绘制伞柄。

第11章 三维特征编辑

内容简介

第10章通过实例讲述了一些三维实体造型绘制的基本命令。和二维绘图一样，有些三维造型的绘制仅仅通过上面一章讲述的那些三维绘制命令是不够的，这里就需要一些三维特征编辑命令。

本章将通过实例深入介绍三维特征编辑命令的使用方法。

11.1 倒 角 边

使用"倒角边"命令可以对三维立体的边进行倒角，其执行方式如下。

- 命令行：CHAMFEREDGE。
- 菜单栏：选择菜单栏中的"修改"→"实体编辑"→"倒角边"命令。
- 工具栏：单击"实体编辑"工具栏中的"倒角边"按钮 。
- 功能区：单击"三维工具"选项卡"实体编辑"面板中的"倒角边"按钮 。

扫一扫，看视频

完全讲解 实例 163 绘制销轴立体图

本实例主要练习使用"倒角边"命令，绘制如图 11-1 所示的销轴立体图。

1. 建立新文件

选择菜单栏中的"文件"→"新建"命令，弹出"选择样板"对话框，单击"打开"按钮右侧的 下拉按钮，以"无样板打开－公制"（毫米）方式建立新文件；将新文件命名为"销轴.dwg"并保存。

图 11-1 销轴立体图

2. 设置线框密度

在命令行中输入 ISOLINES 命令，设置线框密度，默认值是 4，更改设定值为 10。

3. 创建圆柱体

（1）单击"默认"选项卡"绘图"面板中的"圆"按钮 ，在坐标原点分别绘制半径 9 和 5 的两个圆，结果如图 11-2 所示。

（2）将视图切换到西南轴测，单击"三维工具"选项卡"建模"面板中的"拉伸"按钮 ，将两个圆进行拉伸处理，命令行提示与操作如下：

```
命令：_extrude
```

```
当前线框密度:  ISOLINES=10,闭合轮廓创建模式 = 实体
选择要拉伸的对象或 [模式(MO)]: (选取大圆)
选择要拉伸的对象或 [模式(MO)]: ↙
指定拉伸的高度或 [方向(D)/路径(P)/倾斜角(T)/表达式(E)]: 8↙
命令: _extrude
当前线框密度:  ISOLINES=10,闭合轮廓创建模式 = 实体
选择要拉伸的对象或 [模式(MO)]: (选取小圆)
选择要拉伸的对象或 [模式(MO)]: ↙
指定拉伸的高度或 [方向(D)/路径(P)/倾斜角(T)/表达式(E)]: 50↙
```

结果如图 11-3 所示。

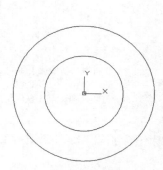
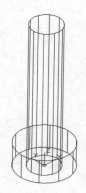

图 11-2　绘制轮廓线　　　　　图 11-3　拉伸实体

4．布尔运算应用

单击"三维工具"选项卡"实体编辑"面板中的"并集"按钮 🗗，将拉伸后的圆柱体进行并集处理，命令行提示与操作如下：

```
命令: _union
选择对象: (选取拉伸后的两个圆柱体)
选择对象: ↙
```

结果如图 11-4 所示。

5．创建销孔

（1）在命令行中输入 UCS 命令，新建坐标系，命令行提示与操作如下：

```
命令: ucs↙
当前 UCS 名称: *世界*
指定 UCS 的原点或 [面(F)/命名(NA)/对象(OB)/上一个(P)/视图(V)/世界(W)/X/Y/Z/Z 轴(ZA)] <世
界>: 0,0,42↙
指定 X 轴上的点或 <接受>:↙
命令: ucs↙
当前 UCS 名称: *没有名称*
指定 UCS 的原点或 [面(F)/命名(NA)/对象(OB)/上一个(P)/视图(V)/世界(W)/X/Y/Z/Z 轴(ZA)] <世
```

界>: x✓
指定绕 X 轴的旋转角度 <90>: 90✓

结果如图 11-5 所示。

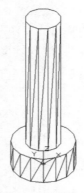 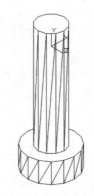

图 11-4　并集结果　　　　　　图 11-5　新建坐标系

（2）单击"默认"选项卡"绘图"面板中的"圆"按钮⊙，在坐标点（0,0,6）处绘制半径为 2
的圆。

（3）单击"三维工具"选项卡"建模"面板中的"拉伸"按钮▉，将圆进行拉伸处理，命令行
提示与操作如下：

```
命令：_extrude
当前线框密度：ISOLINES=10，闭合轮廓创建模式 = 实体
选择要拉伸的对象或 [模式(MO)]：_MO 闭合轮廓创建模式 [实体(SO)/曲面(SU)] <实体>：_SO✓
选择要拉伸的对象或 [模式(MO)]：（选取刚绘制的圆）
选择要拉伸的对象或 [模式(MO)]：✓
指定拉伸的高度或 [方向(D)/路径(P)/倾斜角(T)/表达式(E)]：-12✓
```

结果如图 11-6 所示。

（4）单击"三维工具"选项卡"实体编辑"面板中的"差集"按钮▉，将圆柱体与拉伸后的
图形进行差集处理，命令行提示与操作如下：

```
命令：_subtract
选择要从中减去的实体、曲面和面域...
选择对象：（选取视图中的圆柱体）
选择对象：✓
选择要减去的实体、曲面和面域...
选择对象：（选取拉伸后的小圆体）
选择对象：✓
```

结果如图 11-7 所示。

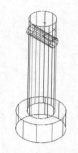

图 11-6 拉伸实体

图 11-7 差集处理

（5）单击"三维工具"选项卡"实体编辑"面板中的"倒角边"按钮 ，对图 11-7 中的 1、2 两条边线进行倒角处理，命令行提示与操作如下：

```
命令：_CHAMFEREDGE
距离 1 = 1.0000，距离 2 = 1.0000
选择一条边或 [环(L)/距离(D)]：（选择图 11-7 中的边线 1）
选择同一个面上的其他边或 [环(L)/距离(D)]：D↙
指定距离 1 或 [表达式(E)] <1.0000>：↙
指定距离 2 或 [表达式(E)] <1.0000>：↙
选择同一个面上的其他边或 [环(L)/距离(D)]：↙
按 Enter 键接受倒角或 [距离(D)]：↙
命令：CHAMFEREDGE↙
距离 1 = 1.0000，距离 2 = 1.0000
选择一条边或 [环(L)/距离(D)]：（选择图 11-7 中的边线 2）↙
选择同一个面上的其他边或 [环(L)/距离(D)]：D↙
指定距离 1 或 [表达式(E)] <1.0000>：0.8↙
指定距离 2 或 [表达式(E)] <1.0000>：0.8↙
选择同一个面上的其他边或 [环(L)/距离(D)]：↙
按 Enter 键接受倒角或 [距离(D)]：↙
```

结果如图 11-1 所示。

练习提高 实例 164 绘制平键立体图

绘制平键立体图，绘制流程如图 11-8 所示。

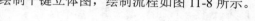

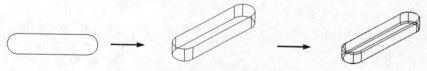

图 11-8 平键立体图绘制流程

 思路点拨：

（1）绘制封闭平面图形，进行拉伸处理。

（2）进行倒角边处理。

11.2 圆 角 边

使用"圆角边"命令可以对三维立体的边进行倒角，其执行方式如下。

- 命令行：FILLETEDGE。
- 菜单栏：选择菜单栏中的"修改"→"三维编辑"→"圆角边"命令。
- 工具栏：单击"实体编辑"工具栏中的"圆角边"按钮 。
- 功能区：单击"三维工具"选项卡"实体编辑"面板中的"圆角边"按钮 。

完全讲解 实例 165 绘制手把立体图

本实例绘制如图 11-9 所示的手把立体图，主要练习使用"圆角边"命令。

扫一扫，看视频

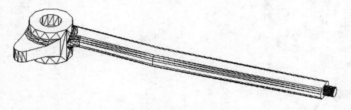

图 11-9 手把立体图

1. 建立新文件

选择菜单栏中的"文件"→"新建"命令，弹出"选择样板"对话框，单击"打开"按钮右侧的 下拉按钮，以"无样板打开—公制"（毫米）方式建立新文件；将新文件命名为"手把.dwg"并保存。

2. 设置线框密度

在命令行中输入 ISOLINES 命令，默认值是 4，更改设定值为 10。

3. 创建圆柱体

（1）单击"三维工具"选项卡"建模"面板中的"圆柱体"按钮 ，在坐标原点处创建半径分别为 5 和 10，高度为 18 的两个圆柱体。

（2）单击"三维工具"选项卡"实体编辑"面板中的"差集"按钮 ，将大圆柱体减去小圆柱体，结果如图 11-10 所示。

4. 创建拉伸实体

（1）在命令行中输入 UCS 命令，将坐标系移动到坐标点（0,0,6）处。

（2）切换视图方向。选择菜单栏中的"视图"→"三维视图"→"平面视图"→"当前 UCS"命令，将视图切换到当前坐标系。

（3）单击"默认"选项卡"绘图"面板中的"直线"按钮 ∕，绘制两条通过圆心的十字线。

（4）单击"默认"选项卡"修改"面板中的"偏移"按钮 ⊆，将水平线向下偏移 18，如图 11-11 所示。

图 11-10　差集处理

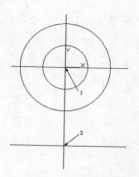

图 11-11　绘制辅助线

（5）单击"默认"选项卡"绘图"面板中的"圆"按钮⊘，在点 1 处绘制半径为 10 的圆，在点 2 处绘制半径为 4 的圆。

（6）单击"默认"选项卡"绘图"面板中的"直线"按钮 ∕，绘制两个圆的切线，如图 11-12 所示。

（7）单击"默认"选项卡"修改"面板中的"修剪"按钮 ⚒，修剪多余线段。单击"默认"选项卡"修改"面板中的"删除"按钮 ✐，删除步骤（3）和步骤（4）绘制的直线。

（8）单击"默认"选项卡"绘图"面板中的"面域"按钮 ◙，将修剪后的图形创建成面域，结果如图 11-13 所示。

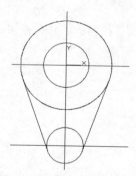

图 11-12　绘制截面轮廓

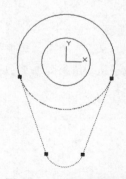

图 11-13　创建截面面域

（9）单击"视图"选项卡"视图"面板中的"西南等轴测"按钮◈，将视图切换到西南等轴测视图。单击"三维工具"选项卡"建模"面板中的"拉伸"按钮▮，将步骤（8）创建的面域进行拉伸处理，拉伸距离为 6，结果如图 11-14 所示。

5．创建拉伸实体

（1）切换视图方向。选择菜单栏中的"视图"→"三维视图"→"平面视图"→"当前 UCS"命令，将视图切换到当前坐标系。

（2）单击"默认"选项卡"绘图"面板中的"直线"按钮╱，以坐标原点为起点，绘制坐标分别为（@50<20）和（@80<25）的直线。

（3）单击"默认"选项卡"修改"面板中的"偏移"按钮⊂，将步骤（2）绘制的两条直线向上偏移，偏移距离为 10。

（4）单击"默认"选项卡"绘图"面板中的"直线"按钮╱，连接两条直线的端点。

（5）单击"默认"选项卡"绘图"面板中的"圆"按钮⊙，在坐标原点绘制半径为 10 的圆，结果如图 11-15 所示。

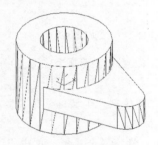

图 11-14　拉伸实体

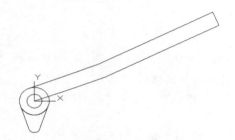

图 11-15　绘制截面轮廓

（6）单击"默认"选项卡"修改"面板中的"修剪"按钮✂，修剪多余线段。

（7）单击"默认"选项卡"绘图"面板中的"面域"按钮◎，将修剪后的图形创建成面域，结果如图 11-16 所示。

（8）单击"视图"选项卡"视图"面板中的"西南等轴测"按钮◈，将视图切换到西南等轴测视图。单击"三维工具"选项卡"建模"面板中的"拉伸"按钮▤，将步骤（7）创建的面域进行拉伸处理，拉伸距离为 6，结果如图 11-17 所示。

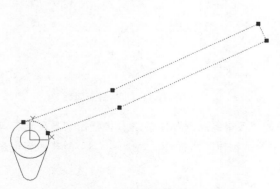

图 11-16　创建截面面域

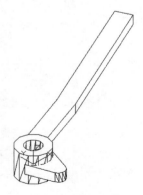

图 11-17　拉伸实体

6. 创建圆柱体

（1）单击"视图"选项卡"视图"面板中的"东南等轴测"按钮◈，将视图切换到东南等轴测视图，如图 11-18 所示。

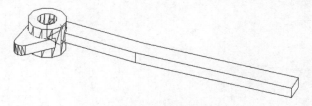

图 11-18 东南等轴测视图

（2）在命令行中输入 UCS 命令，将坐标系移动到手把端点，如图 11-19 所示。

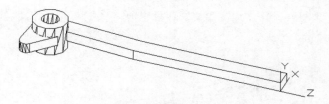

图 11-19 建立新坐标系

（3）单击"三维工具"选项卡"建模"面板中的"圆柱体"按钮▣，以坐标点（5,3,0）为原点，绘制半径为 2.5，高度为 5 的圆柱体，如图 11-20 所示。

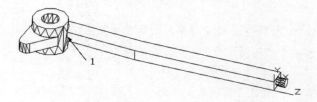

图 11-20 创建圆柱体

（4）单击"三维工具"选项卡"实体编辑"面板中的"并集"按钮▰，将视图中所有实体合并。

7. 创建圆角

（1）单击"三维工具"选项卡"实体编辑"面板中的"圆角边"按钮▢，命令行提示与操作如下：

```
命令：_FILLETEDGE
半径 = 1.0000
选择边或 [链(C)/环(L)/半径(R)]：R↙
输入圆角半径或 [表达式(E)] <1.0000>：5↙
选择边或 [链(C)/环(L)/半径(R)]：（选取如图 11-20 所示的交线）
选择边或 [链(C)/环(L)/半径(R)]：↙
```

选择边或 [链(C)/环(L)/半径(R)]:↙
选择边或 [链(C)/环(L)/半径(R)]:↙
选择边或 [链(C)/环(L)/半径(R)]:↙
已选定 4 个边用于圆角。
按 Enter 键接受圆角或 [半径(R)]:↙

结果如图 11-21 所示。

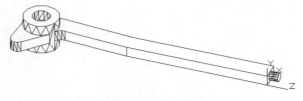

图 11-21　创建圆角

（2）单击"三维工具"选项卡"实体编辑"面板中的"圆角边"按钮，将其余棱角进行倒圆角处理，半径为 2，如图 11-22 所示。

图 11-22　创建圆角

8. 创建螺纹

（1）在命令行中输入 UCS 命令，将坐标系移动到把手端点，如图 11-23 所示。

（2）单击"视图"选项卡"视图"面板中的"西南等轴测"按钮，将视图切换到西南等轴测视图。

（3）单击"默认"选项卡"绘图"面板中"螺旋"按钮，创建螺旋线，命令行提示与操作如下：

```
命令: _Helix
圈数 = 3.0000        扭曲=CCW
指定底面的中心点: 0,0,2↙
指定底面半径或 [直径(D)] <1.0000>: 2.5↙
指定顶面半径或 [直径(D)] <2.5.0000>:↙
指定螺旋高度或 [轴端点(A)/圈数(T)/圈高(H)/扭曲(W)] <1.0000>: h↙
指定圈间距 <0.2500>: 0.58↙
指定螺旋高度或 [轴端点(A)/圈数(T)/圈高(H)/扭曲(W)] <1.0000>: -8↙
```

（4）单击"视图"选项卡"视图"面板中的"东南等轴测"按钮，将视图切换到东南等轴测视图，如图 11-24 所示。

（5）单击"视图"选项卡"视图"面板中的"俯视"按钮，将视图切换到俯视图。

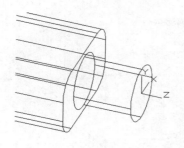

图 11-23 建立新坐标系

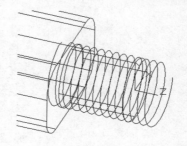

图 11-24 创建螺旋线

（6）绘制牙型截面轮廓。单击"默认"选项卡"绘图"面板中的"直线"按钮 ╱，捕捉螺旋线的上端点绘制牙型截面轮廓，尺寸参照图 11-25；单击"默认"选项卡"绘图"面板中的"面域"按钮 ▣，将其创建成面域。

（7）扫掠形成实体。单击"视图"选项卡"视图"面板中的"西南等轴测"按钮 ◈，将视图切换到西南等轴测视图。单击"三维工具"选项卡"建模"面板中的"扫掠"按钮 ▥，命令行提示与操作如下：

```
命令：_sweep
当前线框密度：ISOLINES=4，闭合轮廓创建模式 = 实体
选择要扫掠的对象或 [模式(MO)]：（选择三角牙型轮廓）
选择要扫掠的对象或 [模式(MO)]：↙
选择扫掠路径或 [对齐(A)/基点(B)/比例(S)/扭曲(T)]：（选择螺纹线）
```

结果如图 11-26 所示。

（8）布尔运算处理。单击"三维工具"选项卡"实体编辑"面板中的"差集"按钮 ◰，从主体中减去步骤（7）绘制的扫掠体，结果如图 11-27 所示。

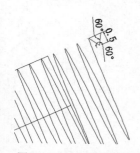

图 11-25 创建截面轮廓

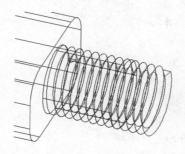

图 11-26 扫掠实体

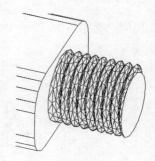

图 11-27 差集处理

练习提高 实例 166 绘制棘轮立体图

绘制棘轮立体图，绘制流程如图 11-28 所示。

扫一扫，看视频

图 11-28 棘轮立体图绘制流程

📋 **思路点拨：**

（1）绘制平面图形并生成面域。
（2）拉伸。
（3）倒圆角。

11.3 剖 切 视 图

在 AutoCAD 中，可以利用剖切功能对三维造型进行剖切处理，这样便于用户观察三维造型内部结构，其执行方式如下。

- 命令行：SLICE（快捷命令：SL）。
- 菜单栏：选择菜单栏中的"修改"→"三维操作"→"剖切"命令。
- 功能区：单击"三维工具"选项卡"实体编辑"面板中的"剖切"按钮 。

完全讲解 实例 167 绘制胶木球立体图

本实例绘制如图 11-29 所示的胶木球立体图，主要利用"剖切"命令来实现。

1. 建立新文件

选择菜单栏中的"文件"→"新建"命令，弹出"选择样板"对话框，单击"打开"按钮右侧的 ▼下拉按钮，以"无样板打开－公制"（毫米）方式建立新文件；将新文件命名为"胶木球.dwg"并保存。

图 11-29 绘制胶木球立体图

2. 设置线框密度

在命令行中输入 ISOLINES 命令，默认值是 4，更改设定值为 10。

3. 创建球体图形

（1）单击"三维工具"选项卡"建模"面板中的"球体"按钮 ◯，在坐标原点绘制半径为 9 的球体，命令行提示与操作如下：

```
命令：_sphere
指定中心点或 [三点(3P)/两点(2P)/切点、切点、半径(T)]：0,0,0↙
指定半径或 [直径(D)]：9↙
```

结果如图 11-30 所示。

（2）单击"三维工具"选项卡"实体编辑"面板中的"剖切"按钮🖥，对球体进行剖切，命令行提示与操作如下：

```
命令：_slice
选择要剖切的对象：（选择球）
选择要剖切的对象：↙
指定切面的起点或 [平面对象(O)/曲面(S)/Z 轴(Z)/视图(V)/XY(XY)/YZ(YZ)/ZX(ZX)/三点(3)] <三点>：XY↙
指定 XY 平面上的点 <0,0,0>：0,0,6↙
在所需的侧面上指定点或 [保留两个侧面(B)] <保留两个侧面>：（选取球体下方）
```

结果如图 11-31 所示。

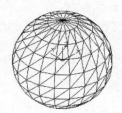
图 11-30　绘制球体

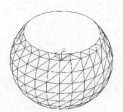
图 11-31　剖切平面

4．创建旋转体

（1）单击"可视化"选项卡"视图"面板中的"左视"按钮🗗，将视图切换到左视图。

（2）单击"默认"选项卡"绘图"面板中的"直线"按钮／，绘制如图 11-32 所示的图形。

（3）单击"默认"选项卡"绘图"面板中的"面域"按钮◎，将步骤（2）绘制的图形创建为面域。

（4）单击"三维工具"选项卡"建模"面板中的"旋转"按钮🍩，将步骤（3）创建的面域绕 Y 轴进行旋转，结果如图 11-33 所示。

（5）单击"三维工具"选项卡"实体编辑"面板中的"差集"按钮🗗，将并集处理后的图形和小圆柱体进行差集处理，结果如图 11-34 所示。

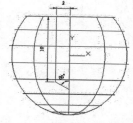
图 11-32　绘制的旋转截面图

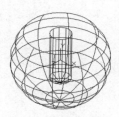
图 11-33　旋转实体

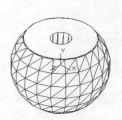
图 11-34　差集结果

5. 创建螺纹

（1）在命令行输入 UCS 命令，将坐标系恢复成世界坐标系。

（2）单击"默认"选项卡"绘图"面板中的"螺旋"按钮 ，创建螺旋线，命令行提示与操作如下：

```
命令：_Helix
圈数 = 3.0000      扭曲=CCW
指定底面的中心点：0,0,8✓
指定底面半径或 [直径(D)] <1.0000>：2✓
指定顶面半径或 [直径(D)] <2.0000>：✓
指定螺旋高度或 [轴端点(A)/圈数(T)/圈高(H)/扭曲(W)] <1.0000>：H✓
指定圈间距 <3.6667>：0.58✓
指定螺旋高度或 [轴端点(A)/圈数(T)/圈高(H)/扭曲(W)] <11.0000>：-9✓
```

结果如图 11-35 所示。

（3）单击"可视化"选项卡"视图"面板中的"前视"按钮 ，将视图切换到前视图。

（4）绘制牙型截面轮廓。单击"默认"选项卡"绘图"面板中的"直线"按钮 ，捕捉螺旋线的上端点绘制牙型截面轮廓，单击"默认"选项卡"绘图"面板中的"面域"按钮 ，将其创建成面域，结果如图 11-36 所示。

（5）扫掠形成实体。单击"可视化"选项卡"视图"面板中的"西南等轴测"按钮 ，将视图切换到西南等轴测视图。单击"三维工具"选项卡"建模"面板中的"扫掠"按钮 ，命令行提示与操作如下：

```
命令：_sweep
当前线框密度：ISOLINES=4，闭合轮廓创建模式 = 实体
选择要扫掠的对象或 [模式(MO)]：（选择三角牙型轮廓）
选择要扫掠的对象或 [模式(MO)]：✓
选择扫掠路径或 [对齐(A)/基点(B)/比例(S)/扭曲(T)]：（选择螺纹线）
```

结果如图 11-37 所示。

（6）布尔运算处理。单击"三维工具"选项卡"实体编辑"面板中的"差集"按钮 ，从主体中减去步骤（5）绘制的扫掠体，结果如图 11-38 所示。

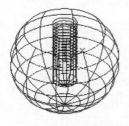
图 11-35　绘制螺旋线

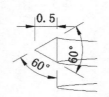
图 11-36　绘制截面轮廓

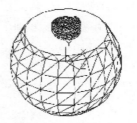
图 11-37　扫掠结果

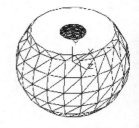
图 11-38　差集结果

练习提高　实例 168 绘制连接轴环立体图

结合"长方体""圆角"和"倒角"等命令绘制连接轴环立体图，绘制流程如图 11-39 所示。

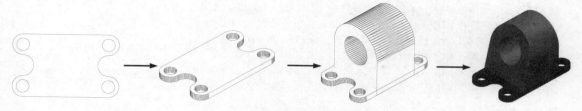

图 11-39 连接轴环立体图绘制流程

📋 **思路点拨:**

（1）绘制封闭多段线和圆，阵列圆。
（2）拉伸平面图形并进行差集处理。
（3）绘制长方体和圆柱体，并进行布尔运算。
（4）进行剖切处理。

11.4 三 维 阵 列

利用"三维阵列"命令可以在三维空间中按矩形阵列或环形阵列的方式，创建指定对象的多个副本，其执行方式如下。

- 命令行：3DARRAY。
- 菜单栏：选择菜单栏中的"修改"→"三维操作"→"三维阵列"命令。
- 工具栏：单击"建模"工具栏中的"三维阵列"按钮 。

完全讲解 实例 169 绘制压紧套立体图

本实例绘制如图 11-40 所示的压紧套立体图。通过本实例，可以对"三维阵列"命令灵活应用。

图 11-40 压紧套立体图

1. 设置线框密度

单击"视图"选项卡"视图"面板中的"西南等轴测"按钮 ◈，将视图切换到西南等轴测视图。在命令行中输入 ISOLINES 命令，设置线框密度为 10。

2. 绘制压紧套实体

（1）绘制多段线。单击"默认"选项卡"绘图"面板中的"多段线"按钮 ⟋，命令行提示与操作如下：

```
命令：PLINE✓
指定起点：0,0✓
当前线宽为 0.0000
```

指定下一个点或 [圆弧(A)/半宽(H)/长度(L)/放弃(U)/宽度(W)]: 12,0↙
指定下一点或 [圆弧(A)/闭合(C)/半宽(H)/长度(L)/放弃(U)/宽度(W)]: @1,0.75↙
指定下一点或 [圆弧(A)/闭合(C)/半宽(H)/长度(L)/放弃(U)/宽度(W)]: @-1,0.75↙
指定下一点或 [圆弧(A)/闭合(C)/半宽(H)/长度(L)/放弃(U)/宽度(W)]: @-12,0↙
指定下一点或 [圆弧(A)/闭合(C)/半宽(H)/长度(L)/放弃(U)/宽度(W)]: 0,0↙
指定下一点或 [圆弧(A)/闭合(C)/半宽(H)/长度(L)/放弃(U)/宽度(W)]: C↙

结果如图 11-41 所示。

（2）旋转多段线。单击"三维工具"选项卡"建模"面板中的"旋转"按钮🔘，将步骤（1）绘制的多段线绕 Y 轴旋转一周，结果如图 11-42 所示。

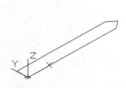

图 11-41　绘制多段线　　　　　　　　　图 11-42　旋转图形

（3）阵列旋转后的实体。选择菜单栏中的"修改"→"三维操作"→"三维阵列"命令，阵列旋转后的图形，设置阵列行数为 7、列数为 1、层数为 1、行间距为 1.5，命令行提示与操作如下：

命令: _3darray
选择对象: 找到 1 个 （选择刚旋转生成的对象）
选择对象: ↙
输入阵列类型 [矩形(R)/环形(P)] <矩形>: ↙
输入行数 (---) <1>:7↙
输入列数 (|||) <1>: ↙
输入层数 (...) <1>:↙
指定列间距 (|||): 1.5↙

结果如图 11-43 所示。

（4）绘制圆柱体。单击"三维工具"选项卡"建模"面板中的"圆柱体"按钮🔘，绘制底面圆心为（0,10.5,0）、半径为 12、轴端点为（0,14.5,0）的圆柱体。

（5）并集处理。单击"三维工具"选项卡"实体编辑"面板中的"并集"按钮🔘，将视图中所有的图形并集处理，并集后的结果如图 11-44 所示。

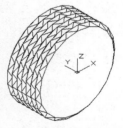

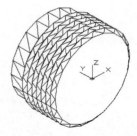

图 11-43　阵列处理后的图形　　　　　　　图 11-44　并集后的图形

3．绘制压紧套细部特征

（1）绘制长方体。单击"三维工具"选项卡"建模"面板中的"长方体"按钮▱，绘制长方体，为另一端的松紧刀口做准备。采用两角点模式，创建两角点的坐标分别为（-15,0,-1.5）,（@30,3,3）的长方体，结果如图 11-45 所示。

（2）差集处理。单击"三维工具"选项卡"实体编辑"面板中的"差集"按钮▱，将并集后的图形与长方体进行差集处理，结果如图 11-46 所示。

（3）绘制圆柱体。单击"三维工具"选项卡"建模"面板中的"圆柱体"按钮▱，以原点坐标为底面圆心，创建直径为 16、轴端点为（@0,5,0）的圆柱。继续单击"圆柱体"按钮▱，以原点坐标为底面圆心，创建另一个直径为 14、轴端点为（@0,10,0）的圆柱。

（4）差集处理。单击"三维工具"选项卡"实体编辑"面板中的"差集"按钮▱，将并集后的图形与上一步绘制的两个圆柱体进行差集处理，结果如图 11-47 所示。

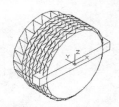
图 11-45 绘制长方体后的图形

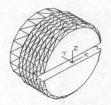
图 11-46 差集处理后的图形

（5）设置视图方向。选择菜单栏中的"视图"→"动态观察"→"自由动态观察"命令，将视图调整到合适的位置，结果如图 11-48 所示。

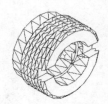
图 11-47 差集处理后的图形

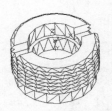
图 11-48 改变视图方向后的图形

练习提高 实例 170 绘制法兰盘立体图

本例主要练习"三维阵列"命令的使用方法，绘制法兰盘立体图的流程如图 11-49 所示。

扫一扫，看视频

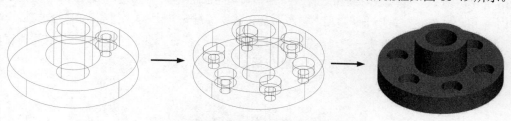
图 11-49 法兰盘立体图绘制流程

思路点拨：

> （1）绘制圆柱体，并进行环形阵列。
> （2）进行布尔运算。

11.5 三 维 镜 像

使用"三维镜像"命令可以以任意空间平面为镜像面，创建指定对象的镜像副本，源对象与镜像副本相对于镜像面彼此对称，其执行方式如下。

- 命令行：MIRROR3D。
- 菜单栏：选择菜单栏中的"修改"→"三维操作"→"三维镜像"命令。

扫一扫，看视频

完全讲解　实例 171 绘制手压阀阀体立体图

本实例主要练习使用"三维镜像"命令，绘制如图 11-50 所示的手压阀阀体立体图。

1. 建立新文件

选择菜单栏中的"文件"→"新建"命令，弹出"选择样板"对话框，单击"打开"按钮右侧的 ▼ 下拉按钮，以"无样板打开－公制"（毫米）方式建立新文件；将新文件命名为"阀体.dwg"并保存。

2. 设置线框密度

设定的线框密度默认值为 4，更改设定值为 10。

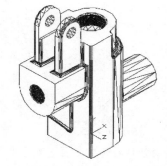

图 11-50　手压阀阀体立体图

3. 创建拉伸实体

（1）单击"默认"选项卡"绘图"面板中的"圆弧"按钮 ⌒，在坐标原点处绘制半径为 25，角度为 180°的圆弧。

（2）单击"默认"选项卡"绘图"面板中的"直线"按钮 ／，绘制长度分别为 25 和 50 的直线，结果如图 11-51 所示。

（3）单击"默认"选项卡"绘图"面板中的"面域"按钮 ◙，将绘制好的图形创建成面域。

（4）单击"可视化"选项卡"视图"面板中的"西南等轴测"按钮 ◈，将视图切换到西南等轴测视图。单击"三维工具"选项卡"建模"面板中的"拉伸"按钮 ▥，将步骤（3）创建的面域进行拉伸处理，拉伸距离为 113，结果如图 11-52 所示。

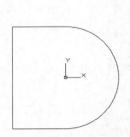

图 11-51　绘制截面图形

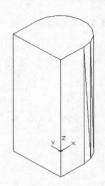

图 11-52　拉伸实体

4．创建圆柱体

（1）单击"可视化"选项卡"视图"面板中的"东北等轴测"按钮，将视图切换到东北等轴测视图。

（2）在命令行中输入 UCS 命令，将坐标系绕 Y 轴旋转 90°。

（3）单击"三维工具"选项卡"建模"面板中的"圆柱体"按钮，以坐标点（-35,0,0）为圆点，绘制半径为 15，高为 58 的圆柱体，结果如图 11-53 所示。

（4）在命令行中输入 UCS 命令，将坐标移动到坐标点（-70,0,0）处，并将坐标系绕 Z 轴旋转 -90°。

（5）切换视图方向。选择菜单栏中的"视图"→"三维视图"→"平面视图"→"当前 UCS"命令，将视图切换到当前坐标系。

（6）单击"默认"选项卡"绘图"面板中的"圆弧"按钮，绘制原点为圆心，半径为 20，角度为 180°的圆弧。

（7）单击"默认"选项卡"绘图"面板中的"直线"按钮，绘制长度分别为 20 和 40 的直线。

（8）单击"默认"选项卡"绘图"面板中的"面域"按钮，将绘制好的图形创建成面域，结果如图 11-54 所示。

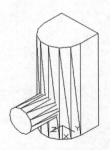

图 11-53　创建圆柱体

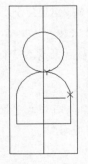

图 11-54　创建截面

（9）单击"可视化"选项卡"视图"面板中的"西南等轴测"按钮 ◈，将视图切换到西南等轴测视图。单击"三维工具"选项卡"建模"面板中的"拉伸"按钮 ▮，将步骤（8）创建的面域进行拉伸处理，拉伸距离为-60，结果如图 11-55 所示。

5. 创建长方体

（1）在命令行中输入 UCS 命令，将坐标系绕 X 轴旋转 180°，并将坐标系移动到坐标（0，-20，25）处。

（2）单击"三维工具"选项卡"建模"面板中的"长方体"按钮 ▱，绘制长方体，命令行提示与操作如下：

```
命令：_box
指定第一个角点或 [中心(C)]：15,0,0↙
指定其他角点或 [立方体(C)/长度(L)]：1↙
指定长度：30↙
指定宽度：38↙
指定高度或 [两点(2P)] <60.0000>：24↙
```

结果如图 11-56 所示。

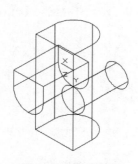

图 11-55　拉伸实体

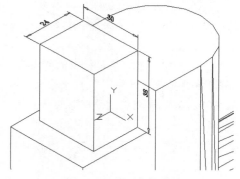

图 11-56　创建长方体

6. 创建圆柱体

（1）在命令行中输入 UCS 命令，将坐标系绕 Y 轴旋转 90°。

（2）单击"三维工具"选项卡"建模"面板中的"圆柱体"按钮 ▮，以坐标点（-12，38，-15）为起点，绘制半径为 12，高度为 30 的圆柱体，结果如图 11-57 所示。

7. 布尔运算应用

单击"三维工具"选项卡"实体编辑"面板中的"并集"按钮 ▮，将视图中所有实体进行并集操作，结果如图 11-58 所示。

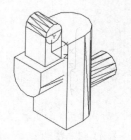

图 11-57　创建圆柱体

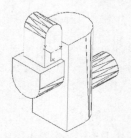

图 11-58　并集处理

8．创建长方体

单击"三维工具"选项卡"建模"面板中的"长方体"按钮![按钮]，绘制长方体，命令行提示与操作如下：

```
命令：_box
指定第一个角点或 [中心(C)]：0,0,7✓
指定其他角点或 [立方体(C)/长度(L)]：1✓
指定长度：24✓
指定宽度：50✓
指定高度或 [两点(2P)] <60.0000>：-14✓
```

结果如图 11-59 所示。

9．布尔运算应用

单击"三维工具"选项卡"实体编辑"面板中的"差集"按钮![按钮]，在视图中减去长方体，结果如图 11-60 所示。

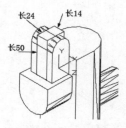

图 11-59　创建长方体

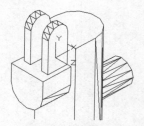

图 11-60　差集处理

10．创建圆柱体

单击"三维工具"选项卡"建模"面板中的"圆柱体"按钮![按钮]，以坐标点（-12,38,-15）为起点，绘制半径为 5，高度为 30 的圆柱体，结果如图 11-61 所示。

11．布尔运算应用

单击"三维工具"选项卡"实体编辑"面板中的"差集"按钮![按钮]，在视图中减去圆柱体，结果如图 11-62 所示。

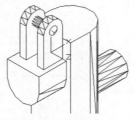

图 11-61　创建圆柱体

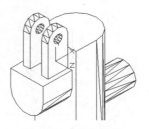

图 11-62　差集处理

12．创建长方体

单击"三维工具"选项卡"建模"面板中的"长方体"按钮 ，绘制长方体，命令行提示与操作如下：

```
命令：_box
指定第一个角点或 [中心(C)]：0,26,9✓
指定其他角点或 [立方体(C)/长度(L)]：1✓
指定长度：24✓
指定宽度：24✓
指定高度或 [两点(2P)] <60.0000>：-18✓
```

结果如图 11-63 所示。

13．布尔运算应用

单击"三维工具"选项卡"实体编辑"面板中的"差集"按钮 ，在视图中减去长方体，结果如图 11-64 所示。

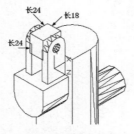

图 11-63　创建长方体

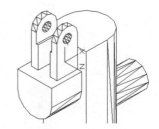

图 11-64　差集处理

14．创建旋转体

（1）在命令行中输入 UCS 命令，将坐标系恢复到世界坐标系。

（2）选择菜单栏中的"视图"→"三维视图"→"前视"命令，将视图切换到前视图。

（3）单击"默认"选项卡"绘图"面板中的"直线"按钮╱、"修改"面板中的"偏移"按钮 和"修剪"按钮 ，绘制一系列直线。

（4）单击"默认"选项卡"绘图"面板中的"面域"按钮，将绘制好的图形创建成面域，结果如图 11-65 所示。

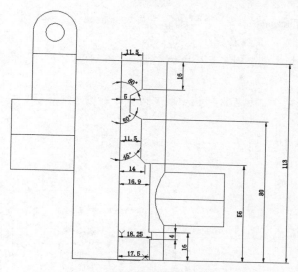

图 11-65　绘制旋转截面

（5）单击"可视化"选项卡"视图"面板中的"东北等轴测"按钮 ⬙ ，将视图切换到东北等轴测视图。

（6）单击"三维工具"选项卡"建模"面板中的"旋转"按钮 ，将步骤（4）创建的面域绕 Y 轴进行旋转，结果如图 11-66 所示。

15．布尔运算应用

单击"三维工具"选项卡"实体编辑"面板中的"差集"按钮 ，将旋转体进行差集处理，结果如图 11-67 所示。

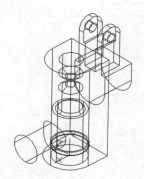

图 11-66　旋转实体

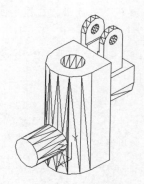

图 11-67　差集处理

16．创建旋转体

（1）在命令行中输入 UCS 命令，将坐标系恢复到世界坐标系。

（2）选择菜单栏中的"视图"→"三维视图"→"前视"命令，将视图切换到前视图。

（3）单击"默认"选项卡"绘图"面板中的"直线"按钮 ╱ 、"修改"面板中的"偏移"按钮 ⊆ 和"修剪"按钮 ✄ ，绘制一系列直线。

（4）单击"默认"选项卡"绘图"面板中的"面域"按钮 ◎ ，将绘制好的图形创建成面域，结果如图 11-68 所示。

（5）单击"视图"选项卡"视图"面板中的"西南等轴测"按钮 ◈ ，将视图切换到西南等轴测视图。

（6）在命令行中输入 UCS 命令，将坐标系移动到如图 11-69 所示的位置。

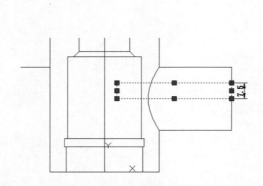

图 11-68　绘制旋转截面

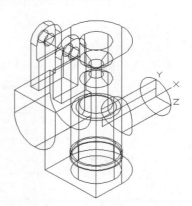

图 11-69　建立新坐标系

（7）单击"三维工具"选项卡"建模"面板中的"旋转"按钮 🔄 ，将步骤（4）创建的面域绕 X 轴进行旋转，结果如图 11-70 所示。

17. 布尔运算应用

（1）单击"可视化"选项卡"视图"面板中的"东北等轴测"按钮 ◈ ，将视图切换到东北等轴测视图。

（2）单击"三维工具"选项卡"实体编辑"面板中的"差集"按钮 ◰ ，将旋转体进行差集处理，结果如图 11-71 所示。

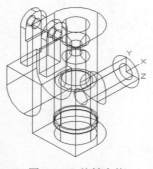

图 11-70　旋转实体

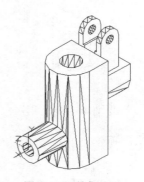

图 11-71　差集处理

18. 创建旋转体

（1）在命令行中输入 UCS 命令，将坐标系恢复到世界坐标系。

（2）选择菜单栏中的"视图"→"三维视图"→"前视"命令，将视图切换到前视图。

（3）单击"默认"选项卡"绘图"面板中的"直线"按钮╱、"修改"面板中的"偏移"按钮 ⊂ 和"修剪"按钮 ✄，绘制一系列直线。

（4）单击"默认"选项卡"绘图"面板中的"面域"按钮 ▣，将绘制好的图形创建成面域，结果如图 11-72 所示。

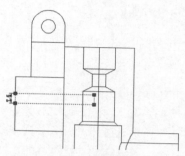

图 11-72　绘制旋转截面

（5）单击"可视化"选项卡"视图"面板中的"西南等轴测"按钮 ⬦，将视图切换到西南等轴测视图。

（6）在命令行中输入 UCS 命令，将坐标系移动到如图 11-73 所示的位置。

（7）单击"三维工具"选项卡"建模"面板中的"旋转"按钮 ▦，将步骤（4）创建的面域绕 X 轴进行旋转，结果如图 11-74 所示。

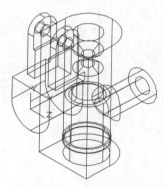

图 11-73　建立新坐标系

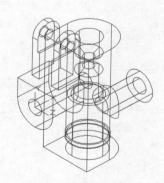

图 11-74　旋转实体

19. 布尔运算应用

单击"三维工具"选项卡"实体编辑"面板中的"差集"按钮 ▣，将旋转体进行差集处理，结果如图 11-75 所示。

20．创建圆柱体

（1）在命令行中输入 UCS 命令，将坐标系恢复到世界坐标系。

（2）在命令行中输入 UCS 命令，将坐标系移动到坐标（0,0,113）处。

（3）选择菜单栏中的"视图"→"三维视图"→"平面视图"→"当前 UCS"命令，将视图切换到当前坐标系。

（4）单击"默认"选项卡"绘图"面板中的"圆"按钮 ⊙，在坐标原点处分别绘制半径为 20 和 25 的圆。

（5）单击"默认"选项卡"绘图"面板中的"直线"按钮 ╱，过中心点绘制一条竖直直线。

（6）单击"默认"选项卡"修改"面板中的"修剪"按钮 ✂，修剪多余的线段。

（7）单击"默认"选项卡"绘图"面板中的"面域"按钮 ⊚，将绘制的图形创建成面域，结果如图 11-76 所示。

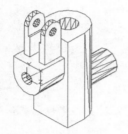
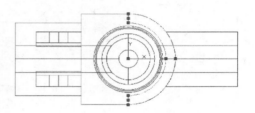

图 11-75　差集处理　　　　　　　　　　　　图 11-76　绘制截面

（8）单击"可视化"选项卡"视图"面板中的"东北等轴测"按钮 ◈，将视图切换到东北等轴测视图。单击"三维工具"选项卡"建模"面板中的"拉伸"按钮 ⬛，将步骤（7）创建的面域进行拉伸处理，拉伸距离为−23，结果如图 11-77 所示。

21．布尔运算应用

单击"三维工具"选项卡"实体编辑"面板中的"差集"按钮 ⬛，在视图中用实体减去拉伸体。单击"可视化"选项卡"视图"面板中的"东北等轴测"按钮 ◈，将视图切换到东北等轴测视图，结果如图 11-78 所示。

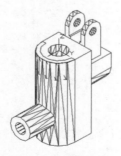
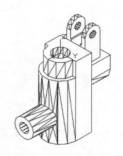

图 11-77　拉伸实体　　　　　　　　　　　　图 11-78　差集处理

22．创建加强筋

（1）在命令行中输入 UCS 命令，将坐标系恢复到世界坐标系。

（2）选择菜单栏中的"视图"→"三维视图"→"前视"命令，将视图切换到前视图。

（3）单击"默认"选项卡"绘图"面板中的"直线"按钮 ╱、"修改"面板中的"偏移"按钮 ⊆ 和"修剪"按钮 ⅄，绘制线段。单击"默认"选项卡"绘图"面板中的"面域"按钮 ◎，将绘制的图形创建成面域，结果如图 11-79 所示。

（4）单击"视图"选项卡"视图"面板中的"西南等轴测"按钮 ◈，将视图切换到西南等轴测视图。单击"三维工具"选项卡"建模"面板中的"拉伸"按钮 ◼，将步骤（3）创建的面域进行拉伸处理，拉伸高度为 3，结果如图 11-80 所示。

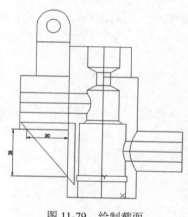

图 11-79　绘制截面

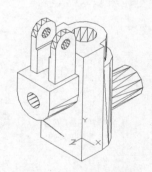

图 11-80　拉伸实体

（5）在命令行中输入 UCS 命令，将坐标系恢复到世界坐标系。

（6）选择菜单栏中的"修改"→"三维操作"→"三维镜像"命令，将拉伸的实体镜像，命令行中的提示与操作如下：

```
命令：_mirror3d
选择对象：找到 1 个（选取步骤（4）的拉伸实体）
选择对象：↙
指定镜像平面（三点）的第一个点或[对象(O)/最近的(L)/Z 轴(Z)/视图(V)/XY 平面(XY)/YZ 平面(YZ)/ZX 平面(ZX)/三点(3)]<三点>：0,0,0↙
在镜像平面上指定第二点：0,0,10↙
在镜像平面上指定第三点：10,0,0↙
是否删除源对象？[是(Y)/否(N)]<否>：↙
```

结果如图 11-81 所示。

23．布尔运算应用

单击"三维工具"选项卡"实体编辑"面板中的"并集"按钮 ◧，将视图中的实体和步骤 22 绘制的拉伸体进行并集处理。结果如图 11-82 所示。

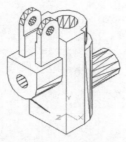

图 11-81　镜像实体

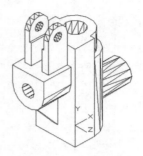

图 11-82　并集处理

24. 创建倒角

单击"默认"选项卡"修改"面板中的"倒角"按钮 ，将实体孔处进行倒角处理，倒角分别为 1.5 和 1，结果如图 11-83 所示。

25. 创建螺纹

（1）在命令行中输入 UCS 命令，将坐标系恢复到世界坐标系。

（2）单击"默认"选项卡"绘图"面板中的"螺旋"按钮 ，创建螺旋线，命令行提示与操作如下：

```
命令: _Helix
圈数 = 3.0000        扭曲=CCW
指定底面的中心点: 0,0,-2✓
指定底面半径或 [直径(D)] <11.0000>:17.5✓
指定顶面半径或 [直径(D)] <11.0000>:17.5✓
指定螺旋高度或 [轴端点(A)/圈数(T)/圈高(H)/扭曲(W)] <1.0000>: h✓
指定圈间距 <0.2500>: 0.58✓
指定螺旋高度或 [轴端点(A)/圈数(T)/圈高(H)/扭曲(W)] <1.0000>: 15✓
```

结果如图 11-84 所示。

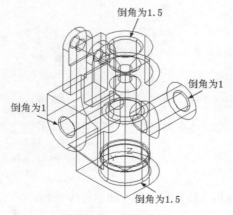

图 11-83　倒角处理

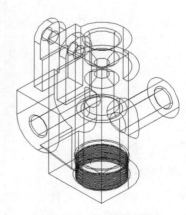

图 11-84　创建螺旋线

（3）选择菜单栏中的"视图"→"三维视图"→"前视"命令，将视图切换到前视图。

（4）单击"默认"选项卡"绘图"面板中的"直线"按钮 ╱，在图形中绘制截面，单击"默认"选项卡"绘图"面板中的"面域"按钮 ◎，将其创建成面域，结果如图 11-85 所示。

（5）扫掠形成实体。单击"可视化"选项卡"视图"面板中的"西南等轴测"按钮 ◈，将视图切换到西南等轴测视图。单击"三维工具"选项卡"建模"面板中的"扫掠"按钮 █，命令行提示与操作如下：

```
命令: _sweep
当前线框密度: ISOLINES=4，闭合轮廓创建模式 = 实体
选选择要扫掠的对象或 [模式(MO)]: （选择三角牙型轮廓）
选择要扫掠的对象或 [模式(MO)]: ✓
选择扫掠路径或 [对齐(A)/基点(B)/比例(S)/扭曲(T)]: （选择螺纹线）
```

结果如图 11-86 所示。

（6）布尔运算处理。单击"三维工具"选项卡"实体编辑"面板中的"差集"按钮 ◰，从主体中减去步骤（5）绘制的扫掠体，结果如图 11-87 所示。

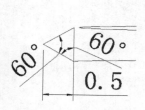

图 11-85　绘制截面

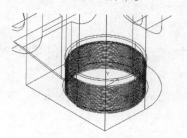

图 11-86　扫掠实体

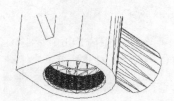

图 11-87　差集处理

（7）在命令行中输入 UCS 命令，将坐标系恢复到世界坐标系。

在命令行中输入 UCS 命令，将坐标系移动到坐标（0,0,113）处。

（8）单击"默认"选项卡"绘图"面板中的"螺旋"按钮 █，创建螺旋线，命令行提示与操作如下：

```
命令: _Helix
圈数 = 3.0000      扭曲=CCW
指定底面的中心点: 0,0,2✓
指定底面半径或 [直径(D)] <11.0000>:11.5✓
指定顶面半径或 [直径(D)] <11.0000>:11.5✓
指定螺旋高度或 [轴端点(A)/圈数(T)/圈高(H)/扭曲(W)] <1.0000>: h✓
指定圈间距 <0.2500>: 0.58✓
指定螺旋高度或 [轴端点(A)/圈数(T)/圈高(H)/扭曲(W)] <1.0000>: -13✓
```

结果如图 11-88 所示。

（9）选择菜单栏中的"视图"→"三维视图"→"左视"命令，将视图切换到左视图。

（10）单击"默认"选项卡"绘图"面板中的"直线"按钮 ╱，在图形中绘制截面，单击"默

认"选项卡"绘图"面板中的"面域"按钮 ⊙，将其创建成面域，结果如图 11-89 所示。

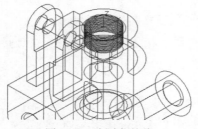

图 11-88　创建螺旋线

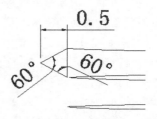

图 11-89　绘制截面

（11）扫掠形成实体。单击"可视化"选项卡"视图"面板中的"西南等轴测"按钮 ⊗，将视图切换到西南等轴测视图。单击"三维工具"选项卡"建模"面板中的"扫掠"按钮 🗂，命令行提示与操作如下：

```
命令: _sweep
当前线框密度:  ISOLINES=4，闭合轮廓创建模式 = 实体
选择要扫掠的对象或 [模式(MO)]: （选择三角牙型轮廓）
选择要扫掠的对象或 [模式(MO)]: ✓
选择扫掠路径或 [对齐(A)/基点(B)/比例(S)/扭曲(T)]: （选择螺纹线）
```

结果如图 11-90 所示。

（12）布尔运算处理。单击"三维工具"选项卡"实体编辑"面板中的"差集"按钮 🗍，从主体中减去步骤（11）绘制的扫掠体，结果如图 11-91 所示。

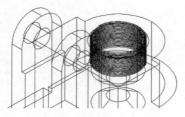

图 11-90　扫掠实体

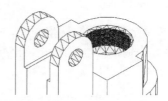

图 11-91　差集处理

（13）在命令行中输入 UCS 命令，将坐标系恢复到世界坐标系。

在命令行中输入 UCS 命令，将坐标系移动到如图 11-92 所示的位置。

（14）单击"默认"选项卡"绘图"面板中的"螺旋"按钮 🗐，创建螺旋线，命令行提示与操作如下：

```
命令: _Helix
圈数 = 3.0000    扭曲=CCW✓
指定底面的中心点: 0,0,-2✓
指定底面半径或 [直径(D)] <11.0000>:7.5✓
指定顶面半径或 [直径(D)] <11.0000>:7.5✓
指定螺旋高度或 [轴端点(A)/圈数(T)/圈高(H)/扭曲(W)] <1.0000>: h✓
```

指定圈间距 <0.2500>: 0.58✓
指定螺旋高度或 [轴端点(A)/圈数(T)/圈高(H)/扭曲(W)] <1.0000>: 22.5✓

结果如图 11-93 所示。

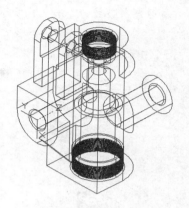

图 11-92 建立新坐标系

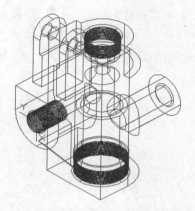

图 11-93 创建螺旋线

（15）选择菜单栏中的"视图"→"三维视图"→"前视"命令，将视图切换到前视图。

（16）单击"默认"选项卡"绘图"面板中的"直线"按钮 ╱，在图形中绘制截面。单击"默认"选项卡"绘图"面板中的"面域"按钮 ⬡，将其创建成面域，结果如图 11-94 所示。

（17）扫掠形成实体。单击"可视化"选项卡"视图"面板中的"西南等轴测"按钮 ⬨，将视图切换到西南等轴测视图。单击"三维工具"选项卡"建模"面板中的"扫掠"按钮 ⬛，命令行提示与操作如下：

命令：_sweep
当前线框密度： ISOLINES=4，闭合轮廓创建模式 = 实体
选择要扫掠的对象或 [模式(MO)]：（选择三角牙型轮廓）
选择要扫掠的对象或 [模式(MO)]：✓
选择扫掠路径或 [对齐(A)/基点(B)/比例(S)/扭曲(T)]：（选择螺纹线）

结果如图 11-95 所示。

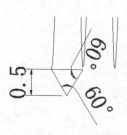

图 11-94 绘制截面

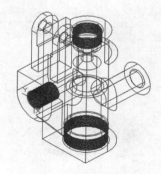

图 11-95 扫掠实体

（18）布尔运算处理。单击"三维工具"选项卡"实体编辑"面板中的"差集"按钮，从主体中减去步骤（17）绘制的扫掠体，结果如图 11-96 所示。

（19）在命令行中输入 UCS 命令，将坐标系恢复到世界坐标系。

（20）单击"可视化"选项卡"视图"面板中的"东北等轴测"按钮，将视图切换到东北等轴测视图。

（21）在命令行中输入 UCS 命令，将坐标系移动到如图 11-97 所示的位置。

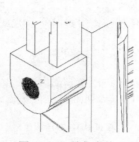

图 11-96　差集实体

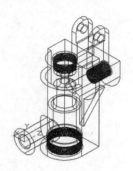

图 11-97　建立新坐标系

（22）单击"默认"选项卡"绘图"面板中的"螺旋"按钮，创建螺旋线，命令行提示与操作如下：

```
命令: _Helix
圈数 = 3.0000      扭曲=CCW
指定底面的中心点: 0,0,-2✓
指定底面半径或 [直径(D)] <11.0000>:7.5✓
指定顶面半径或 [直径(D)] <11.0000>:7.5✓
指定螺旋高度或 [轴端点(A)/圈数(T)/圈高(H)/扭曲(W)] <1.0000>: h✓
指定圈间距 <0.2500>: 0.58✓
指定螺旋高度或 [轴端点(A)/圈数(T)/圈高(H)/扭曲(W)] <1.0000>:22✓
```

结果如图 11-98 所示。

（23）单击"可视化"选项卡"视图"面板中的"俯视"按钮，将视图切换到俯视图。

（24）单击"默认"选项卡"绘图"面板中的"直线"按钮，在图形中绘制截面。单击"默认"选项卡"绘图"面板中的"面域"按钮，将其创建成面域，结果如图 11-99 所示。

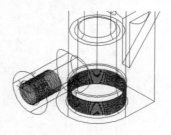

图 11-98　创建螺旋线

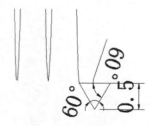

图 11-99　绘制截面

（25）扫掠形成实体。单击"可视化"选项卡"视图"面板中的"西南等轴测"按钮◈，将视图切换到西南等轴测视图。单击"三维工具"选项卡"建模"面板中的"扫掠"按钮🔗，命令行提示与操作如下：

```
命令：_sweep
当前线框密度：ISOLINES=4，闭合轮廓创建模式 = 实体
选择要扫掠的对象或 [模式(MO)]：（选择三角牙型轮廓）
选择要扫掠的对象或 [模式(MO)]：↙
选择扫掠路径或 [对齐(A)/基点(B)/比例(S)/扭曲(T)]：（选择螺纹线）
```

结果如图 11-100 所示。

（26）布尔运算处理。单击"三维工具"选项卡"实体编辑"面板中的"差集"按钮🗗，从主体中减去步骤（25）绘制的扫掠体，结果如图 11-101 所示。

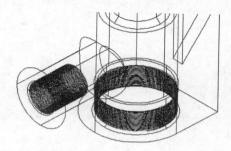

图 11-100　扫掠实体

图 11-101　差集处理

26. 创建圆角

单击"默认"选项卡"修改"面板中的"圆角"按钮⬜，将棱角进行倒圆角，设圆角半径为2，结果如图 11-50 所示。

练习提高　实例 172　绘制阀芯立体图

练习运用"三维镜像"等命令绘制阀芯立体图，绘制流程如图 11-102 所示。

扫一扫，看视频

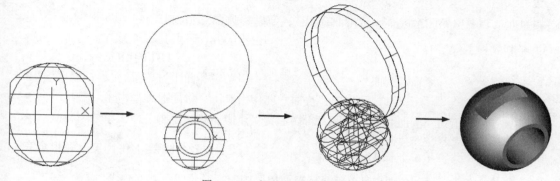

图 11-102　阀芯立体图绘制流程

📋 **思路点拨：**

（1）绘制球体并进行剖切处理。

（2）绘制两个圆柱体。

（3）三维镜像两个圆柱体，进行差集处理。

11.6　三　维　旋　转

使用"三维旋转"命令可以把三维实体模型围绕指定的轴在空间中进行旋转，其执行方式如下。

● 命令行：3DROTATE。

● 菜单栏：选择菜单栏中的"修改"→"三维操作"→"三维旋转"命令。

● 工具栏：单击"建模"工具栏中的"三维旋转"按钮⊕。

完全讲解　实例 173 绘制球阀阀杆立体图

本实例绘制如图 11-103 所示的球阀阀杆立体图，主要练习使用"三维阵列"命令。

图 11-103　球阀阀杆立体图

1. 设置线框密度

在命令行中输入 ISOLINES 命令，设置线框密度为 10。单击"视图"选项卡"视图"面板中的"西南等轴测"按钮◈，切换到西南等轴测视图。

2. 设置用户坐标系

设置用户坐标系，将坐标系原点绕 X 轴旋转 90°，命令行提示与操作如下：

```
命令：UCS ✓
当前 UCS 名称：*世界*
UCS 的原点或 [面(F)/命名(NA)/对象(OB)/上一个(P)/视图(V)/世界(W)/X/Y/Z/Z 轴(ZA)] <世界>：
X✓
指定绕 X 轴的旋转角度 <90>：✓
```

3. 绘制阀杆主体

（1）创建圆柱。单击"三维工具"选项卡"建模"面板中的"圆柱体"按钮▯，绘制以原点为圆心、底面半径为 7、高度为 14 的圆柱体。继续在该圆柱体上依次创建一个直径为 14，高为 24 的圆柱体和两个直径为 18，高为 5 的圆柱体，结果如图 11-104 所示。

（2）创建球。单击"三维工具"选项卡"建模"面板中的"球体"按钮◯，在点（0,0,30）处绘制半径为 20 的球体，结果如图 11-105 所示。

（3）剖切球及右侧直径为 18 的圆柱体，将视图切换到左视图。单击"三维工具"选项卡"实体编辑"面板中的"剖切"按钮 🗐 ，选取球及右部直径为 18 的圆柱体，以 ZX 轴为剖切面，分别指定剖切面上的点（0,4.25）和（0,-4.25），对实体进行对称剖切，保留实体中部，结果如图 11-106 所示。

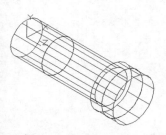

图 11-104　创建圆柱体

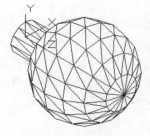

图 11-105　创建球体

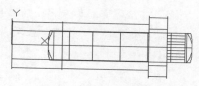

图 11-106　剖切后的实体

（4）剖切球。单击"三维工具"选项卡"实体编辑"面板中的"剖切"按钮 🗐 ，选取球，以 YZ 为剖切面，指定剖切面上的点（48,0），对球进行剖切，保留球的右部，结果如图 11-107 所示。

4．绘制细部特征

（1）对左端直径为 14 的圆柱体进行倒角操作。单击"视图"选项卡"视图"面板中的"西南等轴测"按钮 ◈ ，将视图切换到西南等轴测视图。单击"默认"选项卡"修改"面板中的"倒角"按钮 ⌐，对阀杆边缘进行倒角操作，结果如图 11-108 所示。命令行提示与操作如下：

```
命令：CHAMFER ✓
（"修剪：模式）当前倒角距离 1=0.0000，距离 2=0.0000
选择第一条直线或 [多段线(P)/距离(D)/角度(A)/修剪(T)/方式(M)/多个(U)]：（选择阀杆边缘）
基面选择...
输入曲面选择选项 [下一个(N)/当前(OK)] <当前 OK >：N✓
输入曲面选择选项 [下一个(N)/当前(OK)] <当前(OK)>：✓
指定基面倒角距离或 [表达式(E)]：3.0✓
指定其他曲面倒角距离或 [表达式(E)] <3.0000>：2✓
选择边或 [环(L)]：（选择左端φ14 圆柱左端面）
选择边或 [环(L)]：✓ （完成倒角操作）
```

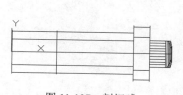

图 11-107　剖切球

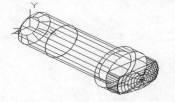

图 11-108　倒角后的实体

（2）创建长方体。将视图切换到后视图。单击"三维工具"选项卡"建模"面板中的"长方体"按钮 🗐，绘制以坐标（0,0,-7）为中心、长度为 11、宽度为 11、高度为 14 的长方体，结果如图 11-109 所示。

（3）旋转长方体。选择菜单栏中的"修改"→"三维操作"→"三维旋转"命令，将步骤（2）绘制的长方体以 Z 轴为旋转轴，以坐标原点为旋转轴上的点，将长方体旋转 45°，结果如图 11-110 所示。

（4）交集运算。首先单击"视图"选项卡"视图"面板中"西南等轴测"按钮 ◈，将视图切换到西南等轴测视图；然后单击"三维工具"选项卡"实体编辑"面板中的"交集"按钮 ◪，将直径为 14 的圆柱体与长方体进行交集运算。

（5）并集运算。单击"三维工具"选项卡"实体编辑"面板中的"并集"按钮 ◪，将全部实体进行并集运算。单击"视图"选项卡"视觉样式"面板中的"隐藏"按钮 ◈，进行消隐处理，结果如图 11-111 所示。

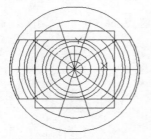
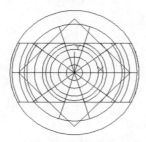
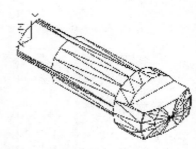

扫一扫，看视频

图 11-109　创建长方体　　　　图 11-110　旋转长方体　　　　图 11-111　并集后的实体

练习提高　实例 174　绘制三通管立体图

练习绘制三通管立体图，绘制流程如图 11-112 所示。

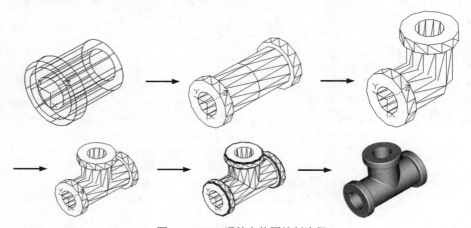

图 11-112　三通管立体图绘制流程

📋 **思路点拨：**

（1）绘制 3 个圆柱体，进行布尔运算。

（2）三维镜像处理并进行三维旋转。

（3）再次三维镜像处理，并绘制圆柱体，进行差集处理。

（4）进行圆角处理。

11.7　三 维 移 动

在三维视图中，显示三维移动小控件用来帮助在指定方向上按指定距离移动三维对象。使用三维移动小控件，可以自由移动选定的对象和子对象，或将移动约束到轴或平面，其执行方式如下。

- 命令行：3DMOVE。
- 菜单栏：选择菜单栏中的"修改"→"三维操作"→"三维移动"命令。
- 工具栏：单击"建模"工具栏中的"三维移动"按钮 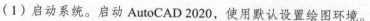。

完全讲解　实例 175 绘制阀盖立体图

本实例主要练习使用"三维移动"命令，绘制如图 11-113 所示的阀盖立体图。

扫一扫，看视频

（1）启动系统。启动 AutoCAD 2020，使用默认设置绘图环境。

（2）设置线框密度。在命令行中输入 ISOLINES 命令，设置线框密度为 10，命令行提示与操作如下：

图 11-113　　阀盖立体图

```
命令：ISOLINES✓
输入 ISOLINES 的新值 <8>：10✓
```

（3）设置视图方向。单击"视图"选项卡"视图"面板中的"西南等轴测"按钮 ◈，将当前视图设置为西南等轴测视图。

（4）设置用户坐标系，将坐标系原点绕 X 轴旋转 90°，命令行提示与操作如下：

```
命令：UCS✓
当前 UCS 名称：*世界*
UCS 的原点或 [面(F)/命名(NA)/对象(OB)/上一个(P)/视图(V)/世界(W)/X/Y/Z/Z 轴(ZA)] <世界>：X✓
指定绕 X 轴的旋转角度 <90>：✓
```

（5）绘制长方体。单击"三维工具"选项卡"建模"面板中的"长方体"按钮 ▭，绘制以原点为中心点、长度为 75、宽度为 75、高度为 12 的长方体。

（6）对长方体进行圆角处理。单击"默认"选项卡"修改"面板中的"圆角"按钮 ◠，圆角半径为 12.5 对长方体的 4 个 Z 轴方向边进行圆角处理。

（7）设置用户坐标系，命令行提示与操作如下：

```
命令：UCS✓
当前 UCS 名称：*世界*
指定 UCS 的原点或 [面(F)/命名(NA)/对象(OB)/上一个(P)/视图(V)/世界(W)/X/Y/Z/Z 轴(ZA)] <世界>：(0, 0, -32) ✓
```

指定 x 轴上的点或 <接受>：↙

（8）绘制圆柱体。单击"三维工具"选项卡"建模"面板中的"圆柱体"按钮 ⬚ ，以（0,0,0）为底面中心点，创建半径为 18、高 15 以及半径为 16、高为 26 的圆柱体。

（9）绘制圆柱体。单击"三维工具"选项卡"建模"面板中的"圆柱体"按钮 ⬚ ，捕捉圆角圆心为中心点，创建直径为 10、高 12 的圆柱体。

（10）复制圆柱体。单击"默认"选项卡"修改"面板中的"复制"按钮 ⬚ ，将步骤（9）绘制的圆柱体以圆柱体的圆心为基点，复制到其余 3 个圆角圆心处。

（11）差集处理。单击"三维工具"选项卡"实体编辑"面板中的"差集"按钮 ⬚ ，将步骤（9）和步骤（10）绘制的圆柱体从步骤（5）中的图形中减去，结果如图 11-114 所示。

（12）绘制圆柱体。单击"三维工具"选项卡"建模"面板中的"圆柱体"按钮 ⬚ ，以（0,0,32）为圆心，分别创建直径为 53、高为 7，直径为 50、高为 12，以及直径为 41、高为 16 的圆柱体。

（13）并集处理。单击"三维工具"选项卡"实体编辑"面板中的"并集"按钮 ⬚ ，将所有图形进行并集运算，结果如图 11-115 所示。

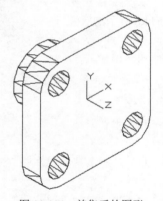

图 11-114　差集后的图形

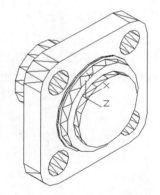

图 11-115　并集后的图形

（14）绘制圆柱体。单击"三维工具"选项卡"建模"面板中的"圆柱体"按钮 ⬚ ，捕捉实体前端面的圆心为中心点，分别创建直径为 35、高为-7 及直径为 20、高为-48 的圆柱体；捕捉实体后端面的圆心为中心点，创建直径为 28.5、高 5 的圆柱体。

（15）差集处理。单击"三维工具"选项卡"实体编辑"面板中的"差集"按钮 ⬚ ，将实体与步骤（14）绘制的圆柱体进行差集运算，结果如图 11-116 所示。

（16）圆角处理。单击"默认"选项卡"修改"面板中的"圆角"按钮 ⬚ ，设置圆角半径分别为 1、3、5，对需要的边进行圆角处理。

（17）倒角处理。单击"修改"工具栏中的"倒角"按钮 ⬚ ，设置倒角距离为 1.5，对实体后端面进行倒角处理。

（18）设置视图方向。将当前视图方向设置为左视图，结果如图 11-117 所示。

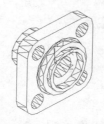

图 11-116 差集后的图形

图 11-117 倒角及倒圆角后的图形

（19）绘制螺纹。

① 绘制多边形。单击"默认"选项卡"绘图"面板中的"多边形"按钮⬠，在实体旁边绘制 1 个正三角形，设置其边长为 2。

② 绘制构造线。单击"默认"选项卡"绘图"面板中的"构造线"按钮✍，过正三角形底边绘制水平辅助线。

③ 偏移辅助线。单击"默认"选项卡"修改"面板中的"偏移"按钮⬒，将水平辅助线向上偏移 18。

④ 旋转正三角形。单击"三维工具"选项卡"建模"面板中的"旋转"按钮🡒，以偏移后的水平辅助线为旋转轴，选取正三角形，将其旋转 360°。

⑤ 删除辅助线。单击"默认"选项卡"修改"面板中的"删除"按钮✍，删除绘制的辅助线。

⑥ 阵列对象。选择菜单栏中的"修改"→"三维操作"→"三维阵列"命令，将旋转形成的实体进行 1 行 8 列的矩形阵列，设置列间距为 2。

⑦ 并集处理。单击"三维工具"选项卡"实体编辑"面板中的"并集"按钮🡒，将阵列后的实体进行并集运算，结果如图 11-118 所示。

（20）移动螺纹。选择菜单栏中的"修改"→"三维操作"→"三维移动"命令，命令行提示与操作如下：

```
命令：3DMOVE↙
选择对象：（用鼠标选取绘制的螺纹）
选择对象：↙
指定基点或 [位移(D)] <位移>：（用鼠标选取螺纹左端面的圆心）
指定第二个点或 <使用第一个点作为位移>：（用鼠标选取实体左端的圆心）
```

结果如图 11-119 所示。

图 11-118 绘制螺纹

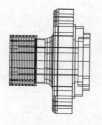

图 11-119 移动螺纹后的图形

（21）差集处理。单击"三维工具"选项卡"实体编辑"面板中的"差集"按钮 ，将实体与螺纹进行差集运算，结果如图 11-113 所示。

练习提高　实例 176　绘制压板立体图

绘制压板立体图，绘制体流程图如图 11-120 所示。

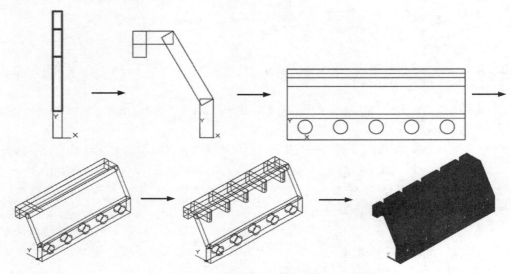

图 11-120　压板立体图绘制流程

📋 **思路点拨：**

> （1）绘制 4 个长方体，并进行三维旋转。
> （2）绘制圆柱体并进行三维阵列。
> （3）绘制二维图形生成面域，并进行三维移动。
> （4）拉伸面域，进行三维阵列和布尔运算。

11.8　综合实例

本节通过两个综合实例将前面所学的知识点进行综合练习。

完全讲解　实例 177　绘制球阀阀体立体图

本实例主要练习使用"三维移动"命令，绘制如图 11-121 所示的球阀阀体立体图。

（1）启动系统。启动 AutoCAD 2020，使用默认设置绘图环境。

图 11-121　球阀阀体立体图

（2）设置线框密度。在命令行中输入 ISOLINES 命令，设置线框密度为 10，命令行提示与操作如下：

```
命令: ISOLINES↙
输入 ISOLINES 的新值 <8>: 10↙
```

（3）设置视图方向。单击"视图"选项卡"视图"面板中的"西南等轴测"按钮 ，将视图切换到西南等轴测视图。

（4）设置用户坐标系。将坐标系原点绕 X 轴旋转 90°，命令行提示与操作如下：

```
命令: UCS↙
当前 UCS 名称: *世界*
指定 UCS 的原点或 [面(F)/命名(NA)/对象(OB)/上一个(P)/视图(V)/世界(W)/X/Y/Z/Z 轴(ZA)]
<世界>: X↙
指定绕 X 轴的旋转角度 <90>:↙
```

（5）绘制长方体。单击"三维工具"选项卡"建模"面板中的"长方体"按钮 ，以（0,0,0）为中心点，创建长为 75、宽为 75、高为 12 的长方体。

（6）圆角处理。单击"默认"选项卡"修改"面板中的"圆角"按钮 ，对步骤（5）绘制的长方体的 4 个竖直边进行圆角处理，圆角半径为 12.5。

（7）设置用户坐标系。在命令行中输入 UCS 命令，将坐标原点移动到（0,0,6）处。

（8）绘制圆柱体。单击"三维工具"选项卡"建模"面板中的"圆柱体"按钮 ，以（0,0,0）为圆心，创建直径为 55、高为 17 的圆柱体。

（9）绘制球体。单击"三维工具"选项卡"建模"面板中的"球体"按钮 ，绘制以（0,0,17）为球心、直径为 55 的球体。

（10）设置用户坐标系。在命令行中输入 UCS 命令，将坐标原点移动到（0,0,63）处。

（11）绘制圆柱体。单击"三维工具"选项卡"建模"面板中的"圆柱体"按钮 ，以（0,0,0）为圆心，分别创建直径为 36、高为-15 及直径为 32、高为-34 的圆柱体。

（12）并集处理。单击"三维工具"选项卡"实体编辑"面板中的"并集"按钮 ，将所有实体进行并集运算，结果如图 11-122 所示。

（13）绘制内形圆柱体。单击"三维工具"选项卡"建模"面板中的"圆柱体"按钮 ，以（0,0,0）为圆心，分别创建直径为 28.5、高为-5 及直径为 20、高为-34 的圆柱体；以（0,0,-34）为圆心，创建直径为 35、高为-7 的圆柱体；以（0,0,-41）为圆心，创建直径为 43、高为-29 的圆柱体；以（0,0,-70）为圆心，创建直径为 50、高为-5 的圆柱体。

（14）设置用户坐标系。在命令行中输入 UCS 命令，将坐标原点移动到（0,56,-54），并将其绕 X 轴旋转 90°。

（15）绘制外形圆柱体。单击"三维工具"选项卡"建模"面板中的"圆柱体"按钮 ，以（0,0,0）为圆心，创建直径为 36、高为 50 的圆柱体。

（16）并集及差集处理。单击"三维工具"选项卡"实体编辑"面板中的"并集"按钮 ，将实体与直径为 36 的圆柱体进行并集运算。单击"三维工具"选项卡"实体编辑"面板中的"差集"

按钮 ⬛，将实体与内形圆柱体进行差集运算，结果如图 11-123 所示。

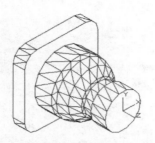

图 11-122　并集后的实体

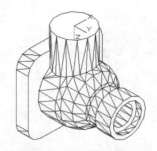

图 11-123　布尔运算后的实体

（17）绘制内形圆柱体。单击"三维工具"选项卡"建模"面板中的"圆柱体"按钮⬛，以（0,0,0）为圆心，绘制直径为 26、高为 4 的圆柱体；以（0,0,4）为圆心，绘制直径为 24、高为 9 的圆柱体；以（0,0,13）为圆心，绘制直径为 24.3、高为 3 的圆柱体；以（0,0,16）为圆心，绘制直径为 22、高为 13 的圆柱体；以（0,0,29）为圆心，绘制直径为 18，高为 27 的圆柱体。

（18）差集处理。单击"三维工具"选项卡"实体编辑"面板中的"差集"按钮⬛，将实体与内形圆柱体进行差集运算，结果如图 11-124 所示。

（19）绘制二维图形，并将其创建为面域。

① 绘制圆。单击"默认"选项卡"绘图"面板中的"圆"按钮⊙，以（0,0）为圆心，分别绘制直径为 36 及直径为 26 的圆。

② 绘制直线。单击"默认"选项卡"绘图"面板中的"直线"按钮╱，分别从（0,0）→（@18<225）及从（0,0）→（@18<315）绘制直线。

③ 修剪图形。单击"默认"选项卡"修改"面板中的"修剪"按钮，对圆进行修剪。

④ 面域处理。单击"默认"选项卡"绘图"面板中的"面域"按钮⬛，将绘制的二维图形创建为面域，结果如图 11-125 所示。

（20）拉伸图形。单击"三维工具"选项卡"建模"面板中的"拉伸"按钮⬛，将步骤（19）创建的面域图形拉伸，高度为 2。

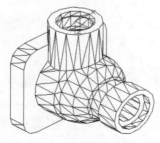

图 11-124　差集后的图形

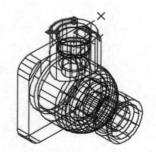

图 11-125　创建面域

（21）差集处理。单击"三维工具"选项卡"实体编辑"面板中的"差集"按钮⬛，将阀体与拉伸实体进行差集运算，结果如图 11-126 所示。

（22）设置视图方向。将当前视图方向设置为左视图方向。

（23）绘制阀体外螺纹。

① 绘制多边形。单击"默认"选项卡"绘图"面板中的"多边形"按钮⬠，在实体旁边绘制 1 个正三角形，设置边长为 2。

② 绘制辅助线。单击"默认"选项卡"绘图"面板中的"构造线"按钮✓，在正三角形底边绘制水平辅助线。

③ 偏移直线。单击"默认"选项卡"修改"面板中的"偏移"按钮⬱，将水平辅助线向上偏移 18。

④ 旋转对象。单击"三维工具"选项卡"建模"面板中的"旋转"按钮⬙，以偏移后的水平辅助线为旋转轴，选取正三角形，将其旋转 360°。

⑤ 删除辅助线。单击"默认"选项卡"修改"面板中的"删除"按钮✎，删除绘制的辅助线。

⑥ 三维阵列处理。选择菜单栏中的"修改"→"三维操作"→"三维阵列"命令，将旋转形成的实体进行 1 行、8 列的矩形阵列，列间距为 2。

⑦ 并集处理。单击"三维工具"选项卡"实体编辑"面板中的"并集"按钮⬢，将阵列后的实体进行并集运算。

⑧ 移动对象。单击"默认"选项卡"修改"面板中的"移动"按钮✛，以螺纹右端面的圆心为基点，将其移动到阀体右端圆心处。

⑨ 差集处理。单击"三维工具"选项卡"实体编辑"面板中的"差集"按钮⬔，将阀体与螺纹进行差集运算，结果如图 11-127 所示。

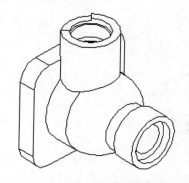

图 11-126　拉伸及差集处理后的阀体

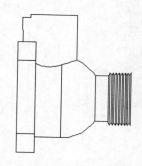

图 11-127　创建阀体外螺纹

（24）绘制螺纹孔。单击"视图"选项卡"视图"面板中的"西南等轴测"按钮◈，将视图切换到西南等轴测视图。

① 绘制多段线。单击"默认"选项卡"绘图"面板中的"多段线"按钮⤴，命令行提示与操作如下：

```
命令: _PLINE
指定起点: 0,-100✓
当前线宽为 0.0000
```

指定下一个点或 [圆弧(A)/半宽(H)/长度(L)/放弃(U)/宽度(W)]：@5,0✓
指定下一点或 [圆弧(A)/闭合(C)/半宽(H)/长度(L)/放弃(U)/宽度(W)]：@0.75,0.75✓
指定下一点或 [圆弧(A)/闭合(C)/半宽(H)/长度(L)/放弃(U)/宽度(W)]：@-0.75,0.75✓
指定下一点或 [圆弧(A)/闭合(C)/半宽(H)/长度(L)/放弃(U)/宽度(W)]：@-5,0✓
指定下一点或 [圆弧(A)/闭合(C)/半宽(H)/长度(L)/放弃(U)/宽度(W)]：C✓

② 旋转多段线。单击"三维工具"选项卡"建模"面板中的"旋转"按钮🗖，以 Y 轴为旋转轴，选择刚绘制的图形，将其旋转 360°。

③ 阵列旋转后的实体。选择菜单栏中的"修改"→"三维操作"→"三维阵列"命令，将旋转生成的实体进行行数为 8、列数为 1 的阵列，设行间距为 1.5。

④ 并集处理。单击"三维工具"选项卡"实体编辑"面板中的"并集"按钮🗖，将阵列后的实体进行并集运算。

⑤ 旋转螺纹角度。选择菜单栏中的"修改"→"三维操作"→"三维旋转"命令，以（0,-100,0）为基点、Z 轴为旋转轴将其旋转 90°。

⑥ 复制螺纹。单击"默认"选项卡"修改"面板中的"复制"按钮🗗，将螺纹孔复制到阀体的 4 个圆角圆心处，然后将多余的螺纹孔删除。

⑦ 差集处理。首先单击"视图"选项卡"视图"面板中的"西南等轴测"按钮◈，将视图切换到西南等轴测视图；然后单击"三维工具"选项卡"实体编辑"面板中的"差集"按钮🗗，将阀体与复制的螺纹进行差集运算，结果如图 11-128 所示。

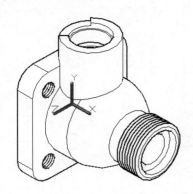

图 11-128 创建阀体螺纹孔

（25）视觉效果处理。单击"视图"选项卡"视觉样式"面板上的"视觉样式"下拉菜单中的"真实"按钮🖼，对图形进行处理，结果如图 11-121 所示。

练习提高 实例 178 绘制脚踏座立体图

绘制脚踏座立体图，绘制具体流程如图 11-129 所示。

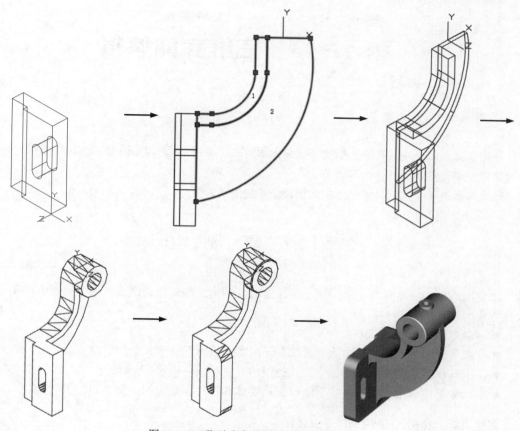

图 11-129　脚踏座立体图绘制流程

思路点拨：

（1）绘制平面图形，然后拉伸，并进行布尔运算。

（2）再次绘制平面图形，拉伸，并进行布尔运算。

（3）倒圆和倒角。

（4）三维镜像，并进行布尔运算。

第12章　三维实体编辑

内容简介

三维实体编辑是指对三维造型的结构单元本身进行编辑，从而改变造型的形状和结构，是 AutoCAD 三维建模中最复杂的一部分内容。

本章将通过实例深入介绍三维实体编辑命令的使用方法。

12.1　复　制　边

"复制边"命令是指将三维实体上的选定边复制为二维圆弧、圆、椭圆、直线或样条曲线，其执行方式如下。

- 命令行：SOLIDEDIT。
- 菜单栏：选择菜单栏中的"修改"→"实体编辑"→"复制边"命令。
- 工具栏：单击"实体编辑"工具栏中的"复制边"按钮。
- 功能区：单击"三维工具"选项卡"实体编辑"面板中的"复制边"按钮。

完全讲解　实例 179　绘制扳手立体图

本实例绘制如图 12-1 所示的扳手立体图。通过本实例，主要掌握"复制边"命令的灵活应用。

1. 设置线框密度

在命令行中输入 ISOLINES 命令，设置线框密度为 10。单击"视图"选项卡"视图"面板中的"西南等轴测"按钮，切换到西南等轴测图。

图 12-1　扳手立体图

2. 绘制扳手端部

（1）创建圆柱体。单击"三维工具"选项卡"建模"面板中的"圆柱体"按钮，绘制以原点为圆心、半径为 19、高度为 10 的圆柱体。

（2）复制圆柱体底边。单击"三维工具"选项卡"实体编辑"面板中的"复制边"按钮，选取圆柱底面边线，在原位置进行复制。

（3）绘制辅助线。单击"默认"选项卡"绘图"面板中的"构造线"按钮，过坐标原点及（@10<135）绘制辅助线。

（4）修剪辅助线及复制边。单击"默认"选项卡"修改"面板中的"修剪"按钮，对辅助线及复制的边进行修剪。

（5）创建面域。单击"默认"选项卡"绘图"面板中的"面域"按钮◎，将修剪后的图形创建为面域，如图 12-2 所示。

（6）拉伸面域。单击"三维工具"选项卡"建模"面板中的"拉伸"按钮■，将创建的面域进行拉伸操作，拉伸高度为 3。

（7）差集运算。单击"三维工具"选项卡"实体编辑"面板中的"差集"按钮◢，将圆柱与拉伸实体进行差集运算，结果如图 12-3 所示。

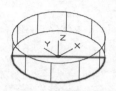

图 12-2　创建面域

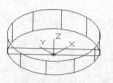

图 12-3　差集运算

（8）创建圆柱体。单击"三维工具"选项卡"建模"面板中的"圆柱体"按钮■，以坐标原点为圆心，创建直径为 14、高为 10 的圆柱体。

（9）创建长方体。单击"三维工具"选项卡"建模"面板中的"长方体"按钮■，绘制中心点坐标为（0,0,5）、长度为 11、宽度为 11、高度为 10 的长方体。

（10）交集运算。单击"三维工具"选项卡"实体编辑"面板中的"交集"按钮◢，将步骤（8）创建的圆柱体与步骤（9）创建的长方体进行交集运算。

（11）差集运算。单击"三维工具"选项卡"实体编辑"面板中的"差集"按钮◢，将圆柱体与交集后的实体进行差集运算，结果如图 12-4 所示。

3. 绘制把手

（1）创建面域。将视图切换到俯视图。首先单击"默认"选项卡"绘图"面板中的"直线"按钮／，绘制二维图形，命令行提示与操作如下：

```
命令：LINE✓
指定第一个点：（按 Shift 键同时右击，选择捕捉对象为"自（F）"）
指定第一个点：from 基点：（0,0）✓
<偏移>：（@0,7.5）✓
指定下一点或[放弃（U）]：（@216,-1.5）✓
指定下一点或[放弃（U）]：✓
```

然后利用"镜像""圆""修剪""直线""删除""偏移""圆角"和"打断"命令绘制图形，结果如图 12-5 所示。

单击"默认"选项卡"绘图"面板中的"面域"按钮◎，将其创建为面域。

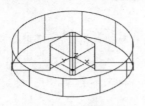

图 12-4　差集后的图形

图 12-5　创建面域

（2）拉伸面域。单击"三维工具"选项卡"建模"面板中的"拉伸"按钮![icon]，分别将两个面域拉伸为 6。

（3）旋转拉伸实体。将视图切换到前视图。在命令行中输入 ROTATE3D 命令，命令行提示与操作如下：

```
命令：ROTATE3D✓
当前正向角度：ANGDIR=逆时针 ANGBASE=0
选择对象：（选取拉伸创建的两个实体）
选择对象：✓
指定轴上的第一个点或定义轴依据[对象(O)/最近的(L)/视图(V)/X 轴(X)/Y 轴(Y)/Z 轴(Z)/两点(2)]：Z✓
指定 Z 轴上的点 <0,0,0>：_endp 于（捕捉实体左下角点）
指定旋转角度或 [参照(R)]：30✓
```

重复"旋转"命令，将右部拉伸实体以 Z 轴为旋转轴，以实体左上角点为旋转轴上的点，将实体旋转-30°，结果如图 12-6 所示。

（4）并集运算。单击"三维工具"选项卡"实体编辑"面板中的"并集"按钮![icon]，将实体进行并集运算。

（5）创建圆柱体。首先单击"视图"选项卡"视图"面板中的"西南等轴测"按钮![icon]，将视图切换到西南等轴测视图；然后单击"三维工具"选项卡"建模"面板中的"圆柱体"按钮![icon]，以右端圆弧的圆心为中心点，创建直径为 8、高为 6 的圆柱体。

（6）差集运算。单击"三维工具"选项卡"实体编辑"面板中的"差集"按钮![icon]，将实体与圆柱体进行差集运算。差集后的图形如图 12-7 所示。

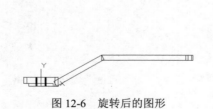

图 12-6　旋转后的图形

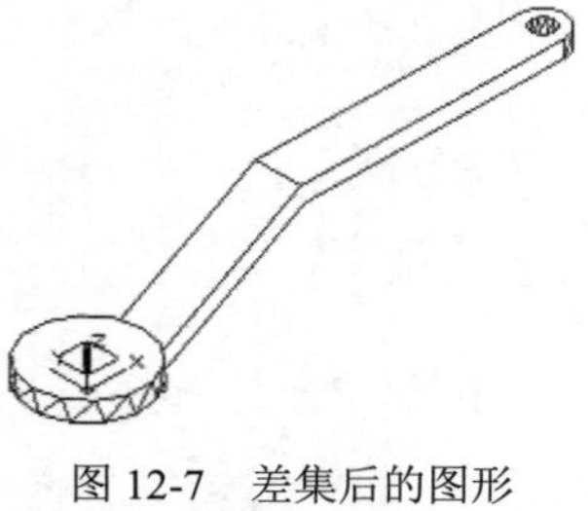

图 12-7　差集后的图形

4．视觉效果处理

单击"视图"选项卡"视图样式"面板上的"视图样式"下拉菜单中的"真实"按钮![icon]，进行视觉效果处理，结果如图 12-1 所示。

练习提高 实例 180 绘制支架立体图

练习"复制边"命令的使用，绘制支架立体图的流程如图 12-8 所示。

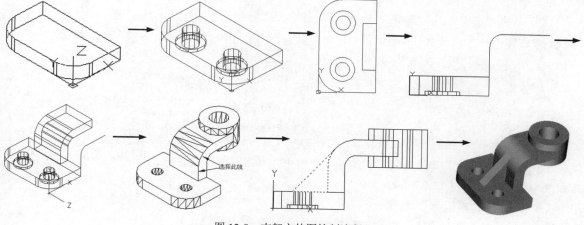

图 12-8 支架立体图绘制流程

思路点拨：

（1）绘制长方体并进行倒圆角处理。
（2）绘制圆柱体，并进行差集处理。
（3）绘制矩形和多段线，进行拉伸。
（4）绘制圆柱体，并进行布尔运算。
（5）复制边操作，然后绘制直线，生成面域进行拉伸处理。
（6）移动生成的拉伸体，进行并集处理。

12.2 抽 壳

抽壳是用指定的厚度创建一个空的薄层，可以为所有面指定一个固定的薄层厚度。通过选择面可以将这些面排除在壳外，其执行方式如下。

● 命令行：SOLIDEDIT。
● 菜单栏：选择菜单栏中的"修改"→"实体编辑"→"抽壳"命令。
● 工具栏：单击"实体编辑"工具栏中的"抽壳"按钮 。
● 功能区：单击"三维工具"选项卡"实体编辑"面板中的"抽壳"按钮 。

完全讲解 实例 181 绘制台灯立体图

本实例绘制如图 12-9 所示的台灯立体图，主要练习使用"抽壳"命令。

1. 绘制台灯底座

（1）设置视图方向：单击"可视化"选项卡"视图"面板上的"视图"下拉菜单中的"西南等轴测"按钮◈，将视图切换到西南等轴测视图。

（2）单击"三维工具"选项卡"建模"面板中的"圆柱体"按钮◉，绘制一个圆柱体，命令行提示与操作如下：

图 12-9　台灯立体图

```
命令：CYLINDER↙
指定底面的中心点或 [三点(3P)/两点(2P)/相切、相切、半径(T)/椭圆
(E)]：0,0,0↙
指定底面半径或 [直径(D)]：D↙
指定底面直径：150↙
指定高度或 [两点(2P)/轴端点(A)]：30↙
```

（3）单击"三维工具"选项卡"建模"面板中的"圆柱体"按钮◉，绘制底面中心点在原点，直径为 10，轴端点为（15,0,0）的圆柱体。

（4）单击"三维工具"选项卡"建模"面板中的"圆柱体"按钮◉，绘制底面中心点在原点，直径为 5，轴端点为（15,0,0）的圆柱体，此时结果如图 12-10 所示。

（5）单击"三维工具"选项卡"实体编辑"面板中的"差集"按钮◰，求直径是 10 和 5 的两个圆柱体的差集。

（6）单击"默认"选项卡"修改"面板中的"移动"按钮✛，将求差集后所得的实体导线孔从（0,0,0）移动到（-85,0,15）。此时结果如图 12-11 所示。

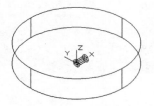

图 12-10　底座雏形

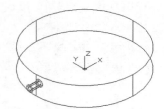

图 12-11　移动后的图形

（7）单击"默认"选项卡"修改"面板中的"圆角"按钮◠，对底座的上边缘倒半径为 12 的圆角。

（8）单击"视图"选项卡"视觉样式"面板中的"隐藏"按钮◈，对实体进行消隐。此时结果如图 12-12 所示。

2. 绘制开关旋钮

（1）单击"三维工具"选项卡"建模"面板中的"圆柱体"按钮◉，绘制底面中心点为（40,0,30），直径为 20，高度为 25 的圆柱体。

（2）单击"三维工具"选项卡"实体编辑"面板中的"倾斜面"按钮◈，将刚绘制直径为 20 的圆柱体外表面倾斜 2°。

（3）单击"视图"选项卡"视觉样式"面板中的"隐藏"按钮，对实体进行消隐处理，此时结果如图 12-13 所示。

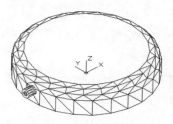

图 12-12　倒圆角后的底座

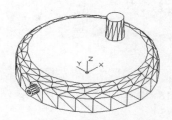

图 12-13　开关旋钮和底座

3. 绘制支撑杆

（1）改变视图方向：单击"可视化"选项卡"视图"面板上的"视图"下拉菜单中的"前视"按钮，将视图切换到前视图。

（2）单击"三维工具"选项卡"建模"面板中的"旋转"按钮，将绘制的所有实体顺时针旋转-90°，此时结果如图 12-14 所示。

（3）单击"默认"选项卡"绘图"面板中的"多段线"按钮，绘制支撑杆的路径曲线，命令行提示与操作如下：

```
命令:PLINE↙
指定起点: 30,55↙
当前线宽为 0.0000
指定下一个点或 [圆弧(A)/半宽(H)/长度(L)/放弃(U)/宽度(W)]: @150,0↙
指定下一点或 [圆弧(A)/闭合(C)/半宽(H)/长度(L)/放弃(U)/宽度(W)]: A↙
指定圆弧的端点(按住 Ctrl 键以切换方向)或 [角度(A)/圆心(CE)/闭合(CL)/方向(D)/半宽(H)/直线
(L)/半径(R)/第二个点(S)/放弃(U)/宽度(W)]: S↙
指定圆弧上的第二个点: 203.5,50.7↙
指定圆弧的端点: 224,38↙
指定圆弧的端点(按住 Ctrl 键以切换方向)或 [角度(A)/圆心(CE)/闭合(CL)/方向(D)/半宽(H)/直线
(L)/半径(R)/第二个点(S)/放弃(U)/宽度(W)]: 248,8↙
指定圆弧的端点(按住 Ctrl 键以切换方向)或 [角度(A)/圆心(CE)/闭合(CL)/方向(D)/半宽(H)/直线
(L)/半径(R)/第二个点(S)/放弃(U)/宽度(W)]: L↙
指定下一点或 [圆弧(A)/闭合(C)/半宽(H)/长度(L)/放弃(U)/宽度(W)]: 269,-28.8↙
指定下一点或 [圆弧(A)/闭合(C)/半宽(H)/长度(L)/放弃(U)/宽度(W)]: ↙
```

此时结果如图 12-15 所示。

（4）在命令行中输入 **3DROTATE** 命令，将图中的所有实体逆时针旋转 90°。

（5）改变视图方向。单击"可视化"选项卡"视图"面板上的"视图"下拉菜单中的"西南等轴测"按钮，将视图切换到西南等轴测视图。单击"可视化"选项卡"视图"面板上的"视图"下拉菜单中的"俯视"按钮，将视图切换到俯视图。

（6）单击"默认"选项卡"绘图"面板上的"圆"下拉菜单中的"圆心，半径"按钮，绘制一个圆，命令行提示与操作如下：

命令：CIRCLE↙
指定圆的圆心或 [三点(3P)/两点(2P)/相切、相切、半径(T)]：-55,0,30↙
指定圆的半径或 [直径(D)]:D↙
指定圆的直径：20↙

（7）单击"三维工具"选项卡"建模"面板中的"拉伸"按钮▣，沿支撑杆的路径曲线拉伸直径为 20 的圆。

（8）单击"视图"选项卡"视觉样式"面板中的"隐藏"按钮⬡，对实体进行消隐处理，此时结果如图 12-16 所示。

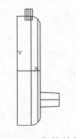  

图 12-14　实体旋转　　　　　图 12-15　支撑杆的路径曲线　　　　　图 12-16　拉伸成支撑杆

4．绘制灯头

（1）改变视图方向：单击"可视化"选项卡"视图"面板上的"视图"下拉菜单中的"前视"按钮▣，将视图切换到前视图。

（2）单击"默认"选项卡"修改"面板中的"旋转"按钮↻，将绘制的所有实体逆时针旋转 -90°。

（3）单击"默认"选项卡"绘图"面板中的"多段线"按钮⤳，绘制截面轮廓线，命令行提示与操作如下：

命令：PLINE↙
指定起点：(选择支撑杆路径曲线的上端点)
当前线宽为 0.0000
指定下一个点或 [圆弧(A)/半宽(H)/长度(L)/放弃(U)/宽度(W)]：@20<30↙
指定下一点或 [圆弧(A)/闭合(C)/半宽(H)/长度(L)/放弃(U)/宽度(W)]：A↙
指定圆弧的端点(按住 Ctrl 键以切换方向)或 [角度(A)/圆心(CE)/闭合(CL)/方向(D)/半宽(H)/直线(L)/半径(R)/第二个点(S)/放弃(U)/宽度(W)]：316,-25↙
指定圆弧的端点(按住 Ctrl 键以切换方向)或 [角度(A)/圆心(CE)/闭合(CL)/方向(D)/半宽(H)/直线(L)/半径(R)/第二个点(S)/放弃(U)/宽度(W)]：L↙
指定下一点或 [圆弧(A)/闭合(C)/半宽(H)/长度(L)/放弃(U)/宽度(W)]：200,-90↙
指定下一点或 [圆弧(A)/闭合(C)/半宽(H)/长度(L)/放弃(U)/宽度(W)]：177,-48.66↙
指定下一点或 [圆弧(A)/闭合(C)/半宽(H)/长度(L)/放弃(U)/宽度(W)]：A↙
指定圆弧的端点(按住 Ctrl 键以切换方向)或 [角度(A)/圆心(CE)/闭合(CL)/方向(D)/半宽(H)/直线(L)/半径(R)/第二个点(S)/放弃(U)/宽度(W)]：S↙
指定圆弧上的第二个点：216,-28↙
指定圆弧的端点：257.5,-34.5↙

指定圆弧的端点(按住 Ctrl 键以切换方向)或 [角度(A)/圆心(CE)/闭合(CL)/方向(D)/半宽(H)/直线(L)/半径(R)/第二个点(S)/放弃(U)/宽度(W)]: L↙
指定下一点或 [圆弧(A)/闭合(C)/半宽(H)/长度(L)/放弃(U)/宽度(W)]: C↙

此时结果如图 12-17 所示。

（4）单击"三维工具"选项卡"建模"面板中的"旋转"按钮▨，旋转截面轮廓，命令行提示与操作如下：

```
命令:REVOLVE↙
当前线框密度: ISOLINES=4，闭合轮廓创建模式 = 实体
选择要旋转的对象或 [模式(MO)]: （选择截面轮廓）
选择要旋转的对象或 [模式(MO)]: ↙
指定轴起点或根据以下选项之一定义轴 [对象(O)/X/Y/Z] <对象>:（选择图 12-17 中的 1 点）
指定轴端点:（选择另一点）
指定旋转角度 <360>:↙
```

（5）在命令行中输入 3DROTATE 命令，将绘制的所有实体逆时针旋转 90°。

（6）改变视图方向。单击"可视化"选项卡"视图"面板上的"视图"下拉菜单中的"西南等轴测"按钮◈，将视图切换到西南等轴测视图。

（7）单击"视图"选项卡"视觉样式"面板中的"隐藏"按钮▥，对实体进行消隐处理，此时结果如图 12-18 所示。

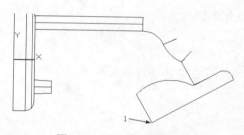

图 12-17　灯头的截面轮廓

图 12-18　消隐结果

（8）用三维动态观察旋转实体。单击"视图"选项卡"导航"面板上的"动态观察"下拉菜单中的"自由动态观察"按钮▨，旋转灯头，使灯头的大端面朝外。

（9）对灯头进行抽壳。单击"三维工具"选项卡"实体编辑"面板中的"抽壳"按钮▨，对灯头进行抽壳处理，命令行提示与操作如下：

```
命令: solidedit↙
实体编辑自动检查: SOLIDCHECK=1
输入实体编辑选项 [面(F)/边(E)/体(B)/放弃(U)/退出(X)] <退出>: B↙
输入体编辑选项 [压印(I)/分割实体(P)/抽壳(S)/清除(L)/检查(C)/放弃(U)/退出(X)] <退出>: S↙
选择三维实体: （选择灯头） ↙
删除面或 [放弃(U)/添加(A)/全部(ALL)]: （选择灯头的大端面）
找到一个面，已删除 1 个
删除面或 [放弃(U)/添加(A)/全部(ALL)]: ↙
```

```
输入抽壳偏移距离：2✓
已开始实体校验。
已完成实体校验。
输入体编辑选项 [压印(I)/分割实体(P)/抽壳(S)/清除(L)/检查(C)/放弃(U)/退出(X)] <退出>:X✓
实体编辑自动检查： SOLIDCHECK=1
输入实体编辑选项 [面(F)/边(E)/体(B)/放弃(U)/退出(X)] <退出>: X✓
```

（10）将台灯的不同部分着上不同的颜色。单击"三维工具"选项卡"实体编辑"面板中的"着色面"按钮 🔧，根据命令行的提示，将灯头和底座着上红色，灯头内壁着上黄色，其余部分着上蓝色。

（11）选择菜单栏中的"视图"→"渲染"→"渲染"命令，对台灯进行渲染，渲染结果如图 12-19 所示。

（a）西南等轴测　　　　　　　　　（b）某个角度

图 12-19　不同角度的台灯效果图

扫一扫，看视频

练习提高　实例 182　绘制闪盘立体图

练习"抽壳"命令的使用，绘制闪盘立体图的流程如图 12-20 所示。

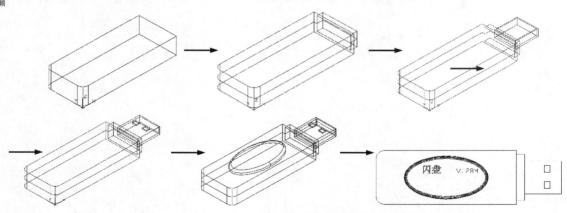

图 12-20　闪盘立体图绘制流程

图 12-20 闪盘立体图绘制流程（续）

思路点拨：

（1）用"长方体"命令绘制基本图形轮廓并进行倒圆角处理。

（2）绘制长方体，并进行剖切生成对象。

（3）绘制长方体并进行抽壳处理。

（4）绘制长方体并复制，进行差集处理。

（5）绘制长方体和椭圆柱体，并进行倒圆角处理。

（6）标注文字，完成盘体。

（7）绘制长方体并进行倒圆角处理，再抽壳，生成盘盖。

12.3 拉 伸 面

在 AutoCAD 中，可以利用剖切功能对三维造型进行剖切处理，这样便于用户观察三维造型内部结构，其执行方式如下。

● 命令行：SLICE（快捷命令：SL）。

● 菜单栏：选择菜单栏中的"修改"→"三维操作"→"剖切"命令。

● 功能区：单击"三维工具"选项卡"实体编辑"面板中的"剖切"按钮。

完全讲解 实例 183 绘制顶针立体图

本例绘制如图 12-21 所示的顶针立体图，主要利用"拉伸面"命令来实现。

扫一扫，看视频

（1）设置线框密度。在命令行中输入 ISOLINES 命令，默认值为 4，设置系统变量值为 10。

（2）单击"视图"选项卡"视图"面板中的"西南等轴测"按钮，将当前视图设置为西南等轴测视图。

图 12-21 绘制顶针立体图

（3）在命令行输入 UCS 命令，将坐标系绕 X 轴旋转 90°。以坐标原点为圆锥体底面的中心，创建半径为 30、高为-50 的圆锥体。

（4）单击"三维工具"选项卡"实体编辑"面板中的"圆柱体"按钮，以坐标原点为圆心，创建半径为 30、高为 70 的圆柱体，结果如图 12-22 所示。

（5）单击"三维工具"选项卡"实体编辑"面板中的"剖切"按钮▤，选取圆锥体，以 ZX 为剖切面，指定剖切面上的点为（0,10），对圆锥体进行剖切，保留圆锥体下部，结果如图 12-23 所示。

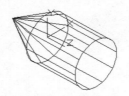

图 12-22 绘制圆锥及圆柱体

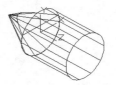

图 12-23 剖切圆锥体

（6）单击"三维工具"选项卡"实体编辑"面板中的"并集"按钮▤，选择圆锥体与圆柱体进行并集运算。

（7）单击"三维工具"选项卡"建模"面板中的"拉伸"按钮▤，命令行提示与操作如下：

```
命令: _solidedit
实体编辑自动检查: SOLIDCHECK=1
输入实体编辑选项 [面(F)/边(E)/体(B)/放弃(U)/退出(X)] <退出>: _face
输入面编辑选项
[拉伸(E)/移动(M)/旋转(R)/偏移(O)/倾斜(T)/删除(D)/复制(C)/颜色(L)/材质(A)/放弃(U)/退出
(X)] <退出>: _extrude
选择面或 [放弃(U)/删除(R)]: (选取如图 12-24 所示的实体表面)
指定拉伸高度或 [路径(P)]: -10✓
指定拉伸的倾斜角度 <0>: ✓
已开始实体校验。
已完成实体校验。
输入面编辑选项
[拉伸(E)/移动(M)/旋转(R)/偏移(O)/倾斜(T)/删除(D)/复制(C)/颜色(L)/材质(A)/放弃(U)/退出
(X)] <退出>: ✓
实体编辑自动检查: SOLIDCHECK=1
输入实体编辑选项 [面(F)/边(E)/体(B)/放弃(U)/退出(X)] <退出>: ✓
```

结果如图 12-25 示。

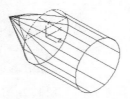

图 12-24 选取拉伸面

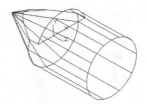

图 12-25 拉伸后的实体

（8）单击"视图"选项卡"视图"面板中的"左视"按钮▤，将当前视图设置为左视图，以（10,30,-30）为圆心，创建半径为 20、高为 60 的圆柱体；以（50,0,-30）为圆心，创建半径为 10、高为 60 的圆柱体，结果如图 12-26 所示。

（9）单击"三维工具"选项卡"实体编辑"面板中的"差集"按钮▤，选择实体图形与两个圆柱体进行差集运算，结果如图 12-27 所示。

（10）单击"三维工具"选项卡"建模"面板中的"长方体"按钮▢，以（35,0,–10）为角点，创建长为 20、宽为 30、高为 30 的长方体。然后将实体与长方体进行差集运算，结果如图 12-28 所示。

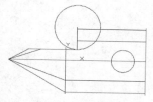

图 12-26　创建圆柱体

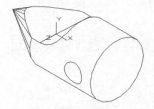

图 12-27　差集运算后的实体

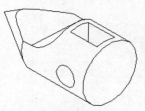

图 12-28　差集后的图形

（11）单击"可视化"选项卡"材质"面板中的"材质浏览器"按钮⊗，在材质选项板中选择适当的材质。单击"可视化"选项卡"渲染"面板中的"渲染到尺寸"按钮，对实体进行渲染，渲染后的结果如图 12-21 所示。

扫一扫，看视频

练习提高　实例 184　绘制六角螺母立体图

结合"长方体""拉伸"和"拉伸面"等命令绘制六角螺母立体图，流程如图 12-29 所示。

图 12-29　六角螺母立体图绘制流程

思路点拨：

（1）绘制长方体。
（2）绘制多段线并拉伸。
（3）拉伸面，进行并集处理。

12.4　倾　斜　面

"倾斜面"命令是指以指定的角度倾斜三维实体上的面。倾斜角的旋转方向由选择基点和第二点的顺序决定，其执行方式如下。

● 命令行：SOLIDEDIT。
● 菜单栏：选择菜单栏中的"修改"→"实体编辑"→"倾斜面"命令。
● 工具栏：单击"实体编辑"工具栏中的"倾斜面"按钮 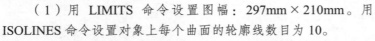。
● 功能区：单击"三维工具"选项卡"实体编辑"面板中的"倾斜面"按钮 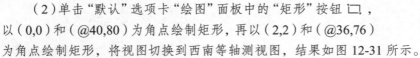。

完全讲解　实例 185　绘制回形窗立体图

本例主要练习使用"倾斜面"命令，绘制如图 12-30 所示的回形窗立体图。

（1）用 LIMITS 命令设置图幅：297mm×210mm。用 ISOLINES 命令设置对象上每个曲面的轮廓线数目为 10。

（2）单击"默认"选项卡"绘图"面板中的"矩形"按钮 ▭，以（0,0）和（@40,80）为角点绘制矩形，再以（2,2）和（@36,76）为角点绘制矩形，将视图切换到西南等轴测视图，结果如图 12-31 所示。

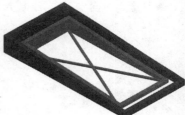

图 12-30　回形窗立体图

（3）单击"三维工具"选项卡"建模"面板中的"拉伸"按钮 ▤，拉伸矩形，拉伸高度为 10，结果如图 12-32 所示。

（4）单击"三维工具"选项卡"实体编辑"面板中的"差集"按钮 ▣，将两个拉伸实体进行差集运算；然后单击"默认"选项卡"绘图"面板中的"直线"按钮 ／，过（20,2）和（20,78）两点绘制直线，结果如图 12-33 所示。

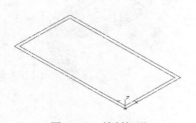

图 12-31　绘制矩形

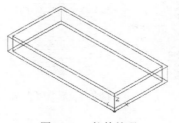

图 12-32　拉伸处理

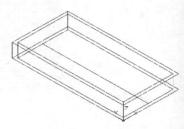

图 12-33　绘制直线

（5）单击"三维工具"选项卡"实体编辑"面板中的"倾斜面"按钮 ，对步骤（3）拉伸的实体进行倾斜面处理，命令行提示与操作如下：

```
命令：_solidedit
实体编辑自动检查：SOLIDCHECK=1
输入实体编辑选项 [面(F)/边(E)/体(B)/放弃(U)/退出(X)] <退出>：_face
输入面编辑选项 [拉伸(E)/移动(M)/旋转(R)/偏移(O)/倾斜(T)/删除(D)/复制(C)/颜色(L)/材质(A)/
放弃(U)/退出(X)] <退出>：_taper
选择面或 [放弃(U)/删除(R)]：（选择如图 12-34 所示的阴影面）
选择面或 [放弃(U)/删除(R)/全部(ALL)]：✓
指定基点：（选择上述绘制的直线左上方的角点）✓
指定沿倾斜轴的另一个点：（选择直线右下方角点）✓
指定倾斜角度：5✓
已开始实体校验。
已完成实体校验。
输入面编辑选项[拉伸(E)/移动(M)/旋转(R)/偏移(O)/倾斜(T)/删除(D)/复制(C)/颜色(L)/材质(A)/放
弃(U)/退出(X)] <退出>：✓
实体编辑自动检查：SOLIDCHECK=1
输入实体编辑选项 [面(F)/边(E)/体(B)/放弃(U)/退出(X)] <退出>：✓
```

结果如图 12-35 所示。

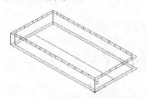
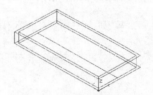

图 12-34 选择倾斜对象 　　　　　　　图 12-35 倾斜面处理

（6）单击"默认"选项卡"绘图"面板中的"矩形"按钮 ，以（4,7）和（@32,66）为角点绘制矩形；以（6,9）和（@28,62）为角点绘制矩形，结果如图 12-36 所示。

（7）单击"三维工具"选项卡"建模"面板中的"拉伸"按钮 ，拉伸矩形，拉伸高度为 8，结果如图 12-37 所示。

（8）单击"三维工具"选项卡"实体编辑"面板中的"差集"按钮 ，将拉伸后的长方体进行差集运算。

（9）单击"三维工具"选项卡"实体编辑"面板中的"倾斜面"按钮 ，将差集后的实体倾斜5°，然后删除辅助线，结果如图 12-38 所示。

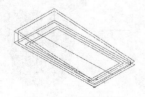
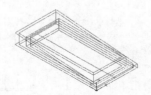

图 12-36 绘制矩形 　　　　　图 12-37 拉伸处理 　　　　　图 12-38 倾斜面处理

（10）单击"三维工具"选项卡"建模"面板中的"长方体"按钮🗋，以（0,0,15）和（@1,72,1）为角点创建长方体，如图 12-39 所示。

（11）单击"默认"选项卡"修改"面板中的"复制"按钮🔲，复制长方体；用三维旋转命令，分别将两个长方体旋转 25° 和-25°；单击"默认"选项卡"修改"面板中的"移动"按钮✛，将旋转后的长方体移动，结果如图 12-40 所示。

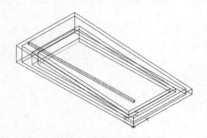 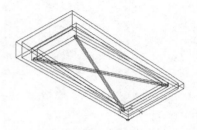

图 12-39　创建长方体　　　　　　　　图 12-40　复制并旋转长方体

（12）单击"可视化"选项卡"材质"面板中的"材质浏览器"按钮⊗，在材质选项板中选择适当的材质。单击"可视化"选项卡"渲染"面板中的"渲染到尺寸"按钮🖼，对实体进行渲染，渲染后的结果如图 12-30 所示。

扫一扫，看视频

练习提高　实例 186　绘制小水桶立体图

练习运用"倾斜面"等命令绘制小水桶立体图，绘制流程如图 12-41 所示。

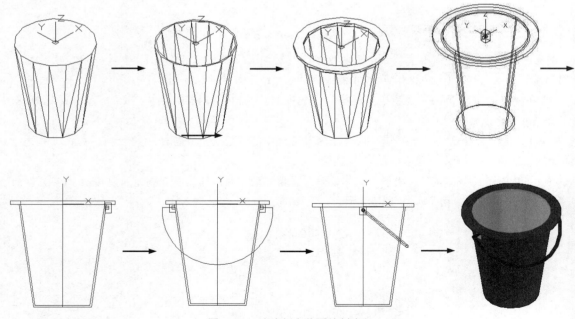

图 12-41　小水桶立体图绘制流程

📋 思路点拨：

（1）用"圆柱体""倾斜面"和"抽壳"命令绘制桶体。
（2）绘制圆柱体，并进行差集处理。
（3）绘制长方体和圆柱体，并进行差集处理，作为提耳。
（4）复制提耳，并绘制多段线和圆。
（5）以多段线为路径拉伸圆，作为提手。
（6）旋转提手并对桶沿圆角处理。

12.5 旋 转 面

"旋转面"命令是指绕指定的轴旋转一个或多个面或实体的某些部分，可以通过旋转面来更改对象的形状，其执行方式如下。

- 命令行：SOLIDEDIT。
- 菜单栏：选择菜单栏中的"修改"→"实体编辑"→"旋转面"命令。
- 工具栏：单击"实体编辑"工具栏中的"旋转面"按钮 ⛊。
- 功能区：单击"三维工具"选项卡"实体编辑"面板中的"旋转面"按钮 ⛊。

完全讲解 实例 187 绘制箱体吊板立体图

本实例绘制如图 12-42 所示的箱体吊板立体图，主要练习使用"旋转面"命令。

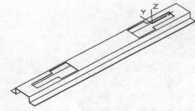

扫一扫，看视频

（1）单击"可视化"选项卡"视图"面板中的"左视"按钮 ⛊，将当前视图方向设置为左视图方向。

图 12-42 箱体吊板立体图

（2）单击"默认"选项卡"绘图"面板中的"多段线"按钮 ⟋，绘制坐标点依次为（0,0），（@12.5,0），（@0,12），（@35,0），（@0,-12），（@12.5,0），（@0,-0.6），（@-13.1,0），（@0,12），（@-33.8,0），（@0,-12），（@-13.1,0），（0,0）的多段线，结果如图 12-43 所示。

（3）单击"可视化"选项卡"视图"面板中的"西南等轴测"按钮 ⛊，将当前视图方向设置为西南等轴测方向。

（4）单击"三维工具"选项卡"建模"面板中的"拉伸"按钮 ⛊，将多段线沿 Z 轴方向拉伸 -340，结果如图 12-44 所示。

（5）单击"可视化"选项卡"视图"面板中的"俯视"按钮 ⛊，将当前视图方向设置为俯视图方向。

（6）单击"默认"选项卡"绘图"面板中的"多段线"按钮 ⟋，绘制坐标点依次为（25,-22.5），

（@45,0），（@0,7.5），（@35,0），（@0,-30），（@-35,0），（@0,7.5），（@-45,0），（25,-22.5）的多段
线，结果如图 12-45 所示。

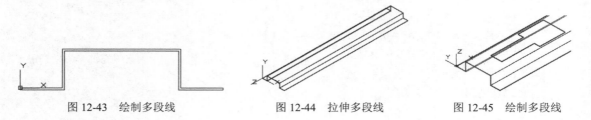

图 12-43　绘制多段线　　　　　　图 12-44　拉伸多段线　　　　　　图 12-45　绘制多段线

（7）单击"可视化"选项卡"视图"面板中的"西南等轴测"按钮◈，将当前视图方向设置为
西南等轴测方向。

（8）单击"默认"选项卡"修改"面板中的"移动"按钮✣，将绘制的多段线沿 Z 轴移动 12。

（9）单击"三维工具"选项卡"建模"面板中的"拉伸"按钮▥，将多段线沿 Z 轴拉伸-0.6。

（10）单击"默认"选项卡"修改"面板中的"复制"按钮✇，将拉伸的实体沿 X 轴复制 210，
结果如图 12-46 所示。

（11）在命令行中输入 UCS 命令，将坐标系移动到坐标点（275,-30,12.6）。

（12）单击"三维工具"选项卡"实体编辑"面板中的"旋转面"按钮◖，将复制的拉伸实体
旋转，命令行提示与操作如下：

```
命令: _solidedit
实体编辑自动检查:  SOLIDCHECK=1
输入实体编辑选项 [面(F)/边(E)/体(B)/放弃(U)/退出(X)] <退出>: _face
输入面编辑选项 [拉伸(E)/移动(M)/旋转(R)/偏移(O)/倾斜(T)/删除(D)/复制(C)/颜色(L)/材质(A)/
放弃(U)/退出(X)] <退出>: _rotate
选择面或 [放弃(U)/删除(R)]: 找到一个面。(选择复制的拉伸体的任意一个面)
选择面或 [放弃(U)/删除(R)/全部(ALL)]: ALL✓
找到 9 个面。
选择面或 [放弃(U)/删除(R)/全部(ALL)]: ✓
指定轴点或 [经过对象的轴(A)/视图(V)/x 轴(X)/y 轴(Y)/z 轴(Z)] <两点>: 0,0,0✓
在旋转轴上指定第二个点: 0,0,10✓
指定旋转角度或 [参照(R)]: 180✓
已开始实体校验。
已完成实体校验。
输入面编辑选项 [拉伸(E)/移动(M)/旋转(R)/偏移(O)/倾斜(T)/删除(D)/复制(C)/颜色(L)/材质(A)/
放弃(U)/退出(X)] <退出>: ✓
实体编辑自动检查:  SOLIDCHECK=1
输入实体编辑选项 [面(F)/边(E)/体(B)/放弃(U)/退出(X)] <退出>: ✓
```

结果如图 12-47 所示。

（13）单击"三维工具"选项卡"实体编辑"面板中的"差集"按钮▣，将实体与两个拉伸体
进行差集运算，完成箱体吊板的绘制，最终结果如图 12-42 所示。

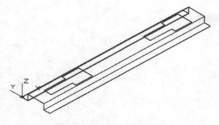

图 12-46　复制拉伸体

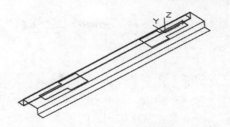

图 12-47　旋转拉伸体

练习提高　实例 188　绘制斜轴支架立体图

练习绘制斜轴支架立体图，绘制流程如图 12-48 所示。

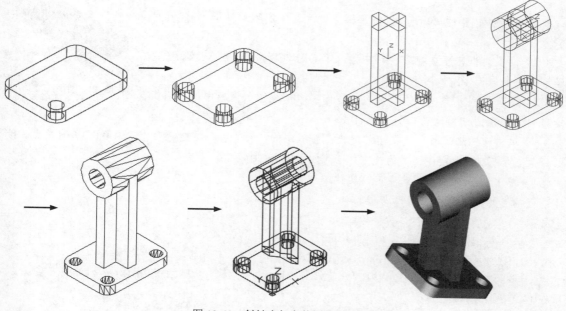

图 12-48　斜轴支架立体图绘制流程

📋 **思路点拨：**

（1）绘制长方体并进行圆角处理。

（2）绘制圆柱体并进行复制，然后差集处理。

（3）绘制两个长方体。

（4）绘制圆柱体并进行三维镜像，接着并集处理。

（5）绘制圆柱体，接着差集处理。

（6）三维旋转十字立柱底面。

（7）三维旋转底板，进行并集处理。

12.6 复 制 面

"复制面"命令是指将面复制为面域或体。如果指定两个点，使用第一个点作为基点，并相对于基点放置一个副本，其执行方式如下。

- 命令行：SOLIDEDIT。
- 菜单栏：选择菜单栏中的"修改"→"实体编辑"→"复制面"命令。
- 工具栏：单击"实体编辑"工具栏中的"复制面"按钮🗗。
- 功能区：单击"三维工具"选项卡"实体编辑"面板中的"复制面"按钮🗗。

扫一扫，看视频

完全讲解　实例 189 绘制圆平榫立体图

本实例绘制如图 12-49 所示的圆平榫立体图，主要练习使用"复制面"命令。

（1）设置线框密度。在命令行中输入 ISOLINES 命令，默认值为 8，设置系统变量值为 10。

（2）设置视图方向。单击"可视化"选项卡"视图"面板中的"西南等轴测"按钮◈，切换到西南等轴测视图。

图 12-49　圆平榫立体图

（3）单击"三维工具"选项卡"建模"面板中的"长方体"按钮🔲，再以（0,0,0）为角点，绘制另一角点坐标为（80,50,15）的长方体 1，如图 12-50 所示。

（4）单击"三维工具"选项卡"实体编辑"面板中的"抽壳"按钮🔲，对步骤（3）绘制的长方体进行抽壳处理，命令行提示与操作如下：

```
命令：_solidedit
实体编辑自动检查：SOLIDCHECK=1
输入实体编辑选项 [面(F)/边(E)/体(B)/放弃(U)/退出(X)] <退出>：_body
输入体编辑选项 [压印(I)/分割实体(P)/抽壳(S)/清除(L)/检查(C)/放弃(U)/退出(X)] <退出>：_shell
选择三维实体：（选择长方体 1）
删除面或 [放弃(U)/添加(A)/全部(ALL)]：（选择前侧底边、右侧底边和后侧底边）
删除面或 [放弃(U)/添加(A)/全部(ALL)]：✓
输入抽壳偏移距离：5✓
已开始实体校验。
已完成实体校验。
输入体编辑选项 [压印(I)/分割实体(P)/抽壳(S)/清除(L)/检查(C)/放弃(U)/退出(X)] <退出>：✓
实体编辑自动检查：SOLIDCHECK=1
输入实体编辑选项 [面(F)/边(E)/体(B)/放弃(U)/退出(X)] <退出>：✓
```

结果如图 12-51 所示。

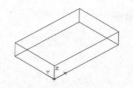

图 12-50　绘制长方体

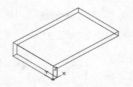

图 12-51　"抽壳"操作

（5）单击"三维工具"选项卡"建模"面板中的"长方体"按钮▭，再以（0,0,0）为角点，绘制另一角点坐标为（-20,50,15）的长方体 2。

（6）单击"三维工具"选项卡"实体编辑"面板中的"并集"按钮▧，将上面绘制的两个长方体合并。

（7）单击"可视化"选项卡"视图"面板中的"俯视"按钮▱，将视图切换到俯视图。将坐标系调整到图形的左上方。

（8）单击"默认"选项卡"绘图"面板中的"圆"按钮⊙，绘制圆心坐标为（12.5,-12.5），半径为 5 的圆，结果如图 12-52 所示。

（9）单击"三维工具"选项卡"建模"面板中的"拉伸"按钮▤，拉伸圆，设置拉伸高度为 15。

（10）单击"可视化"选项卡"视图"面板中的"西南等轴测"按钮◈，将当前视图设为西南等轴测视图，结果如图 12-53 所示。

（11）选择菜单栏中的"修改"→"三维操作"→"三维镜像"命令，将拉伸实体进行操作，结果如图 12-54 所示。

（12）单击"三维工具"选项卡"实体编辑"面板中的"差集"按钮▱，进行差集操作。

（13）单击"三维工具"选项卡"建模"面板中的"圆柱体"按钮▮，绘制圆柱体 1，结果如图 12-55 所示，命令行提示与操作如下：

```
命令：_cylinder
指定底面的中心点或 [三点(3P)/两点(2P)/切点、切点、半径(T)/椭圆(E)]：（捕捉点 1）
指定底面半径或 [直径(D)]：（捕捉点 2）
指定高度或 [两点(2P)/轴端点(A)] <16.0000>：30✓
```

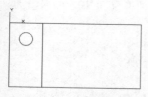

图 12-52　绘制圆

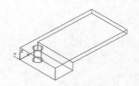

图 12-53　转换视图

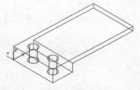

图 12-54　三维镜像实体

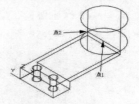

图 12-55　绘制圆柱体

（14）单击"三维工具"选项卡"建模"面板中的"圆柱体"按钮▮，绘制以点 1 为圆心，底面半径为 20，高度为 30 的圆柱体 2。

（15）单击"三维工具"选项卡"建模"面板中的"长方体"按钮▭，以圆柱体的中心为长方体的中心，绘制长度为 12，宽度为 50，高度为 5 的长方体 3。

（16）选择菜单栏中的"修改"→"三维操作"→"三维移动"命令，将长方体向 Z 轴方向移动-2.5，命令行提示与操作如下：

```
命令：_3dmove
选择对象：（选择长方体3）
选择对象：✓
指定基点或 [位移(D)] <位移>：（指定绘图区的一点）
指定第二个点或 <使用第一个点作为位移>：@0,0,-2.5✓
```

（17）单击"三维工具"选项卡"实体编辑"面板中的"差集"按钮📭，在圆柱体 1 中减去圆柱体 2 和长方体 3，结果如图 12-56 所示。

（18）单击"可视化"选项卡"视图"面板中的"东南等轴测"按钮◈，将视图转换到东南等轴测视图，将坐标系转换到世界坐标系。

（19）单击"三维工具"选项卡"建模"面板中的"圆柱体"按钮🗊，绘制圆柱体，结果如图 12-57 所示，命令行提示与操作如下：

```
命令：_cylinder
指定底面的中心点或 [三点(3P)/两点(2P)/切点、切点、半径(T)/椭圆(E)]：102.5,25,15✓
指定底面半径或 [直径(D)] <1.5000>：1.5✓
指定高度或 [两点(2P)/轴端点(A)] <6.0000>：-5✓
```

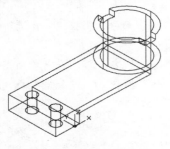

图 12-56　差集布尔运算

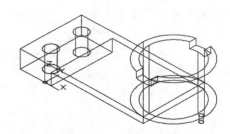

图 12-57　绘制圆柱体

（20）单击"三维工具"选项卡"实体编辑"面板中的"复制面"按钮🗐，选择步骤（19）绘制的圆柱体的底面，在原位置复制出一个面，并将复制的面进行拉伸，拉伸的高度为 10，倾斜度为 2°，结果如图 12-58 所示，命令行提示与操作如下：

```
命令：_solidedit
实体编辑自动检查：SOLIDCHECK=1
输入实体编辑选项 [面(F)/边(E)/体(B)/放弃(U)/退出(X)] <退出>：_face
输入面编辑选项 [拉伸(E)/移动(M)/旋转(R)/偏移(O)/倾斜(T)/删除(D)/复制(C)/颜色(L)/材质(A)/
放弃(U)/退出(X)] <退出>：_copy
选择面或 [放弃(U)/删除(R)]：（选择圆柱体底面）
选择面或 [放弃(U)/删除(R)/全部(ALL)]：✓
指定基点或位移：（指定一点）
指定位移的第二点：（与基点重合）
输入面编辑选项 [拉伸(E)/移动(M)/旋转(R)/偏移(O)/倾斜(T)/删除(D)/复制(C)/颜色(L)/材质(A)/
```

放弃(U)/退出(X)] <退出>: E✓
选择面或 [放弃(U)/删除(R)]: (选择复制得到的面)
选择面或 [放弃(U)/删除(R)/全部(ALL)]: ✓
指定拉伸高度或 [路径(P)]: 10✓
指定拉伸的倾斜角度 <0>: 2✓
已开始实体校验。
已完成实体校验。

（21）选择菜单栏中的"修改"→"三维操作"→"三维阵列"命令，选择步骤（20）绘制的实体进行阵列，阵列总数为 6，绘制结果如图 12-59 所示，命令行提示与操作如下：

命令: _3darray
选择对象: 找到 1 个
选择对象: ✓
输入阵列类型 [矩形(R)/环形(P)] <矩形>: P✓
输入阵列中的项目数目: 6✓
指定要填充的角度 (+=逆时针，-=顺时针) <360>: ✓
旋转阵列对象? [是(Y)/否(N)] <Y>: ✓
指定阵列的中心点: (选择步骤（14）创建的圆柱体的底面中心点)
指定旋转轴上的第二点: (选择步骤（14）创建的圆柱体的顶面中心点)

（22）单击"三维工具"选项卡"建模"面板中的"圆柱体"按钮，绘制一个圆柱体。

（23）单击"默认"选项卡"修改"面板中的"删除"按钮，删除左侧 3 个阵列之后的实体，结果如图 12-60 所示。

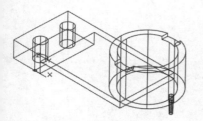

图 12-58　拉伸复制面

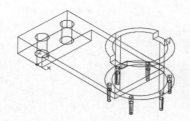

图 12-59　环形阵列

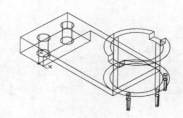

图 12-60　删除多余图形

（24）单击"三维工具"选项卡"实体编辑"面板中的"并集"按钮，将所有图形合并成一个整体。

（25）关闭坐标系。选择菜单栏中的"视图"→"显示"→"UCS 图标"→"开"命令，显示图形。

（26）将视图切换到东南等轴测视图。单击"视图"选项卡"视觉样式"面板中的"概念"按钮，最终结果如图 12-49 所示。

练习提高　实例 190　绘制转椅立体图

练习"复制面"命令的使用方法，绘制转椅立体图的流程如图 12-61 所示。

扫一扫，看视频

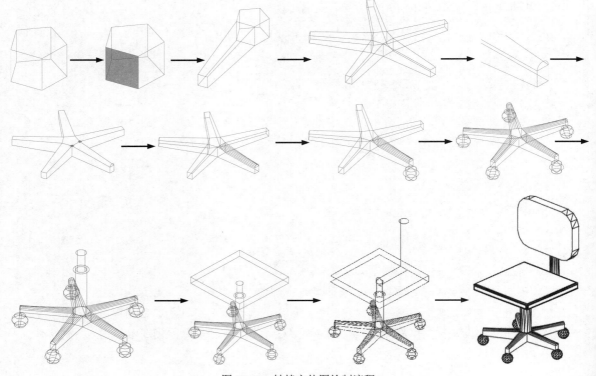

图 12-61 转椅立体图绘制流程

📋 **思路点拨：**

> （1）绘制正五边形并进行拉伸。
>
> （2）复制正五棱柱一个侧面并拉伸。
>
> （3）三维环形阵列。
>
> （4）绘制圆弧和直线，以此为边界生成直纹曲面。
>
> （5）绘制球体，并三维环形阵列。
>
> （6）绘制一系列圆柱体和长方体，并倒圆角。
>
> （7）布尔运算。

12.7 删　除　面

使用"删除面"命令可以删除圆角和倒角，并在稍后进行修改，如果更改生成无效的三维实体，将不删除面，其执行方式如下。

- 命令行：SOLIDEDIT。

- 菜单栏：选择菜单栏中的"修改"→"实体编辑"→"删除面"命令。
- 工具栏：单击"实体编辑"工具栏中的"删除面"按钮 🖓。
- 功能区：单击"三维工具"选项卡"实体编辑"面板中的"删除面"按钮 🖓。

完全讲解　实例 191　绘制圆顶凸台双孔块立体图

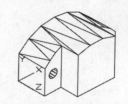
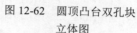

本实例绘制如图 12-62 所示的圆顶凸台双孔块立体图，主要练习使用"删除面"命令。

图 12-62　圆顶凸台双孔块立体图

（1）单击"可视化"选项卡"视图"面板中的"左视"按钮 🗗，将当前视图方向设置为左视图方向。

（2）单击"默认"选项卡"绘图"面板中的"多段线"按钮 ⊃，绘制坐标点依次为（0,0），（42,0），（@0,15），A，R,27，（0,15），L，(0,0)的多段线，结果如图 12-63 所示。

（3）单击"可视化"选项卡"视图"面板中的"西北等轴测"按钮 ◈，将当前视图方向设置为西北等轴测方向。

（4）单击"三维工具"选项卡"建模"面板中的"拉伸"按钮 🗊，将绘制的多段线拉伸为 16，结果如图 12-64 所示。

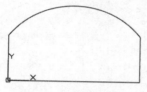

图 12-63　绘制多段线

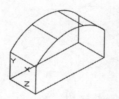

图 12-64　拉伸多段线

（5）单击"默认"选项卡"修改"面板中的"复制"按钮 🖧，将拉伸的实体以原点为基点，以坐标点（0,0,16）为第二点进行复制，结果如图 12-65 所示。

（6）单击"三维工具"选项卡"实体编辑"面板中的"拉伸面"按钮 🗊，将如图 12-66 所示的面拉伸为 -6，结果如图 12-67 所示。

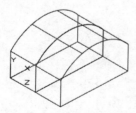

图 12-65　复制拉伸体

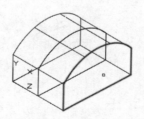

图 12-66　选择拉伸面

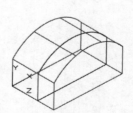

图 12-67　拉伸面

（7）单击"三维工具"选项卡"实体编辑"面板中的"拉伸面"按钮 🗊，将如图 12-68 所示的面拉伸为 -10，重复"拉伸面"命令，将另一侧的面拉伸为 -10，结果如图 12-69 所示。

（8）单击"三维工具"选项卡"实体编辑"面板中的"删除面"按钮，删除面，命令行提示与操作如下：

```
命令：_solidedit
实体编辑自动检查：SOLIDCHECK=1
输入实体编辑选项 [面(F)/边(E)/体(B)/放弃(U)/退出(X)] <退出>：_face
输入面编辑选项
[拉伸(E)/移动(M)/旋转(R)/偏移(O)/倾斜(T)/删除(D)/复制(C)/颜色(L)/材质(A)/放弃(U)/退出
(X)] <退出>：_delete
选择面或 [放弃(U)/删除(R)]：找到一个面。
选择面或 [放弃(U)/删除(R)/全部(ALL)]：找到一个面。（选择如图12-70所示的面）
选择面或 [放弃(U)/删除(R)/全部(ALL)]：✓
已开始实体校验。
已完成实体校验。
输入面编辑选项 [拉伸(E)/移动(M)/旋转(R)/偏移(O)/倾斜(T)/删除(D)/复制(C)/颜色(L)/材质(A)/
放弃(U)/退出(X)] <退出>：✓
实体编辑自动检查：SOLIDCHECK=1
输入实体编辑选项 [面(F)/边(E)/体(B)/放弃(U)/退出(X)] <退出>：✓
```

结果如图12-71所示。

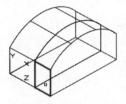

图12-68 选择拉伸面

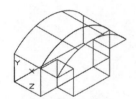

图12-69 拉伸面

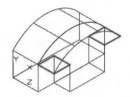

图12-70 选择删除面

（9）单击"三维工具"选项卡"实体编辑"面板中的"并集"按钮，将实体合并，结果如图12-72所示。

（10）单击"三维工具"选项卡"建模"面板中的"圆柱体"按钮，绘制以坐标点（5,10,0）为圆心，半径为2.5，高度为16的圆柱体。重复"圆柱体"命令，绘制以坐标点（31,10,0）为圆心，半径为2.5，高度为16的圆柱体，结果如图12-73所示。

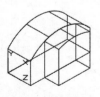

图12-71 删除面

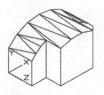

图12-72 并集运算

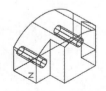

图12-73 绘制圆柱体

（11）单击"三维工具"选项卡"实体编辑"面板中的"差集"按钮，将实体与圆柱体进行差集运算，完成圆顶凸台双孔块立体图的绘制，最终结果如图12-62所示。

练习提高　实例 192　绘制镶块立体图

练习结合"拉伸""拉伸面""删除面"命令绘制镶块立体图，绘制流程如图 12-74 所示。

图 12-74　镶块立体图绘制流程

📋 **思路点拨：**

（1）绘制长方体和圆柱体，进行并集处理。
（2）剖切处理并进行复制。
（3）拉伸面，删除面，再拉伸面。
（4）绘制圆柱体，并进行差集运算。

12.8　移　动　面

"移动面"命令是指沿指定的高度或距离移动选定的三维实体对象的面，一次可以选择多个面，其执行方式如下。

- 命令行：SOLIDEDIT。
- 菜单栏：选择菜单栏中的"修改"→"实体编辑"→"移动面"命令。
- 工具栏：单击"实体编辑"工具栏中的"移动面"按钮 ⁺▣。
- 功能区：单击"三维工具"选项卡"实体编辑"面板中的"移动面"按钮 ⁺▣。

完全讲解　实例 193　绘制梯槽孔座立体图

本实例绘制如图 12-75 所示的梯槽孔座立体图，主要练习使用"移动面"命令。

图 12-75　梯槽孔座立体图

（1）单击"可视化"选项卡"视图"面板中的"西南等轴测"按钮 ◈，将当前视图方向设置为西南等轴测方向。

（2）单击"三维工具"选项卡"建模"面板中的"长方体"按钮 ▣，绘制第一个角点在原点，长度为 37，宽度为 47，高度为 10 的长方体，结果如图 12-76 所示。

（3）单击"可视化"选项卡"视图"面板中的"左视"按钮 ▣，将当前视图方向设置为左视图方向。

（4）单击"默认"选项卡"绘图"面板中的"多段线"按钮 ⌐，依次绘制坐标点为（-47,10），（@0,24），A，（@47,0），L，（@0,-24），C 的多段线。

（5）单击"默认"选项卡"绘图"面板中的"圆"按钮 ⊙，绘制圆心坐标为（-23.5,34）、半径为 18.5 的圆，结果如图 12-77 所示。

（6）单击"可视化"选项卡"视图"面板中的"西南等轴测"按钮 ◈，将当前视图方向设置为西南等轴测方向。单击"三维工具"选项卡"建模"面板中的"拉伸"按钮 ▣，进行拉伸，拉伸高度为-37，结果如图 12-78 所示。

（7）单击"三维工具"选项卡"实体编辑"面板中的"差集"按钮 ▣，将拉伸的多段线和拉伸的圆进行差集运算，结果如图 12-79 所示。

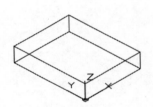

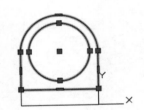

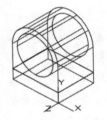

图 12-76　绘制长方体　　　　图 12-77　绘制多段线和圆　　图 12-78　拉伸多段线和圆　　图 12-79　差集运算

（8）单击"三维工具"选项卡"实体编辑"面板中的"移动面"按钮 ▤，将面 1 移动，命令行提示与操作如下：

```
命令：_solidedit
实体编辑自动检查：SOLIDCHECK=1
输入实体编辑选项 [面(F)/边(E)/体(B)/放弃(U)/退出(X)] <退出>：_face
输入面编辑选项 [拉伸(E)/移动(M)/旋转(R)/偏移(O)/倾斜(T)/删除(D)/复制(C)/颜色(L)/材质(A)/
放弃(U)/退出(X)] <退出>：_move
选择面或 [放弃(U)/删除(R)]：找到一个面。（选择面1）
选择面或 [放弃(U)/删除(R)/全部(ALL)]：↙
指定基点或位移：（指定面1的圆心）
指定位移的第二点：@0,0,-19↙
已开始实体校验。
已完成实体校验。
输入面编辑选项 [拉伸(E)/移动(M)/旋转(R)/偏移(O)/倾斜(T)/删除(D)/复制(C)/颜色(L)/材质(A)/
放弃(U)/退出(X)] <退出>：↙
实体编辑自动检查：SOLIDCHECK=1
```

输入实体编辑选项 [面(F)/边(E)/体(B)/放弃(U)/退出(X)] <退出>:✓

结果如图 12-80 所示。

（9）单击"三维工具"选项卡"实体编辑"面板中的"并集"按钮 ，将所有实体合并，结果如图 12-81 所示。

（10）单击"三维工具"选项卡"建模"面板中的"长方体"按钮 ，绘制第一个角点坐标为（-10,0,0），长度为-27，宽度为 10，高度为-10 的长方体，结果如图 12-82 所示。

（11）单击"三维工具"选项卡"实体编辑"面板中的"差集"按钮 ，将实体与长方体进行差集运算，完成梯槽孔座立体图的绘制，最终结果如图 12-75 所示。

图 12-80　移动面 1

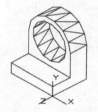
图 12-81　并集运算

图 12-82　绘制长方体

扫一扫，看视频

练习提高　实例 194　绘制哑铃立体图

练习"偏移面"命令的使用方法，绘制哑铃立体图的流程如图 12-83 所示。

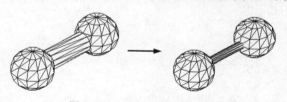
图 12-83　哑铃立体图绘制流程

📋 **思路点拨：**

（1）绘制两个球体和一个圆柱体，进行并集处理。
（2）进行偏移面处理。

12.9　渲　染

渲染是对三维图形对象加上颜色和材质因素，或灯光、背景、场景等因素的操作，能够更真实地表达图形的外观和纹理。渲染是输出图形前的关键步骤，尤其是在结果图的设计中。渲染对象包括"灯光""环境""贴图""材质""渲染"等命令，这里以其中的"渲染"命令为例，其执行方式如下。

- 命令行：RENDER（快捷命令：RR）。
- 菜单栏：选择菜单栏中的"视图"→"渲染"→"渲染"命令。
- 功能区：单击"可视化"选项卡"渲染"面板中的"渲染到尺寸"按钮。

完全讲解 实例 195 绘制凉亭立体图

本实例绘制如图 12-84 所示的凉亭立体图。

1. 绘制凉亭

（1）打开 AutoCAD 2020 并新建一个文件，单击快速访问工具栏中的"保存"按钮，将文件保存为"凉亭.dwg"。

（2）单击"默认"选项卡"绘图"面板中的"多边形"按钮，绘制一个边长为 120 的正六边形；单击"三维工具"选项卡"建模"面板中的"拉伸"按钮，将正六边形拉伸成高度为 30 的棱柱体。

图 12-84 凉亭立体图

（3）选择菜单栏中的"视图"→"三维视图"→"视点预设"命令，弹出"视点预设"对话框，如图 12-85 所示。将"自：X 轴"后文本框内的值改为 305.0，将"自：XY 平面"后文本框内的值改为 20.0，单击"确定"按钮关闭对话框。切换视图，此时的亭基视图如图 12-86 所示。

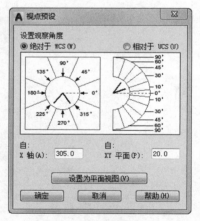

图 12-85 "视点预设"对话框

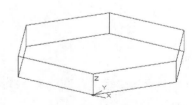

图 12-86 亭基视图

（4）使用 UCS 命令建立如图 12-87 所示的新坐标系。重复 UCS 命令，将坐标系绕 Y 轴旋转 -90° 得到如图 12-88 所示的坐标系，命令行提示与操作如下：

```
命令：UCS↙
当前 UCS 名称：*世界*
指定 UCS 的原点或 [面(F)/命名(NA)/对象(OB)/上一个(P)/视图(V)/世界(W)/X/Y/Z/Z 轴(ZA)] <世界>：（输入新坐标系原点，打开目标捕捉功能，用鼠标选择图 12-87 中的 1 角点）
指定 X 轴上的点或 <接受> <309.8549,44.5770,0.0000>：（选择图 12-87 中的 2 角点）
指定 XY 平面上的点或 <接受><307.1689,45.0770,0.0000>：（选择图 12-87 中的 3 角点）
```

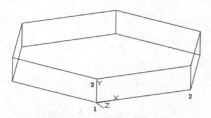

图 12-87　三点方式建立新坐标系

图 12-88　旋转变换后的新坐标系

（5）单击"默认"选项卡"绘图"面板中的"多段线"按钮 ⟋，绘制台阶横截面轮廓线。多段线起点坐标为（0,0），其余各点坐标依次为（0,30）、（20,30）、（20,20）、（40,20）、（40,10）、（60,10）、（60,0）和（0,0）。

（6）单击"三维工具"选项卡"建模"面板中的"拉伸"按钮 ▮，将多段线沿 Z 轴负方向拉伸成宽度为 80 的台阶模型。使用三维动态观察工具将视点稍作偏移，拉伸前后的模型分别如图 12-89 和图 12-90 所示。

（7）单击"默认"选项卡"修改"面板中的"移动"按钮 ✛，将台阶移动到其所在边的中心位置，如图 12-91 所示。

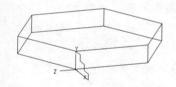

图 12-89　台阶横截面轮廓线

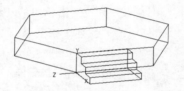

图 12-90　台阶模型

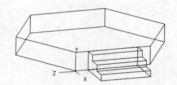

图 12-91　移动后的台阶模型

（8）单击"默认"选项卡"绘图"面板中的"多段线"按钮 ⟋，绘制出滑台横截面轮廓线。

（9）单击"三维工具"选项卡"建模"面板中的"拉伸"按钮 ▮，将其拉伸成高度为 20 的三维实体。

（10）单击"默认"选项卡"修改"面板中的"复制"按钮 ⟋，将滑台复制到台阶的另一侧，建立台阶两侧的滑台模型。

（11）单击"三维工具"选项卡"实体编辑"面板中的"并集"按钮 ▰，将亭基、台阶和滑台合并成一个整体，如图 12-92 所示。

（12）单击"默认"选项卡"绘图"面板中的"直线"按钮 ⟋，连接正六边形亭基顶面的 3 条对角线作为辅助线。

（13）在命令行中输入 UCS 命令，利用"三点"建立新坐标系的方法建立如图 12-93 所示的新坐标系。

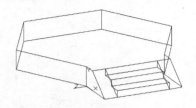

图 12-92　制作完成的亭基和台阶模型

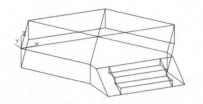

图 12-93　用三点方式建立的新坐标系

（14）单击"三维工具"选项卡"建模"面板上的"圆柱体"按钮，绘制一个底面中心坐标为点（20,0,0）、底面半径为 8、高为 200 的圆柱体，绘制凉亭立柱。

（15）选择菜单栏中的"修改"→"三维操作"→"三维阵列"命令，阵列凉亭的 6 根立柱，阵列中心点为前面绘制的辅助线交点，旋转轴另一点为 Z 轴上任意点。

（16）单击"视图"选项卡"导航"面板中的"范围"下拉菜单中的"实时"按钮，利用 ZOOM 命令使模型全部可见。接着单击"视图"选项卡"视觉样式"面板中的"隐藏"按钮，对模型进行消隐，如图 12-94 所示。

（17）绘制连梁。打开圆心捕捉功能，单击"默认"选项卡"绘图"面板中的"多段线"按钮，连接 6 根立柱的顶面中心。单击"默认"选项卡"修改"面板中的"偏移"按钮，将多段线分别向内和向外偏移 3。单击"默认"选项卡"修改"面板中的"删除"按钮，删除中间的多段线。单击"三维工具"选项卡"建模"面板中的"拉伸"按钮，将两条多段线分别拉伸成高度为 -15 的实体。单击"三维工具"选项卡"实体编辑"面板中的"差集"按钮，求差集生成连梁。

（18）单击"默认"选项卡"修改"面板中的"复制"按钮，将连梁向下在距离 25 处复制一次，完成的连梁模型如图 12-95 所示。

图 12-94　三维阵列后的立柱模型

图 12-95　完成连梁后的凉亭模型

（19）绘制牌匾。在命令行中输入 UCS 命令，利用"三点"建立坐标系的方式建立一个坐标原点在凉亭台阶所在边的连梁外表面的顶部左上角点，X 轴与连梁长度方向相同的新坐标系。单击"三维工具"选项卡"建模"面板中的"长方体"按钮，绘制一个长为 40、宽为 20、高为 3 的长方体，单击"默认"选项卡"修改"面板中的"移动"按钮，将其移动到连梁中心位置，如图 12-96 所示。最后单击"默认"选项卡"注释"面板中的"多行文字"按钮，在牌匾上题上亭名（如"东庭"）。

（20）利用 UCS 命令设置坐标系。

（21）为了方便绘图，新建图层 1，绘制如图 12-97 所示的辅助线。单击"默认"选项卡"绘图"面板中的"多段线"按钮 ，绘制连接柱顶中心的封闭多段线。单击"默认"选项卡"绘图"面板中的"直线"按钮 ，连接柱顶面正六边形的对角线。单击"默认"选项卡"修改"面板中的"偏移"按钮 ，将封闭多段线向外偏移 80。单击"默认"选项卡"绘图"面板中的"直线"按钮 ，画一条起点在对角线交点、高为 60 的竖线，并在竖线顶端绘制一个外切圆半径为 10 的正六边形。

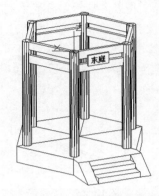

图 12-96　加上牌匾的凉亭模型

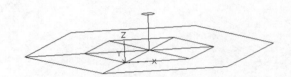

图 12-97　亭顶辅助线 1

（22）单击"默认"选项卡"绘图"面板中的"直线"按钮 ，按如图 12-98 所示连接辅助线，并移动坐标系到点 1、2、3 所构成的平面上。

（23）单击"默认"选项卡"绘图"面板中的"圆弧"按钮 ，在点 1、2、3 所构成的平面内绘制一条弧线作为亭顶的一条脊线。选择菜单栏中的"修改"→"三维操作"→"三维镜像"命令，将其镜像到另一侧。在镜像时，选择如图 12-98 中边 1、边 2、边 3 的中点作为镜像平面上的 3 点。

（24）将坐标系绕 X 轴旋转 90°，将坐标系恢复到先前状态。单击"默认"选项卡"绘图"面板中的"圆弧"按钮 ，在亭顶的底面上绘制弧线，绘制出的亭顶轮廓线如图 12-99 所示。

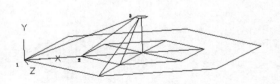

图 12-98　亭顶辅助线 2

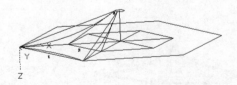

图 12-99　亭顶轮廓线

（25）单击"默认"选项卡"绘图"面板中的"直线"按钮 ，连接两条弧线的顶部。选择菜单栏中的"绘图"→"建模"→"网格"→"边界网格"命令，当前工作空间的菜单中未提供命令生成边缘曲面。将坐标系恢复到先前状态，如图 12-100 所示。4 条边界线为上面绘制的 3 条圆弧线，以及连接两条弧线的顶部的直线。

（26）绘制亭顶边缘。单击"默认"选项卡"修改"面板中的"复制"按钮 ，将下边缘轮廓线向下复制 5。单击"默认"选项卡"绘图"面板中的"直线"按钮 ，连接两条弧线的端点。选择菜单栏中的"绘图"→"建模"→"网格"→"边界网格"命令，生成边缘曲面。

（27）绘制亭顶脊线。使用三点方式建立新坐标系，使坐标原点位于脊线的一个端点，且 Z 轴方向与弧线相切。单击"默认"选项卡"绘图"面板中的"圆"按钮⊙，在其中一个端点绘制一个半径为 5 的圆，最后使用拉伸工具将圆按弧线拉伸成实体。

（28）绘制挑角。将坐标系统 Y 轴旋转 90°，然后按照步骤（27）所示的方法在其一端绘制半径为 5 的圆并将其拉伸成实体。单击"三维工具"选项卡"建模"面板中的"球体"按钮◯，在挑角的末端绘制一个半径为 5 的球体。单击"三维工具"选项卡"实体编辑"面板中的"并集"按钮 ，将脊线和挑角连成一个实体。单击"视图"选项卡"视觉样式"面板中的"隐藏"按钮 ，消隐得到如图 12-101 所示的结果。

（29）选择菜单栏中的"修改"→"三维操作"→"三维阵列"命令，将如图 12-101 所示图形阵列，得到完整的顶面，如图 12-102 所示。

图 12-100　亭顶曲面（部分）　　　图 12-101　亭顶脊线和挑角　　　图 12-102　阵列后的亭顶

（30）绘制顶缨。将坐标系移动到顶部的中心位置，且使 XY 平面在竖直面内。单击"默认"选项卡"绘图"面板中的"多段线"按钮 ，绘制顶缨半截面。单击"三维工具"选项卡"建模"面板中的"旋转"按钮 ，绕中轴线旋转生成实体，完成的亭顶外表面如图 12-103 所示。

（31）绘制内表面。新建图层 2，将如图 12-104 所示的六边形和直线放置在图层 2 中，关闭图层 1。单击"默认"选项卡"绘图"面板中的"直线"按钮 ，绘制边界线。选择菜单栏中的"绘图"→"建模"→"网格"→"边界网格"命令，生成边缘曲面，绘制如图 12-104 所示的亭顶内表面。选择菜单栏中的"修改"→"三维操作"→"三维阵列"命令，将其阵列到整个亭顶，如图 12-105 所示。

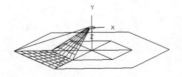
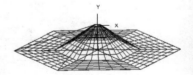

图 12-103　完成的亭顶外表面　　　图 12-104　亭顶内表面（局部）　　　图 12-105　亭顶内表面（完全）

（32）单击"视图"选项卡"视觉样式"面板中的"隐藏"按钮 ，消隐模型，结果如图 12-106 所示。

2. 绘制凉亭内桌椅

（1）在命令行中输入 UCS 命令，将坐标系移至亭基的中心点。

（2）单击"三维工具"选项卡"建模"面板中的"圆柱体"按钮 ，绘制一个底面中心在亭基上表面中心位置、底面半径为 5、高为 40 的圆柱体。利用 ZOOM 命令选取桌脚放大部分视图。在命令行中输入 UCS 命令将坐标系移动到桌脚顶面圆心处。

（3）绘制桌面。单击"三维工具"选项卡"建模"面板中的"圆柱体"按钮，绘制一个底面中心在桌脚顶面圆心处、底面半径为 40、高为 3 的圆柱体。

（4）单击"三维工具"选项卡"实体编辑"面板中的"并集"按钮，将桌脚和桌面连成一个整体。

（5）单击"视图"选项卡"视觉样式"面板中的"隐藏"按钮，绘制完成的桌子如图 12-107 所示。

图 12-106　凉亭结果图

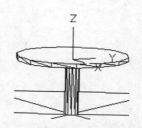

图 12-107　消隐处理后的桌子模型

（6）在命令行中输入 UCS 命令，移动坐标系至桌脚底部中心处。

（7）单击"默认"选项卡"绘图"面板中的"圆"按钮，绘制一个中心点为（0,0）、半径为 50 的辅助圆。

（8）在命令行中输入 UCS 命令，将坐标系移动到辅助圆的某一个四分点上，并将其绕 X 轴旋转 90°，得到如图 12-108 所示的坐标系。

（9）单击"默认"选项卡"绘图"面板中的"多段线"按钮，绘制椅子的半剖面。通过输入（0,0）→（0,25）→（10,25）→（10,24）→（a）→（6,0）→（1）→（c）绘制多段线。

（10）生成椅子实体。单击"三维工具"选项卡"建模"面板中的"旋转"按钮，旋转步骤（9）绘制的多段线。

（11）单击"视图"选项卡"视觉样式"面板中的"隐藏"按钮，观察选择生成的椅子，如图 12-109 所示。

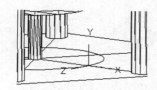

图 12-108　经平移和旋转后的新坐标系

图 12-109　旋转生成的椅子模型

（12）选择菜单栏中的"修改"→"三维操作"→"三维阵列"命令，在桌子四周阵列 4 张椅子。

（13）单击"默认"选项卡"修改"面板中的"删除"按钮 ，删除辅助圆。

（14）单击"视图"选项卡"视觉样式"面板中的"隐藏"按钮 ，观察建立的桌椅模型，如图 12-110 所示。

（15）在命令行中输入 UCS 命令，并将其绕 X 轴旋转 90°。单击"三维工具"选项卡"建模"面板中的"长方体"按钮 ，绘制一个长方体（两个对角顶点分别为（0,-8,0）和（100,16,3）），然后将其向上平移 20。

（16）单击"三维工具"选项卡"建模"面板中的"长方体"按钮 ，绘制凳脚，凳脚高为 20、厚为 3、宽为 16。单击"默认"选项卡"修改"面板中的"复制"按钮 ，将其复制到合适的位置，单击"三维工具"选项卡"实体编辑"面板中的"并集"按钮 ，将凳脚和凳面合并成一个实体。

（17）选择菜单栏中的"修改"→"三维操作"→"三维阵列"命令，将长凳阵列到其他边，然后删除台阶所在边的长凳，完成凉亭模型的绘制。

3. 创建凉亭灯光

（1）单击"可视化"选项卡"光源"面板中的"点"按钮 ，命令行提示与操作如下：

```
命令: _pointlight
指定源位置 <0,0,0>：（适当指定位置，如图 12-111 所示）
输入要更改的选项 [名称(N)/强度因子(I)/状态(S)/光度(P)/阴影(W)/衰减(A)/过滤颜色(C)/退出(X)]
<退出>:A↙
输入要更改的选项 [衰减类型(T)/使用界限(U)/衰减起始界限(L)/衰减结束界限(E)/退出(X)] <退出>：T↙
输入衰减类型 [无(N)/线性反比(I)/平方反比(S)] <无>：I↙
输入要更改的选项 [衰减类型(T)/使用界限(U)/衰减起始界限(L)/衰减结束界限(E)/退出(X)] <退出>：U↙
界限 [开(N)/关(F)] <关>：N↙
输入要更改的选项 [衰减类型(T)/使用界限(U)/衰减起始界限(L)/衰减结束界限(E)/退出(X)] <退出>：L↙
指定起始界限偏移 <1>: 10↙
输入要更改的选项 [衰减类型(T)/使用界限(U)/衰减起始界限(L)/衰减结束界限(E)/退出(X)] <退出>:↙
输入要更改的选项 [名称(N)/强度因子(I)/状态(S)/阴影(W)/衰减(A)/颜色(C)/退出(X)] <退出>：↙
```

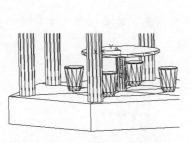

图 12-110　消隐后的桌椅模型

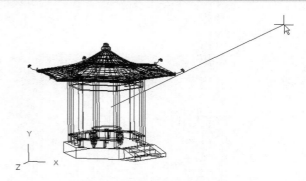

图 12-111　指定点光源的位置

上述操作完成后，就完成了点光源的设置，但该光源设置是否合理还不太清楚。为了观看该光源设置的结果，可以用 RENDER 命令预览，渲染后的凉亭如图 12-112 所示。

（2）单击"可视化"选项卡"光源"面板中的"聚光灯"按钮，命令行提示与操作如下：

```
命令：_spotlight
指定源位置 <0,0,0>：（适当指定一点）
指定目标位置 <0,0,-10>：（适当指定一点）
输入要更改的选项 [名称(N)/强度(I)/状态(S)/光度(P)/聚光角(H)/照射角(F)/阴影(W)/衰减(A)/颜色(C)/退出(X)] <退出>：H✓
输入聚光角 (0.00-160.00) <45>：60✓
输入要更改的选项 [名称(N)/强度(I)/状态(S)/光度(P)/聚光角(H)/照射角(F)/阴影(W)/衰减(A)/颜色(C)/退出(X)] <退出>：F✓
输入照射角 (0.00-160.00) <60>：75✓
输入要更改的选项 [名称(N)/强度(I)/状态(S)/光度(P)/聚光角(H)/照射角(F)/阴影(W)/衰减(A)/颜色(C)/退出(X)] <退出>：✓
```

当创建完某个光源（点光源、平行光源和聚光灯）后，如果对该光源不满意，可以在屏幕上直接将其删除。

（3）为柱子赋材质。单击"可视化"选项卡"材质"面板中的"材质浏览器"按钮，选择适当的材质，如图 12-113 所示。打开其中的"木材-塑料材质库"选项卡，选择其中一种材质，将其拖动到绘制的柱子实体上。用同样的方法为凉亭其他部分赋上合适的材质。

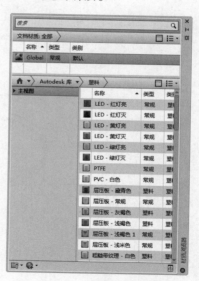

图 12-112　光源照射下的凉亭渲染图

图 12-113　"材质浏览器"选项板

（4）单击"可视化"选项卡"渲染"面板中的"渲染环境和曝光"按钮，系统弹出"渲染环境和曝光"选项板，如图 12-114 所示，在其中可以进行相关参数设置。

（5）单击"视图"选项卡"选项板"面板中的"高级渲染设置"按钮，系统弹出"渲染预设管理器"选项板，如图 12-115 所示，在其中可以进行相关参数的设置。

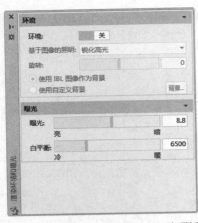

图 12-114 "渲染环境和曝光"选项板

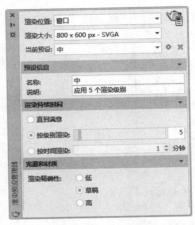

图 12-115 "渲染预设管理器"选项板

（6）单击"可视化"选项卡"渲染"面板中的"渲染到尺寸"按钮⚊，对实体进行渲染。

练习提高 实例 196 绘制石桌立体图

扫一扫，看视频

练习"偏移面"命令的使用方法，绘制石桌立体图的流程如图 12-116 所示。

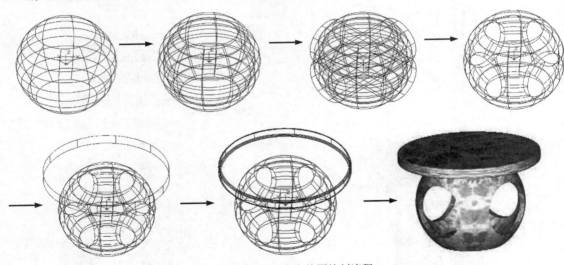

图 12-116 石桌立体图绘制流程

📋 **思路点拨：**

（1）绘制球体并进行剖切，抽壳处理。
（2）绘制圆柱体，进行差集处理。
（3）绘制圆柱体，进行圆角处理。
（4）并集处理，然后进行贴图渲染。

12.10 综合实例

本节通过两个实例对 AutoCAD 三维功能进行综合练习。

完全讲解 实例 197 绘制战斗机立体图

战斗机由战斗机机身（包括发动机喷口和机舱）、机翼、水平尾翼、阻力伞舱、垂尾、武器挂架和导弹发射架、携带的导弹和副油箱、天线和大气数据探头等部分组成，如图 12-117 所示。

图 12-117　战斗机立体图

1. 机身与机翼

本步骤制作机身和机翼图。战斗机机身是一个典型的旋转体，因此在绘制战斗机机身过程中，使用多段线命令先绘制出机身的半剖面，然后执行"旋转"命令旋转得到。最后，使用"多段线"和"拉伸"等命令绘制机翼和水平尾翼。

（1）用"图层"命令设置图层。参照如图 12-118 所示，依次设置各图层。

（2）用 SURFTAB1 和 SURFTAB2 命令，设置线框密度为 24。

（3）将"中心线"设置为当前图层，单击"默认"选项卡"绘图"面板中的"直线"按钮 ∕，绘制一条中心线，起点和终点坐标分别为（0，-40）和（0,333）。

（4）绘制机身截面轮廓线。将"机身 1"设置为当前图层，单击"默认"选项卡"绘图"面板中的"多段线"按钮 ⊃，指定起点坐标为（0,0），然后依次输入（8,0）→（11.5,-4）→A→S→（12,0）→（14,28）→S→（16,56）→（17,94）→L→（15.5,245）→A→S→（14,277）→（13,303）→L→（0,303）→C，结果如图 12-119 所示。

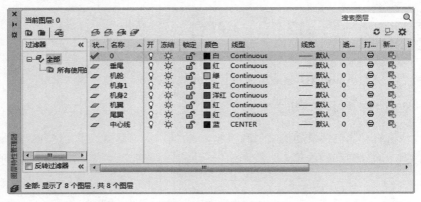

图 12-118　设置图层

（5）绘制雷达罩截面轮廓线。单击"默认"选项卡"绘图"面板中的"多段线"按钮，指定起点坐标为（0,0），指定下两个点坐标为（8,0）和（0,-30）。最后，输入 C 将图形封闭，结果如图 12-120 所示。

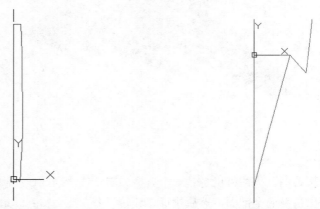

图 12-119　绘制机身截面轮廓线　　　　　图 12-120　绘制雷达罩截面轮廓线

（6）绘制发动机喷口截面轮廓线。单击"默认"选项卡"绘图"面板中的"多段线"按钮，指定起点坐标为（10,303），指定下 3 个点坐标为（13,303）、（10,327）和（9,327）。最后输入 C 将图形封闭，结果如图 12-121 所示。

（7）单击"三维工具"选项卡"建模"面板中的"旋转"按钮，旋转刚才绘制的机身、雷达罩和发动机喷口截面。然后将视图转换成西南等轴测视图，结果如图 12-122 所示。

（8）用 UCS 命令将坐标系移动到点（0,94,17），然后绕 Y 轴旋转-90°，结果如图 12-123 所示。

（9）将"机身 1"图层关闭，设置"中心线"为当前图层。然后单击"默认"选项卡"绘图"面板中的"直线"按钮，绘制旋转轴，起点和终点坐标分别为（-2,-49）和（1.5,209），结果如图 12-124 所示。

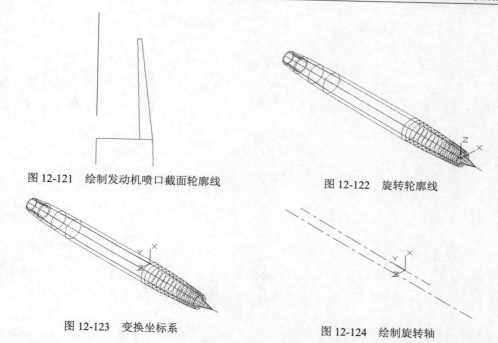

图 12-121　绘制发动机喷口截面轮廓线　　　　　　图 12-122　旋转轮廓线

图 12-123　变换坐标系　　　　　　　　　　图 12-124　绘制旋转轴

（10）绘制机身上部截面轮廓线。将"机身 2"设置为当前图层，单击"默认"选项卡"绘图"面板中的"多段线"按钮_⊃，指定起点坐标为（0,0），其余各个点坐标依次为（11,0）、（5,209）和（0,209）。最后，输入 C 将图形封闭，结果如图 12-125 所示。

（11）绘制机舱连接处截面轮廓线。单击"默认"选项卡"绘图"面板中的"多段线"按钮_⊃，指定起点坐标为（10.6,-28.5），指定下 3 个点坐标为（8,-27）、（7,-30）和（9.8,-31）。最后，输入 C 将图形封闭，结果如图 12-126 所示。

图 12-125　绘制机身上部截面轮廓线　　　　图 12-126　绘制机舱连接处截面轮廓线

（12）绘制机舱截面轮廓线。将"机舱"设置为当前图层，单击"默认"选项卡"绘图"面板中的"多段线"按钮_⊃，指定起点坐标为（11,0），然后依次输入 A→S→（10,-28.5）→（-2,-49）→L→（0,0）→C，结果如图 12-127 所示。

（13）使用"剪切""直线"等命令将机身上部分修剪为如图 12-128 所示的效果，将"中心线"层设置为机身 2，然后单击"默认"选项卡"绘图"面板中的"面域"按钮，将剩下的机身上部截面轮廓线和直线封闭的区域创建成面域。单击"三维工具"选项卡"建模"面板中的"旋转"按钮，旋转机身上部截面面域、机舱截面和机舱连接处截面。

（14）将"机身1"图层打开，并设置为当前图层。单击"三维工具"选项卡"实体编辑"面板中的"并集"按钮，将机身、机身上部和机舱连接处合并，然后用 HIDE 命令消除隐藏线，结果如图 12-129 所示。

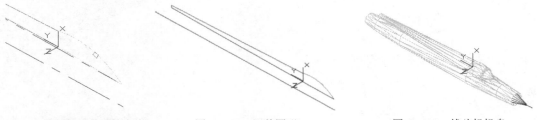

图 12-127　绘制机舱截面轮廓线　　　　图 12-128　调整图形　　　　图 12-129　战斗机机身

（15）使用 UCS 命令将坐标系移至点（-17,151,0）处，然后将图层"机身1""机身2"和"机舱"关闭，设置图层"机翼"为当前图层。选择菜单栏中的"视图"→"三维视图"→"平面视图"→"当前 UCS"命令，将视图变成当前视图。

（16）单击"默认"选项卡"绘图"面板中的"多段线"按钮，绘制机翼侧视截面轮廓。指定起点坐标为（0,0），然后依次输入 A→S→（2.7,-8）→（3.6,-16）→S→（2,-90）→（0,-163）。最后单击"默认"选项卡"修改"面板中的"镜像"按钮，镜像出轮廓线的左边一半。单击"默认"选项卡"绘图"面板中的"面域"按钮，将左右两条多段线所围成的区域创建成面域，结果如图 12-130 所示。

（17）用"视图"命令将视图转换成西南等轴测视图。单击"三维工具"选项卡"建模"面板中的"拉伸"按钮，拉伸刚才创建的面域，设置拉伸高度为 100，倾斜角度值为 1.5，结果如图 12-131 所示。

（18）用 UCS 命令将坐标系统 Y 轴旋转 90°，然后沿着 Z 轴移动，其值为-3.6。

（19）单击"默认"选项卡"绘图"面板中的"多段线"按钮，绘制机翼俯视截面轮廓线，然后依次输入（0,0）→（0,-163）→（-120,0）→C。单击"三维工具"选项卡"建模"面板中的"拉伸"按钮，将多段线拉伸为高度为 7.2 的实体，结果如图 12-132 所示。

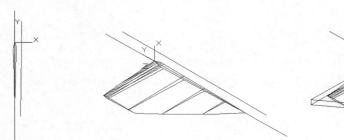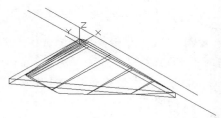

图 12-130　机翼侧视截面轮廓　　　图 12-131　拉伸机翼侧视截面　　　图 12-132　拉伸机翼俯视截面

（20）单击"三维工具"选项卡"实体编辑"面板中的"交集"按钮 🗗，对拉伸机翼侧视截面形成的实体和拉伸机翼俯视截面形成的实体求交集，结果如图 12-133 所示。

（21）选择菜单栏中的"修改"→"三维操作"→"三维旋转"命令，将机翼绕 Y 轴旋转-5°。选择菜单栏中的"修改"→"三维操作"→"三维镜像"命令，镜像出另一半机翼，然后单击"三维工具"选项卡"实体编辑"面板中的"并集"按钮 🗗，合并所有实体，结果如图 12-134 所示。

图 12-133 求交集

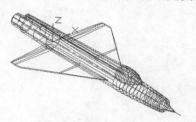

图 12-134 机翼

（22）用 UCS 命令将坐标系绕 Y 轴旋转-90°，然后移至点（3.6,105,0）处，将图层"机身 1""机身 2""机翼"和"机舱"关闭，设置"尾翼"为当前图层，选择菜单栏中的"视图"→"三维视图"→"平面视图"→"当前 UCS"命令，将视图变成当前视图。

（23）绘制机尾翼侧视截面轮廓线。单击"默认"选项卡"绘图"面板中的"多段线"按钮 ⬭，起点坐标为（0,0），然后依次输入 A→S→（2,-20）→（3.6,-55）→S→（2.7,-80）→（0,-95）。

（24）单击"默认"选项卡"修改"面板中的"镜像"按钮 ⧌，镜像出轮廓线的左边一半，结果如图 12-135 所示。单击"默认"选项卡"绘图"面板中的"面域"按钮 ◎，将之前绘制的多段线和镜像生成的多段线所围成的区域创建成面域。

（25）单击"可视化"选项卡"视图"面板上的"视图"下拉菜单中的"西南等轴测"按钮 ◈，再单击"三维工具"选项卡"建模"面板中的"拉伸"按钮 🗗，拉伸刚才创建的面域，设置拉伸高度为 50，倾斜角度值为 3，结果如图 12-136 所示。

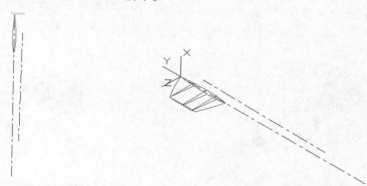

图 12-135 尾翼侧视截面轮廓线

图 12-136 拉伸尾翼侧视截面

（26）绘制机翼。用 UCS 命令将坐标系绕 Y 轴旋转 90°，并沿 Z 轴移动-3.6。单击"默认"选项卡"绘图"面板中的"多段线"按钮 ⬭，起点坐标为（0,-95），其他 5 个点坐标分别为（-50,

-50）→（-50,-29）→（-13,-40）→（-14,-47）→（0,-47）。最后，输入 C 将图形封闭，再单击"三维工具"选项卡"建模"面板中的"拉伸"按钮▉，将多段线拉伸成高度值为 7.2 的实体，结果如图 12-137 所示。

（27）单击"三维工具"选项卡"实体编辑"面板中的"交集"按钮▣，对拉伸尾翼侧视截面和俯视截面形成的实体求交集，然后单击"默认"选项卡"修改"面板中的"圆角"按钮▭，给翼缘添加圆角，圆角半径为 3，结果如图 12-138 所示。

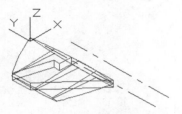
图 12-137　拉伸尾翼俯视截面

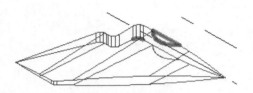
图 12-138　单个尾翼结果图

（28）选择菜单栏中的"修改"→"三维操作"→"三维镜像"命令，镜像出另一半机翼，然后单击"建模"工具栏中的"并集"按钮▉，将其与机身合并，并将其设置为"机身 1"图层。

2. 附件

本步骤制作的是战斗机附件，如图 12-139 所示。首先，使用"圆"和"拉伸"等命令绘制阻力伞舱，然后使用"多段线"和"拉伸"等命令绘制垂尾；最后，使用"多段线""拉伸""剖切"和"三维镜像"等命令绘制武器挂架和导弹发射架。

（1）单击"可视化"选项卡"视图"面板中的"东北等轴测"按钮◈，切换到东北等轴测视图，并将图层"机身 2"设置为当前图层。用"窗口缩放"命令将机身尾部截面局部放大。用 UCS 命令将坐标系移至点（0,0,3.6），然后将它绕着 X 轴旋转-90°。单击"视图"选项卡"视觉样式"面板中的"隐藏"按钮▉，隐藏线。单击"默认"选项卡"绘图"面板中的"圆"按钮⊙，以机身上部的尾截面上的圆心作为圆心，选取尾截面轮廓线上一点确定半径，结果如图 12-140 所示。

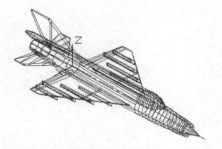
图 12-139　武器挂架和导弹发射架效果

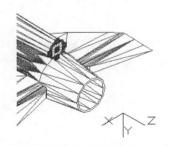
图 12-140　绘制圆

（2）单击"三维工具"选项卡"建模"面板中的"拉伸"按钮▉，用窗口方式选中刚才绘制的圆，设置拉伸高度为 28，倾斜角度为 0°。用 HIDE 命令消除隐藏线，结果如图 12-141 所示。

（3）绘制阻力伞舱舱盖。类似于步骤（1），在刚才拉伸成的实体后部截面上，绘制一个圆。单击"三维工具"选项卡"建模"面板中的"拉伸"按钮，用窗口方式选中刚才绘制的圆，设置拉伸高度为14，倾斜角度为12°。单击"视图"选项卡"视觉样式"面板中的"隐藏"按钮，消除隐藏线，结果如图12-142所示。

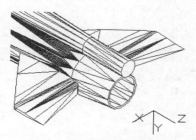

图 12-141　拉伸圆并消除隐藏线

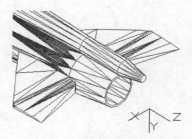

图 12-142　绘制阻力伞舱舱盖

（4）用 UCS 命令将坐标系统 Y 轴旋转-90°，然后移至点（0,0,-2.5），将图层"机身1""机身2"和"机舱"关闭，设置图层"尾翼"为当前图层，选择菜单栏中的"视图"→"三维视图"→"三维视图"→"当前 UCS"命令，将视图变成当前视图。

（5）绘制垂尾侧视截面轮廓线。先用"窗口缩放"命令将飞机的尾部处局部放大，再单击"默认"选项卡"绘图"面板中的"多段线"按钮，依次指定起点坐标为（-200,0）→（-105,-30）→（-55,-65）→（-15,-65）→（-55,0）。最后，输入 C 将图形封闭，结果如图12-143所示。

（6）单击"可视化"选项卡"视图"面板中的"东北等轴测"按钮，切换到东北等轴测视图，然后单击"三维工具"选项卡"建模"面板中的"拉伸"按钮，拉伸高度为5，倾斜角度为0°。单击"默认"选项卡"修改"面板中的"圆角"按钮，在尾垂相应位置添加圆角，圆角半径为2，结果如图12-144所示。

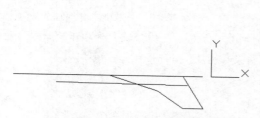

图 12-143　绘制垂尾侧视截面轮廓线

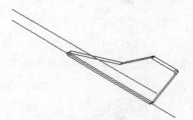

图 12-144　添加圆角后的尾垂

（7）绘制垂尾俯视截面轮廓线。用 UCS 命令将坐标系原点移至点（0,0,2.5），然后绕 X 轴旋转90°。将图层"尾翼"关闭，图层"机翼"设置为当前图层。

（8）将图形局部放大后，单击"默认"选项卡"绘图"面板中的"多段线"按钮，指定起点坐标为（30,0），然后依次输入（A→S→（-35,1.8）→（-100,2.5）→L→（-184,2.5）→A→（-192,2）→（-200,0）。单击"默认"选项卡"修改"面板中的"镜像"按钮，镜像出轮廓线的左边一半。单击"默认"选项卡"绘图"面板中的"面域"按钮，将刚才绘制的多段线和镜像生成的多段线

图 12-145　绘制垂尾俯视截面轮廓线

所围成的区域创建成面域，结果如图 12-145 所示。

（9）单击"可视化"选项卡"视图"面板中的"东北等轴测"按钮，切换到东北等轴测视图。单击"三维工具"选项卡"建模"面板中的"拉伸"按钮，拉伸刚才创建的面域，其拉伸高度为 65，倾斜角度为 0.35°，结果如图 12-146 所示。

（10）打开"尾翼"图层，并设置为当前图层。单击"三维工具"选项卡"实体编辑"面板中的"交集"按钮，对拉伸垂尾侧视截面形成的实体和拉伸俯视截面形成的实体求交集，结果如图 12-147 所示。

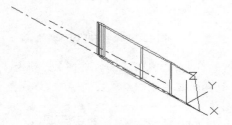

图 12-146　拉伸垂尾俯视截面

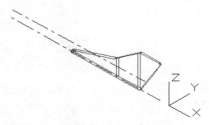

图 12-147　求交集

（11）将图层"机身 1""机身 2""机翼"和"机舱"打开，并将图层"机身 1"设置为当前图层。单击"三维工具"选项卡"实体编辑"面板中的"并集"按钮，将机身、垂尾和阻力伞舱体合并，然后单击"视图"选项卡"视觉样式"面板中的"隐藏"按钮，消除隐藏线，结果如图 12-148 所示。

（12）用 UCS 命令将坐标系统 Z 轴旋转 90°，然后移至点（0,105,0）处，将视图切换到西南等轴测视图，最后将图层"机身 1""机身 2"和"机舱"关闭，将图层"机翼"设置为当前图层。

（13）绘制长武器挂架。单击"默认"选项卡"绘图"面板中的"多段线"按钮，绘制一条连接点（0,0）→（1,0）→（1,70）→（0,70）的封闭曲线，单击"三维工具"选项卡"建模"面板中的"拉伸"按钮，将其拉伸成高为 6.3 的实体，结果如图 12-149 所示。

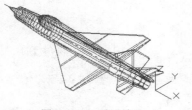

图 12-148　垂尾结果

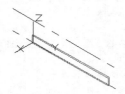

图 12-149　拉伸实体

（14）单击"三维工具"选项卡"实体编辑"面板中的"剖切"按钮，进行切分的结果如图 12-150 所示；然后使用"三维镜像"和"并集"命令，将其加工成如图 12-151 所示的结果；最后，使用"圆角"命令为挂架的几条边添加圆角，圆角半径为 0.5，结果如图 12-152 所示。

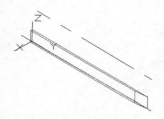

图 12-150 切分实体

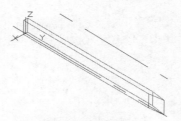

图 12-151 镜像并合并实体

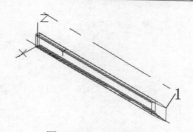

图 12-152 添加圆角

（15）单击"默认"选项卡"修改"面板中的"复制"按钮，以图 12-152 中的点 1 为基点，分别以（50,95,4）和（66,72,5）为复制点，复制出机翼内侧长武器挂架，结果如图 12-153 所示。最后以图 12-152 中的点 1 为基点，分别以（-50,95,-5）和（-66,72,-6）为复制点，复制出机翼另一侧的内侧长武器挂架，结果如图 12-154 所示。删除原始武器挂架，单击"三维工具"选项卡"实体编辑"面板中的"并集"按钮，将长武器挂架和机身合并，将合并后的实体设置为"机身 1"图层。

（16）绘制短武器挂架。用"多段线"命令绘制一条连接点（0,0）→（1,0）→（1,45）→（0,45）的封闭曲线。单击"三维工具"选项卡"建模"面板中的"拉伸"按钮，将其拉伸成高为 6.3 的实体，绘制短武器挂架；然后使用"剖切""三维镜像""并集"和圆角命令，将其加工成如图 12-155 所示的结果；单击"默认"选项卡"修改"面板中的"复制"按钮，以图 12-155 中的点 2 为基点，以（83,50,7）和（-83,50,-8）为复制点，复制出机翼外侧短武器挂架，如图 12-156（a）所示。删除原始武器挂架，单击"三维工具"选项卡"实体编辑"面板中的"并集"按钮，将短武器挂架和机身合并，将合并后的实体设置为"机身 1"图层。

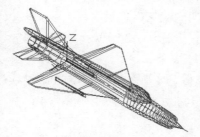

图 12-153 复制出机腹挂架

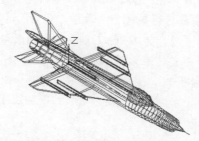

图 12-154 机翼内侧长武器挂架

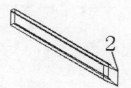

图 12-155 短武器挂架

（17）绘制副油箱挂架。用"多段线"命令绘制一条连接点（0,0）→（1,0）→（1,70）→（0,70）的封闭曲线。单击"三维工具"选项卡"建模"面板中的"拉伸"按钮，将其拉伸成高为 6.3 的实体，绘制副油箱挂架；然后使用"剖切""三维镜像""并集"和"圆角"命令，将其加工成如图 12-156（b）所示。单击"默认"选项卡"修改"面板中的"复制"按钮，以图 12-156（b）中的点 3 为基点，以（33,117,3）和（-33,117,-3）为复制点，复制机翼内侧副油箱挂架，结果如图 12-139 所示。删除原始副油箱挂架，单击"三维工具"选项卡"实体编辑"面板中的"并集"按钮，将副油箱挂架和机身合并，将合并后的实体设置为"机身 1"图层。

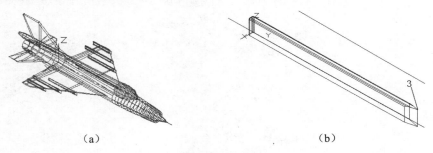

图 12-156　导弹发射架

3. 细节完善

本步骤制作的是战斗机最后完成图，如图 12-117 所示。首先，使用"多段线""拉伸""差集"和"三维镜像"等命令细化发动机喷口和机舱，然后绘制导弹和副油箱。在绘制过程中，采用了"装配"的方法，即先将导弹和副油箱绘制好并分别保存成单独的文件，然后再用"插入块"命令将这些文件的图形装配到飞机上。这种方法与直接在原图中绘制的方法相比，避免了烦琐的坐标系变换，更加简单实用。在绘制导弹和副油箱的时候，还是需要注意坐标系的设置。最后，对其他细节进行了完善，并赋材质渲染。

（1）用 UCS 命令将坐标系原点移至点（0,-58,0）处，然后用 LAYER 命令将图层"尾翼"改成"发动机喷口"；将图层"机身 1""机身 2"和"机舱"关闭，将图层"发动机喷口"设置为当前图层。

（2）在西南等轴测状态下，用"窗口缩放"命令，将图形局部放大。用 UCS 命令将坐标系沿着 Z 轴移动-0.3，然后绘制长武器挂架截面。单击"默认"选项卡"绘图"面板中的"多段线"按钮，绘制多段线，指定起点坐标为（-12.7,0），其他各点坐标依次为（-20,0）→（-20,-24）→（-9.7, -24）→C，将图形封闭，结果如图 12-157 所示。

（3）单击"三维工具"选项卡"建模"面板中的"拉伸"按钮，拉伸刚才绘制的封闭多段线，设置拉伸高度为 0.6，倾斜角度为 0°。将图形放大，结果如图 12-158 所示。用 UCS 命令将坐标系沿着 Z 轴移动 0.3。

图 12-157　绘制多段线

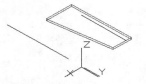

图 12-158　拉伸多段线

（4）单击"默认"选项卡"修改"面板中的"复制"按钮，对刚才拉伸的实体在原处复制一份，然后选择菜单栏中的"修改"→"三维操作"→"三维旋转"命令设置旋转角度为 22.5°，旋转轴为 Y 轴，进行旋转，结果如图 12-159 所示。

（5）参照步骤（4）所用的方法，再进行 7 次，复制旋转结果如图 12-160 所示。

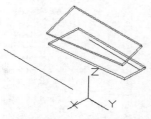

图 12-159 复制并旋转

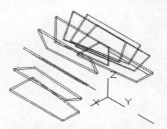

图 12-160 继续复制旋转

（6）选择菜单栏中的"修改"→"三维操作"→"三维镜像"命令，对刚才复制和旋转成的 9 个实体进行镜像，镜像面为 XY 平面，结果如图 12-161 所示。

（7）单击"三维工具"选项卡"实体编辑"面板中的"差集"按钮 ，从发动机喷口实体中减去刚才通过复制、旋转和镜像得到的实体，结果如图 12-162 所示。

（8）用 UCS 命令将坐标系原点移至点（0,209,0）处，将坐标系绕 Y 轴旋转-90°。选择菜单栏中的"视图"→"三维视图"→"平面视图"→"当前 UCS"命令，将视图变成当前视图。用"窗口缩放"命令将机舱部分图形局部放大。此时，发现机舱前部和机身相交成如图 12-163 所示的尖锥形，需要进一步的修改。

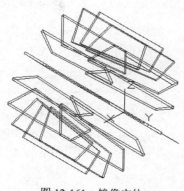

图 12-161 镜像实体

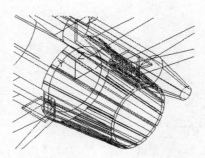

图 12-162 求差结果

（9）关闭图层"机身 1""机身 2"和"发动机喷口"，保持"机舱"为打开状态，然后将图层"中心线"设置为当前图层。单击"默认"选项卡"绘图"面板中的"直线"按钮 ，绘制旋转轴，起点和终点坐标分别为（15,50）和（15,-10），结果如图 12-164 所示。

（10）选择菜单栏中的"视图"→"三维视图"→"平面视图"→"当前 UCS 命令"，将视图变成当前视图。打开图层"机身 1""机身 2"，保持"机舱"为打开状态，将图层"中心线"设置为当前图层。单击"默认"选项卡"绘图"面板中的"多段线"按钮 ，指定起点坐标为（28,0），然后依次输入 A→S→（27,28.5）→（23,42）→S→（19.9,46）→（15,49）→L→（15,0）→C，结果如图 12-165 所示。

（11）单击"三维工具"选项卡"建模"面板中的"旋转"按钮 ，将之前绘制的封闭曲线绕着步骤（9）中绘制的旋转轴旋转成实体，结果如图 12-166 所示。

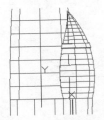

图 12-163　机舱俯视图

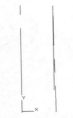

图 12-164　绘制旋转轴

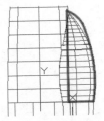

图 12-165　绘制多段线

图 12-166　旋转成实体

（12）打开图层"机身 1""机身 2""发动机喷口"，然后用"自由动态观察器"🔄将图形调整到合适的视角，对比原来的机舱和新的机舱（红色线），如图 12-167 所示。此时，发现机舱前部和机身相交处已经不再是尖锥形。

（13）单击"三维工具"选项卡"实体编辑"面板中的"差集"按钮🔲，从机身实体中减去机舱实体，结果如图 12-168 所示。

（14）关闭图层"机身 1""机身 2""发动机喷口"，设置图层"机舱"为当前图层。选择菜单栏中的"视图"→"三维视图"→"平面视图"→"当前 UCS"命令，将视图变成当前视图。

（15）单击"默认"选项卡"绘图"面板中的"多段线"按钮⟋，指定起点坐标为（28,0），然后依次输入 A→S→（27,28.5）→（23,42.2）→S→（19.9,46.2）→（15,49），结果如图 12-169 所示。

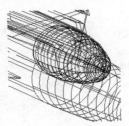

图 12-167　对比机舱形状

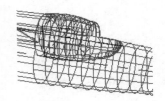

图 12-168　差集运算结果

（16）单击"三维工具"选项卡"建模"面板中的"旋转"按钮🍥，将之前绘制的曲线绕着绘制的旋转轴旋转成曲面，结果如图 12-170 所示。

（17）打开图层"机身 1""机身 2""发动机喷口"，然后用"自由动态观察器"🔄将图形调整到合适的视角。单击"视图"选项卡"视觉样式"面板中的"隐藏"按钮🔳，消除隐藏线，结果如图 12-171 所示。最后，用 UCS 命令将坐标系原点移至点（0,-151,0）处，并且绕 X 轴旋转-90°。

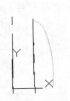

图 12-169　绘制多段线

图 12-170　旋转成曲面

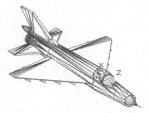

图 12-171　机舱结果

（18）绘制导弹。新建一个文件，单击"默认"选项卡"图层"面板中的"图层特性管理器"按钮，打开"图层特性管理器"选项板，设置图层如图 12-172 所示。

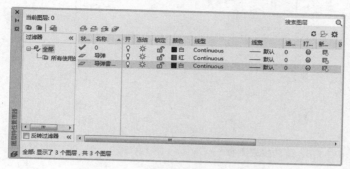

图 12-172 "图层特性管理器"选项板

（19）将图层"导弹"设置为当前图层，然后用 ISOLINES 命令设置总网格线数为 10。单击"默认"选项卡"绘图"面板中的"圆"按钮，绘制一个圆心在原点，半径为 2.5 的圆。将视图转换成西南等轴测视图，单击"三维工具"选项卡"建模"面板中的"拉伸"按钮，拉伸刚才绘制的封闭多段线，设置拉伸高度为 70，倾斜角度为 0°。将图形放大，结果如图 12-173 所示。

（20）用 UCS 命令将坐标系绕着 X 轴旋转 90°，结果如图 12-174 所示。

（21）将图层"导弹雷达罩"设置为当前图层，单击"默认"选项卡"绘图"面板中的"多段线"按钮，指定起点坐标为（0,70），然后依次输入（2.5,70）→A→S→（1.8,75）→（0,80）→L→C，结果如图 12-175 所示。

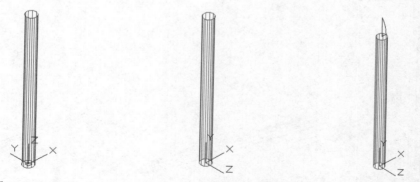

图 12-173 拉伸　　　　图 12-174 变换坐标系和视图　　　　图 12-175 绘制封闭多段线

（22）用 SURFTAB1 和 SURFTAB2 命令，设置线框数为 30。单击"三维工具"选项卡"建模"面板中的"旋转"按钮，旋转多段线，指定旋转轴为 Y 轴，结果如图 12-176 所示。

（23）将图层"导弹"设置为当前图层，用 UCS 命令将坐标系沿着 Z 轴移动-0.3。放大导弹局部尾部，单击"默认"选项卡"绘图"面板中的"多段线"按钮，绘制导弹尾翼截面轮廓，指定起点坐标（7.5,0），依次输入坐标（@0,10）→（0,20）→（-7.5,10）→（@0,-10）→C，将图形封闭，结果如图 12-177 所示。

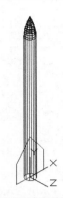

图 12-176　旋转生成曲面　　　　　图 12-177　绘制导弹尾翼截面轮廓线

（24）将导弹缩小至全部可见，然后单击"默认"选项卡"绘图"面板中的"多段线"按钮，绘制导弹中翼截面轮廓线，输入起点坐标（7.5,50），其余各个点坐标为（0,62）→（@-7.5,-12）→C，将图形封闭，结果如图 12-178 所示。

（25）用"自由动态观察器"将视图调整到合适的角度，然后单击"三维工具"选项卡"建模"面板中的"拉伸"按钮，拉伸之前绘制的封闭多段线，设置拉伸高度为 0.6，倾斜角度为 0°。将图形放大，结果如图 12-179 所示。

（26）用 UCS 命令将坐标系沿着 Z 轴移动 0.3。单击"默认"选项卡"修改"面板中的"复制"按钮，对之前拉伸的实体在原处复制一份，然后选择菜单栏中的"修改"→"三维操作"→"三维旋转"命令，旋转复制形成的实体，设置旋转角度为 90°，旋转轴为 Y 轴，结果如图 12-180 所示。

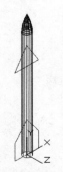

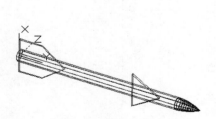

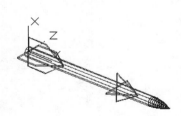

图 12-178　绘制导弹中翼截面线　　　　图 12-179　拉伸截面　　　　图 12-180　旋转导弹弹翼

（27）将图层"导弹"设置为当前图层，单击"三维工具"选项卡"实体编辑"面板中的"并集"按钮，除导弹上雷达罩以外的其他部分全部合并，结果如图 12-181 所示。

（28）单击"默认"选项卡"修改"面板中的"圆角"按钮，给弹翼和导弹后部打上圆角，圆角半径设置为 0.2。

（29）选择菜单栏中的"修改"→"三维操作"→"三维旋转"命令，将整个导弹绕着 Y 轴旋转 45°，绕着 X 轴旋转 90°，结果如图 12-182 所示。

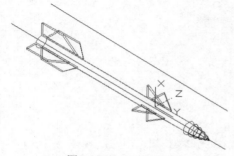

图 12-181 合并实体

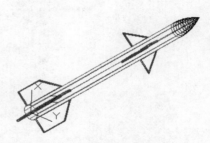

图 12-182 圆角并旋转图形

（30）将文件保存为"导弹.dwg"图块。

（31）新建一个文件，单击"默认"选项卡"图层"面板中的"图层特性管理器"按钮，新建"副油箱"图层，将图层"副油箱"设置为当前图层，然后用 SURFTAB1 和 SURFTAB2 命令设置总网格线数为 30。单击"默认"选项卡"绘图"面板中的"直线"按钮，绘制旋转轴，起点和终点坐标分别为（0,-50）和（0,150），用 ZOOM 命令将图形缩小，结果如图 12-183 所示。

（32）单击"默认"选项卡"绘图"面板中的"多段线"按钮，指定起点坐标为（0,-40），然后依次输入 A→S→（5,-20）→（8,0）→L→（8,60）→A→S→（5,90）→（0,120）。最后，将旋转轴直线删除，结果如图 12-184 所示。

（33）单击"三维工具"选项卡"建模"面板中的"旋转"按钮，旋转绘制的多段线，指定旋转轴为 Y 轴，结果如图 12-185 所示。

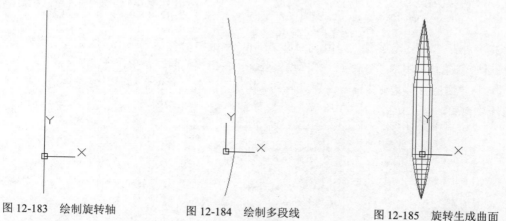

图 12-183 绘制旋转轴　　图 12-184 绘制多段线　　图 12-185 旋转生成曲面

（34）将文件保存为"副油箱.dwg 图块"。

（35）给战斗机安装导弹和副油箱。返回到战斗机绘图区，单击"默认"选项卡的"块"面板中的"插入"下拉菜单中"其他图形中的块"选项，系统弹出"块"选项板，结果如图 12-186 所示。单击选项板顶部的 ▪▪▪ 按钮，打开文件"导弹.dwg"，插入导弹图形如图 12-187 所示。

（36）单击"默认"选项卡"修改"面板中的"复制"按钮，将插入的导弹图块复制到其他合适位置，结果如图 12-188 所示。

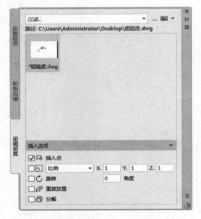

图 12-186　"块"选项板

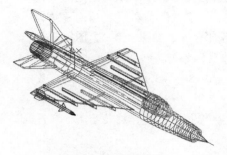

图 12-187　插入导弹

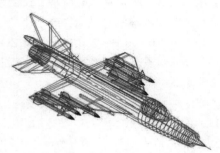

图 12-188　插入并且复制导弹

（37）打开"块"选项板，如图 12-189 所示。单击选项板顶部的 ▪▪▪ 按钮，打开文件"副油箱.dwg"，选择菜单栏中的"修改"→"三维操作"→"三维旋转"命令，将"副油箱"绕 X 轴旋转90°，然后将"副油箱"复制到适当位置。单击"视图"选项卡"视觉样式"面板中的"隐藏"按钮 🔩，消除隐藏线，结果如图 12-190 所示。

图 12-189　设置"块"选项板

（38）绘制天线。用 UCS 命令将坐标系恢复到世界坐标，绕 Y 轴旋转-90°，并沿着 X 轴移动 15。将图层"机翼"设置为当前图层，其他的图层全部关闭。

（39）单击"默认"选项卡"绘图"面板中的"多段线"按钮，起点坐标为（0,120），其余各点坐标为（0,117）→（23,110）→（23,112），结果如图 12-191 所示。

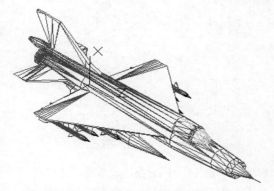

图 12-190　安装导弹和副油箱的结果

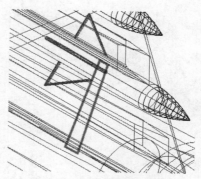

图 12-191　绘制多段线

（40）单击"三维工具"选项卡"建模"面板中的"拉伸"按钮，拉伸刚才绘制的封闭多段线，设置拉伸高度为 0.8，倾斜角度为 0°。用 UCS 命令将坐标系沿着 X 轴移动-15 后，将图形放大，结果如图 12-192 所示。

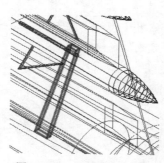

图 12-192　拉伸并放大图形

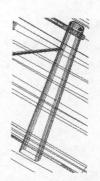

图 12-193　打圆角

（41）单击"默认"选项卡"修改"面板中的"圆角"按钮，为之前拉伸成的实体添加圆角，其圆角半径为 0.3，结果如图 12-193 所示。

（42）单击"可视化"选项卡"视图"面板中的"西北等轴测"按钮，切换到西北等轴侧视图，并将图层"机身 1"设置为当前图层。单击"三维工具"选项卡"实体编辑"面板中的"并集"按钮，合并天线和机身。单击"视图"选项卡"视觉样式"面板中的"隐藏"按钮，消除隐藏线，结果如图 12-194 所示。

（43）用 UCS 命令将坐标系绕 Y 轴旋转-90°，并将原点移到（0,0,-8）处。将图层"机翼"设置为当前图层，其他的图层全部关闭。

（44）绘制大气数据探头。单击"默认"选项卡"绘图"面板中的"多段线"按钮，绘制多段线，起点坐标为（0,0），其余各点坐标为（0.9,0）→（@0,−20）→（@−0.3,0）→（@−0.6,−50），最后，输入 C 将图形封闭，结果如图 12-195 所示。

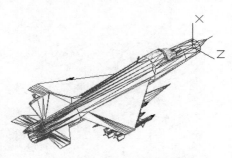
图 12-194　加上天线的结果图

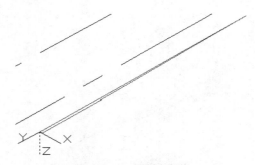
图 12-195　绘制多段线

（45）单击"三维工具"选项卡"建模"面板中的"旋转"按钮，旋转刚才绘制的封闭多段线生成实体，设置旋转轴为 Y 轴，然后将视图变成西南等轴测视图，并将机头部分放大，结果如图 12-196 所示。

（46）单击"可视化"选项卡"视图"面板中的"东南等轴测"按钮，打开其他的图层，将图层"机身 1"设置为当前图层。单击"三维工具"选项卡"实体编辑"面板中的"并集"按钮，合并大气数据探头和机身。单击"视图"选项卡"视觉样式"面板中的"隐藏"按钮，消除隐藏线，结果如图 12-197 所示。

（47）机舱连接处进行圆角处理。将图层"机舱"置为当前图层，单击"默认"选项卡"修改"面板中的"圆角"按钮，为机舱连接处前端进行圆角处理，设置圆角半径为 0.3，结果如图 12-198 所示。

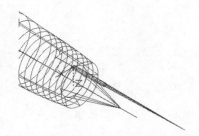
图 12-196　旋转生成实体并变换视图

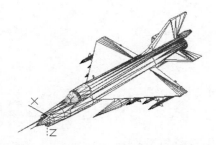
图 12-197　加上大气数据探头的结果图

图 12-198　圆角处理

将除了"中心线"以外的图层都关闭后，单击"默认"选项卡"修改"面板中的"删除"按钮，删除所有的中心线。打开其他所有的图层，将图形调整到合适的大小和角度。然后选择菜单栏中的"视图"→"显示"→"UCS 图标"→"开"命令，将坐标系图标关闭，最后单击"视图"选项卡"视觉样式"面板中的"隐藏"按钮，消隐图形。

（48）渲染处理。单击"可视化"选项卡"材质"面板中的"材质浏览器"按钮，为战斗机各部件赋予适当的材质"Autodesk 库"→"陶瓷"→"马赛克-绿色玫瑰花色",再单击"可视化"选项卡"渲染"面板中的"渲染的尺寸"按钮，渲染后的结果如图 12-117 所示。

练习提高　实例 198　绘制饮水机立体图

主要练习"偏移面"命令的使用方法，绘制饮水机立体图的流程如图 12-199 所示。

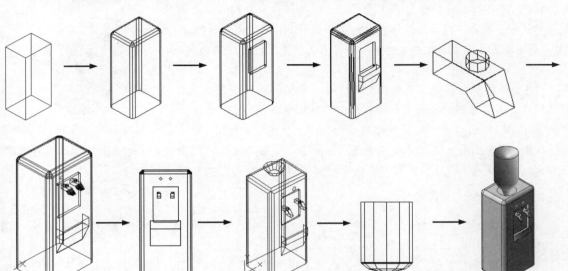

图 12-199　饮水机立体图绘制流程

思路点拨：

（1）绘制长方体并倒圆角，形成座体。
（2）绘制长方体，进行差集处理。
（3）绘制楔体和平移网格，进行布尔运算。
（4）绘制圆柱体、长方体，进行剖切；拉伸截面，生成出水口，并复制。
（5）绘制圆，并复制，形成指示灯。
（6）绘制圆锥体，并抽壳，形成水桶托。
（7）绘制截面，旋转，形成水桶。
（8）渲染处理。

12.11 三 维 装 配

与其他三维 CAD 软件相比，虽然 AutoCAD 没有设置专门的三维装配功能，但可以通过手动移动各个三维零件，达到三维装配的效果。下面通过实例来进行练习。

完全讲解　实例 199 绘制手压阀三维装配图

本实例绘制如图 12-200 所示的手压阀三维装配图。

1. 配置绘图环境

（1）启动系统。启动 AutoCAD 2020，使用默认绘图环境。

（2）建立新文件。选择"文件"→"新建"命令，打开"选择样板"对话框，单击"打开"按钮右侧的下拉按钮▼，以"无样板打开-公制"（毫米）方式建立新文件，将新文件命名为"手压阀装配图.dwg"并保存。

（3）设置线框密度。设置对象上的每个曲面的轮廓线数目，默认设置是 8，有效值的范围是 0～2047，该设置保存在图形中。在命令行中输入 ISOLINES 命令，设置线框密度为 10。

图 12-200　手压阀三维装配图

（4）设置视图方向。单击"视图"选项卡"视图"面板"视图"下拉菜单中的"西南等轴测"按钮◈，将当前视图方向设置为西南等轴测方向。

2. 装配泵体

（1）打开文件。单击"快速访问"工具栏中的"打开"按钮📂，打开"源文件\第 12 章\立体图\阀体.dwg"，如图 12-201 所示。

（2）设置视图方向。单击"视图"选项卡"视图"面板上的"视图"下拉菜单中的"前视"按钮🔲，将当前视图方向设置为前视图方向。

（3）复制阀体。选择菜单栏中的"编辑"→"带基点复制"命令，选取基点为（0,0,0），将"阀体"图形复制到"手压阀装配图"的前视图中，指定的插入点为（0,0,0），效果如图 12-202 所示。如图 12-203 所示为西南等轴测方向的阀体装配立体图。

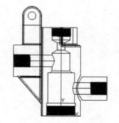

图 12-201　打开的阀体图形　　　　图 12-202　装入阀体后的图形　　　　图 12-203　西南等轴测视图

3. 装配阀杆

（1）打开文件。单击"快速访问"工具栏中的"打开"按钮📂，打开"源文件\第 12 章\立体图\阀杆.dwg"，如图 12-204 所示。

（2）设置视图方向。单击"视图"选项卡"视图"面板上的"视图"下拉菜单中的"前视"按钮🔲，将当前视图方向设置为前视图方向。

（3）复制泵体。选择菜单栏中的"编辑"→"带基点复制"命令，选取基点为（0,0,0），将"阀杆"图形复制到"手压阀装配图"的前视图中，指定的插入点为（0,0,0），效果如图 12-205 所示。

（4）旋转阀杆。单击"默认"选项卡"修改"面板中的"旋转"按钮 ↻，将阀杆以原点为基点，沿 Z 轴旋转，角度为 90°，效果如图 12-206 所示。

图 12-204　打开的阀杆图形

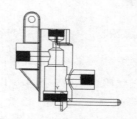

图 12-205　复制阀杆后的图形

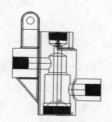

图 12-206　旋转阀杆后的图形

（5）移动阀杆。单击"默认"选项卡"修改"面板中的"移动"按钮 ✛，以坐标点（0,0,0）为基点，沿 Y 轴移动，第二点坐标为（0,43,0），效果如图 12-207 所示。

（6）设置视图方向。单击"视图"选项卡"视图"面板上的"视图"下拉菜单中的"西南等轴测"按钮 ◈，将当前视图方向设置为西南等轴测视图方向。

（7）着色。单击"三维工具"选项卡"实体编辑"面板中的"着色面"按钮 ▦，将视图中的面按照需要进行着色，如图 12-208 所示。

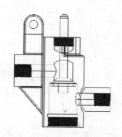

图 12-207　移动阀杆后的图形

图 12-208　着色后的图形

4. 装配密封垫

（1）打开文件。选择菜单栏中的"文件"→"打开"命令，打开"源文件\第 12 章\立体图\密封垫.dwg"文件，如图 12-209 所示。

（2）设置视图方向。单击"视图"选项卡"视图"面板上的"视图"下拉菜单中的"前视"按钮 ▣，将当前视图方向设置为前视图方向。

（3）复制密封垫。选择菜单栏中的"编辑"→"带基点复制"命令，选取基点为（0,0,0），将"密封垫"图形复制到"手压阀装配图"的前视图中，指定的插入点为（0,0,0），效果如图 12-210 所示。

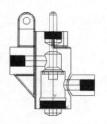

图 12-209　打开的密封垫图形　　　图 12-210　复制密封垫后的图形

（4）移动密封垫。单击"默认"选项卡"修改"面板中的"移动"按钮 ✥，以坐标点（0,0,0）为基点，沿 Y 轴移动，第二点坐标为（0,103,0），效果如图 12-211 所示。

（5）设置视图方向。单击"视图"选项卡"视图"面板上的"视图"下拉菜单中的"西南等轴测"按钮 ◈，将当前视图方向设置为西南等轴测视图方向。

（6）着色。单击"三维工具"选项卡"实体编辑"面板中的"着色面"按钮 ▦，将视图中的面按照需要进行着色，效果如图 12-212 所示。

图 12-211　移动密封垫后的图形　　　图 12-212　着色后的图形

5. 装配压紧螺母

（1）打开文件。打开"源文件\第 12 章\立体图\压紧螺母.dwg"文件，如图 12-213 所示。

（2）设置视图方向。单击"视图"选项卡"视图"面板上的"视图"下拉菜单中的"前视"按钮 ▥，将当前视图方向设置为前视图方向。

（3）复制压紧螺母。选择菜单栏中的"编辑"→"带基点复制"命令，选取基点为（0,0,0），将"压紧螺母"图形复制到"手压阀装配图"的前视图中，指定的插入点为（0,0,0），效果如图 12-214 所示。

（4）旋转视图。单击"默认"选项卡"修改"面板中的"旋转"按钮 ↻，将压紧螺母绕坐标原点旋转，旋转角度为 180°，效果如图 12-215 所示。

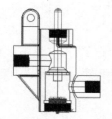

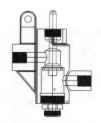

图 12-213　打开的压紧螺母图形　　图 12-214　复制压紧螺母后的图形　　图 12-215　旋转压紧螺母后的图形

（5）移动压紧螺母。单击"默认"选项卡"修改"面板中的"移动"按钮✛，以坐标点（0,0,0）为基点，沿 Y 轴移动，第二点坐标为（0,123,0），效果如图 12-216 所示。

（6）设置视图方向。单击"视图"选项卡"视图"面板上的"视图"下拉菜单中的"西南等轴测"按钮，将当前视图方向设置为西南等轴测视图方向。

（7）着色。单击"三维工具"选项卡"实体编辑"面板中的"着色面"按钮，将视图中的面按照需要进行着色，效果如图 12-217 所示。

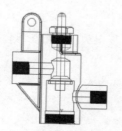

图 12-216　移动压紧螺母后的图形

图 12-217　着色后的图形

6. 装配弹簧

（1）打开文件。打开"源文件\第 12 章\立体图\弹簧.dwg"文件，如图 12-218 所示。

（2）设置视图方向。单击"视图"选项卡"视图"面板上的"视图"下拉菜单中的"前视"按钮，将当前视图方向设置为前视图方向。

（3）复制弹簧。选择菜单栏中的"编辑"→"带基点复制"命令，选取基点为（0,0,0），将"弹簧"图形复制到"手压阀装配图"的前视图中，指定的插入点为（0,0,0），效果如图 12-219 所示。

图 12-218　打开的弹簧图形

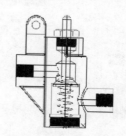

图 12-219　复制弹簧后的图形

（4）设置视图方向。单击"视图"选项卡"视图"面板上的"视图"下拉菜单中的"前视"按钮，将视图切换到前视图。

（5）恢复坐标系。在命令行中输入 UCS 命令，将坐标系恢复到世界坐标系。

（6）创建圆柱体。单击"三维工具"选项卡"建模"面板中的"圆柱体"按钮，以坐标点（0,0,54）为起点，绘制半径为 14，高度为 30 的圆柱体，效果如图 12-220 所示。

（7）差集处理。单击"三维工具"选项卡"实体编辑"面板中的"差集"按钮，将弹簧实体与步骤（6）创建的圆柱实体进行差集，效果如图 12-221 所示。

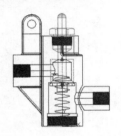
图 12-220 创建圆柱体

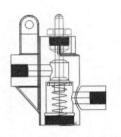
图 12-221 差集后的弹簧

（8）设置视图方向。单击"视图"选项卡"视图"面板上的"视图"下拉菜单中的"西南等轴测"按钮 ◈，将视图切换到西南等轴测视图。

（9）恢复坐标系。在命令行中输入 UCS 命令，将坐标系恢复到世界坐标系。

（10）创建圆柱体。单击"三维工具"选项卡"建模"面板中的"圆柱体"按钮 ⬭，以坐标点（0,0,-2）为起点，绘制半径为 14，高度为 4 的圆柱体，效果如图 12-222 所示。

（11）差集处理。单击"三维工具"选项卡"实体编辑"面板中的"差集"按钮 ⬭，将弹簧实体与步骤（10）创建的圆柱实体进行差集，效果如图 12-223 所示。

（12）设置视图方向。选择菜单栏中的"视图"→"三维视图"→"西南等轴测"命令，将当前视图方向设置为西南等轴测视图方向。

（13）着色。单击"三维工具"选项卡"实体编辑"面板中的"着色面"按钮 ⬭，将视图中的面按照需要进行着色，效果如图 12-224 所示。

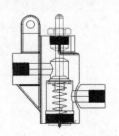
图 12-222 创建圆柱体

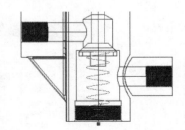
图 12-223 差集后的弹簧

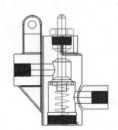
图 12-224 着色后的图形

7. 装配胶垫

（1）打开文件。打开"源文件\第 12 章\立体图\胶垫.dwg"文件，如图 12-225 所示。

（2）设置视图方向。单击"视图"选项卡"视图"面板上的"视图"下拉菜单中的"前视"按钮 ⬭，将当前视图方向设置为前视图方向。

图 12-225 打开的胶垫图形

（3）复制胶垫。选择菜单栏中的"编辑"→"带基点复制"命令，选取基点为（0,0,0），将"胶垫"图形复制到"手压阀装配图"的前视图中，指定的插入点为（0,0,0），如图 12-226 所示。

（4）移动胶垫。单击"默认"选项卡"修改"面板中的"移动"按钮 ✛，以坐标点（0,0,0）为基点，沿 Y 轴移动，第二点坐标为（0，–2，0），如图 12-227 所示。

（5）设置视图方向。选择菜单栏中的"视图"→"三维视图"→"西南等轴测"命令，将当前视图方向设置为西南等轴测视图方向。

（6）着色。单击"三维工具"选项卡"实体编辑"面板中的"着色面"按钮🔳，将视图中的面按照需要进行着色，如图 12-228 所示。

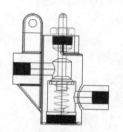
图 12-226　复制胶垫后的图形

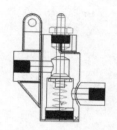
图 12-227　移动胶垫后的图形

图 12-228　着色后的图形

8. 装配底座

（1）打开文件。打开"源文件\第 12 章\立体图\底座.dwg"文件，如图 12-229 所示。

（2）设置视图方向。单击"视图"选项卡"视图"面板上的"视图"下拉菜单中的"前视"按钮🔳，将当前视图方向设置为前视图方向。

（3）复制底座。选择菜单栏中的"编辑"→"带基点复制"命令，选取基点为（0，0，0），将"底座"图形复制到"手压阀装配图"的前视图中，指定的插入点为（0，0，0），如图 12-230 所示。

图 12-229　打开的底座图形

（4）移动底座。单击"默认"选项卡"修改"面板中的"移动"按钮✥，以坐标点（0，0，0）为基点，沿 Y 轴移动，第二点坐标为（0，–10，0），如图 12-231 所示。

（5）设置视图方向。单击"视图"选项卡"视图"面板上的"视图"下拉菜单中的"西南等轴测"按钮◈，将当前视图方向设置为西南等轴测视图方向。

（6）着色。单击"三维工具"选项卡"实体编辑"面板中的"着色面"按钮🔳，将视图中的面按照需要进行着色，如图 12-232 所示。

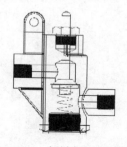
图 12-230　复制底座后的图形

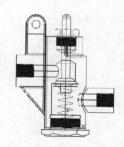
图 12-231　移动底座后的图形

图 12-232　着色后的图形

9. 装配手把

（1）打开文件。打开"源文件\第 12 章\立体图\手把.dwg"文件，如图 12-233 所示。

（2）设置视图方向。单击"视图"选项卡"视图"面板上的"视图"下拉菜单中的"俯视"按钮⬚，将当前视图方向设置为俯视图方向。

（3）复制手把。选择菜单栏中的"编辑"→"带基点复制"命令，选取基点为（0,0,0），将"手把"图形复制到"手压阀装配图"的前视图中，指定的插入点为（0,0,0），如图 12-234 所示。

图 12-233　打开的手把图形

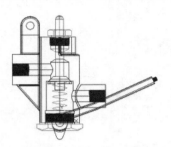

图 12-234　复制手把后的图形

（4）移动手把。单击"默认"选项卡"修改"面板中的"移动"按钮✛，以坐标点（0,0,0）为基点移动，第二点坐标为（-37,128,0），如图 12-235 所示。

（5）设置视图方向。单击"视图"选项卡"视图"面板上的"视图"下拉菜单中的"左视"按钮⬚，将当前视图方向设置为左视图方向。

（6）移动手把。单击"默认"选项卡"修改"面板中的"移动"按钮✛，以坐标点（0,0,0）为基点，沿 X 轴移动，第二点坐标为（-9,0,0），如图 12-236 所示。

（7）设置视图方向。单击"视图"选项卡"视图"面板上的"视图"下拉菜单中的"西南等轴测"按钮◈，将当前视图方向设置为西南等轴测视图。

（8）着色。单击"三维工具"选项卡"实体编辑"面板中的"着色面"按钮▥，将视图中的面按照需要进行着色，效果如图 12-237 所示。

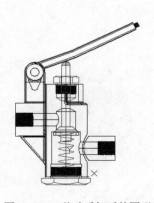

图 12-235　移动手把后的图形

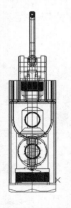

图 12-236　再次移动手把后的图形

图 12-237　着色后的图形

10．装配销轴

（1）打开文件。打开"源文件\第 12 章\立体图\销轴.dwg"文件，如图 12-238 所示。

（2）设置视图方向。单击"视图"选项卡"视图"面板上的"视图"下拉菜单中的"俯视"按钮，将当前视图方向设置为俯视图方向。

（3）复制销轴。选择菜单栏中的"编辑"→"带基点复制"命令，选取基点为（0,0,0），将"销轴"图形复制到"手压阀装配图"的前视图中，指定的插入点为（0,0,0），如图 12-239 所示。

图 12-238　打开销轴图形

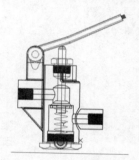

图 12-239　复制销轴后的图形

（4）移动销轴。单击"默认"选项卡"修改"面板中的"移动"按钮✥，以坐标点（0,0,0）为基点移动，第二点坐标为（-37,128,0），如图 12-240 所示。

（5）设置视图方向。单击"视图"选项卡"视图"面板上的"视图"下拉菜单中的"左视"按钮，将当前视图方向设置为左视图方向。

（6）移动销轴。单击"默认"选项卡"修改"面板中的"移动"按钮✥，以坐标点（0,0,0）为基点，沿 X 轴移动，第二点坐标为（-23,0,0），如图 12-241 所示。

（7）设置视图方向。单击"视图"选项卡"视图"面板上的"视图"下拉菜单中的"西南等轴测"按钮❖，将当前视图方向设置为西南等轴测视图方向。

（8）着色。单击"三维工具"选项卡"实体编辑"面板中的"着色面"按钮🖿，将视图中的面按照需要进行着色，效果如图 12-242 所示。

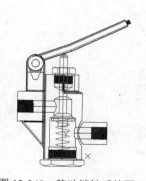

图 12-240　移动销轴后的图形

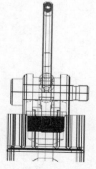

图 12-241　再次移动销轴后的图形

图 12-242　着色后的图形

11. 装配销

（1）打开文件。打开"源文件\第 12 章\立体图\销.dwg"文件，如图 12-243 所示。

（2）设置视图方向。单击"视图"选项卡"视图"面板上的"视图"下拉菜单中的"俯视"按钮，将当前视图方向设置为俯视图方向。

（3）复制销。选择菜单栏中的"编辑"→"带基点复制"命令，选取基点为（0,0,0），将"销"图形复制到"手压阀装配图"的前视图中，指定的插入点为（0,0,0），如图 12-244 所示。

（4）移动销。单击"默认"选项卡"修改"面板中的"移动"按钮 ✛，以坐标点（0,0,0）为基点移动，第二点坐标为（−37,122.5,0），如图 12-245 所示。

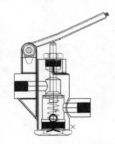
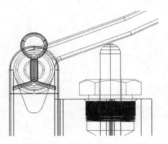

图 12-243　打开的销图形　　　图 12-244　复制销后的图形　　　图 12-245　移动销后的图形

（5）设置视图方向。单击"视图"选项卡"视图"面板上的"视图"下拉菜单中的"左视"按钮 ，将当前视图方向设置为左视图方向。

（6）移动销。单击"默认"选项卡"修改"面板中的"移动"按钮 ✛，以坐标点（0,0,0）为基点，沿 X 轴移动，第二点坐标为（19,0,0），如图 12-246 所示。

（7）设置视图方向。单击"视图"选项卡"视图"面板上的"视图"下拉菜单中的"西南等轴测"按钮 ，将当前视图方向设置为西南等轴测视图方向。

（8）着色面。单击"三维工具"选项卡"实体编辑"面板中的"着色面"按钮 ，将视图中的面按照需要进行着色，如图 12-247 所示。

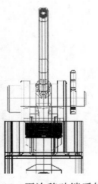

图 12-246　再次移动销后的图形　　　图 12-247　着色后的图形

12. 装配胶木球

（1）打开文件。选择菜单栏中的"文件"→"打开"命令，打开"源文件\第 12 章\立体图\胶木球.dwg"文件，如图 12-248 所示。

（2）设置视图方向。单击"视图"选项卡"视图"面板上的"视图"下拉菜单中的"前视"按钮 ，将当前视图方向设置为前视图方向。

（3）复制胶木球。选择菜单栏中的"编辑"→"带基点复制"命令，选取基点为（0,0,0），将"胶木球"图形复制到"手压阀装配图"的前视图中，指定的插入点为（0,0,0），如图 12-249 所示。

图 12-248　打开的胶木球图形

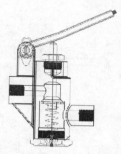

图 12-249　复制胶木球后的图形

（4）旋转胶木球。单击"默认"选项卡"修改"面板中的"旋转"按钮 ，将阀杆以原点为基点，沿 Z 轴旋转，角度为 115°，效果如图 12-250 所示。

（5）移动胶木球。单击"默认"选项卡"修改"面板中的"移动"按钮 ，选取如图 12-251 所示的圆点为基点，再选取如图 12-252 所示的圆点为插入点。移动后的效果如图 12-253 所示。

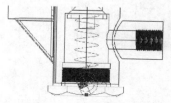

图 12-250　旋转后的图形

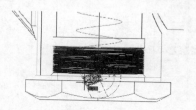

图 12-251　选取基点

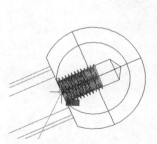

图 12-252　选取插入点

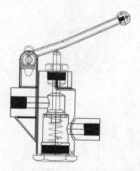

图 12-253　移动胶木球后的图形

（6）设置视图方向。单击"视图"选项卡"视图"面板上的"视图"下拉菜单中的"西南等轴测"按钮 ◈，将当前视图方向设置为西南等轴测视图方向。

（7）着色。单击"三维工具"选项卡"实体编辑"面板中的"着色面"按钮 ，将视图中的面按照需要进行着色，效果如图 12-200 所示。

扫一扫，看视频

练习提高　实例 200　绘制减速器总装配立体图

练习绘制减速器总装配立体图，绘制流程如图 12-254 所示。

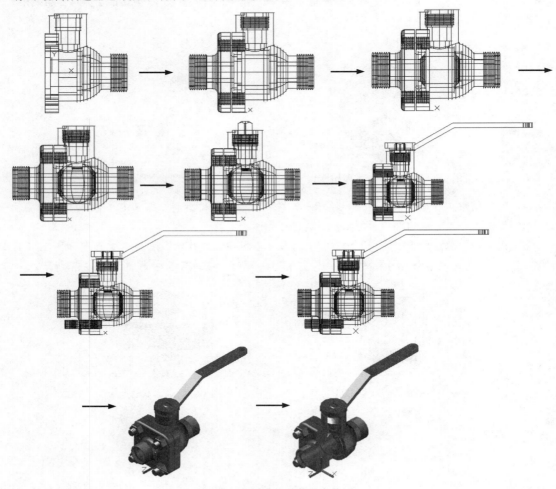

图 12-254　减速器总装配立体图

📋 **思路点拨：**

（1）依次插入阀体、阀盖、密封套、阀芯、阀杆、压紧套、扳手、双头螺柱、六角螺母各个零件。

（2）进行剖切处理，形成半剖视图和 1/4 剖视图。